高等学校规划教材

环境工程设计与施工

李启民　李翕然　杨书申　罗　义　编著

中国建筑工业出版社

图书在版编目(CIP)数据

环境工程设计与施工/李启民等编著. —北京：中国建筑工业出版社，2016.2

高等学校规划教材

ISBN 978-7-112-19069-0

Ⅰ.①环… Ⅱ.①李… Ⅲ.①环境工程—设计—高等学校—教材②环境工程—工程施工—高等学校—教材 Ⅳ.①X5

中国版本图书馆 CIP 数据核字（2016）第 028582 号

本书是作者在多年的教学活动、科学研究和工程实践的基础上编写的，同时借鉴、吸收了国内外同行的教学和科研成果。全书共5章，重点介绍了环境工程设计、环境工程技术经济以及环境工程施工等内容，旨在培养学生掌握环境工程的基本理论和实践技能，熟悉环境工程项目的设计计算、概预算编制、技术经济分析及施工组织管理等工作。

本书适用于高等学校环境工程、环境科学、给排水科学与工程专业本科教育，也可作为相关工程技术人员的学习与参考用书。

责任编辑：王美玲　王　跃

责任校对：张　颖　刘　钰

高等学校规划教材

环境工程设计与施工

李启民　李翕然　杨书申　罗　义　编著

*

中国建筑工业出版社出版、发行（北京西郊百万庄）

各地新华书店、建筑书店经销

北京红光制版公司制版

北京建筑工业印刷厂印刷

*

开本：787×1092 毫米　1/16　印张：16¾　字数：406 千字

2016 年 4 月第一版　　2016 年 4 月第一次印刷

定价：**33.00** 元

ISBN 978-7-112-19069-0

（28270）

前　言

环境是人类生存和发展的前提，是社会进步的保障。解决发展中的环境问题，促进经济、社会与环境协调发展，实施可持续发展战略，是我国面临的一项长期而又艰巨的任务。环境工程学科正是一门将环境科学原理和工程技术方法相结合，防治环境污染，改善环境质量，合理利用资源，为经济建设和社会发展保驾护航的科学。

本书是作者在多年的教学活动、科学研究和工程实践的基础上编写的，同时借鉴、吸收了国内外同行的教学和科研成果。全书共5章，重点介绍了环境工程设计、环境工程技术经济以及环境工程施工等内容。通过本教材的学习，培养学生掌握环境工程的基本理论和实践技能，熟悉环境工程项目的设计计算、概预算编制、技术经济分析及施工组织管理等工作。本教材适用于高等学校环境工程专业本科教育，也可作为相关科研工作者和工程技术人员的学习资料。

本书由中国地质大学（北京）李启民优高（成绩优异的高级工程师）、北京工业大学李翕然教授、中原工学院杨书申教授、河北建筑工程学院罗义副教授、太原市建筑设计研究院总经济师牛健高工等分工合作，共同完成。其中，第1章、第2章、第3章3.1节由杨书申教授执笔，3.2节、3.3节、3.4节由李启民优高执笔，3.5节由杨书申教授和李启民优高执笔，第4章4.1节、4.4节由李翕然教授执笔，4.2节、4.3节由李启民优高和牛健高工执笔，4.5节由李翕然教授、李启民优高和牛健高工执笔，第5章5.1节由李启民优高和牛健高工执笔，5.2节、5.3节、5.4节由罗义副教授执笔。

本教材由中国地质大学（北京）王鹤立教授与清华大学井文涌教授共同审核，深表谢意。

本教材得到中国地质大学（北京）“教材建设”项目资助，在此表示感谢。

限于编者水平和时间，书中难免存在错误和欠妥之处，敬请读者批评指正。

作者
2015年10月

目　　录

第 1 章 绪 论

1.1 环境与环境保护

1.1.1 环境与环境问题

环境和发展是当今世界各国普遍关注的重大问题。环境是以人为主体的外部世界，即人类赖以生存和发展的物质条件的整体，包括自然环境和社会环境。中华人民共和国《环境保护法》规定：环境是指影响人类生存和发展的各种天然的和经过人工改造的自然因素的总体，包括大气、水、海洋、土地、矿藏、森林、草原、湿地、野生生物、自然遗迹、人文遗迹、自然保护区、风景名胜区、城市和乡村等。

人类与环境的关系是通过人类的生产和消费活动（包括生产消费与生活消费）而表现出来的。人类通过生产活动从环境中以资源的形式获得物质、能量和信息，然后通过消费活动再以“三废”的形式排向环境。因此，人类的生产活动和消费活动一方面受环境的影响，另一方面影响环境，这些影响的性质、深度和规模则是随着环境条件的不同而不同，随着人类社会的发展而发展。

自然环境为人类提供了丰富多彩的物质基础和活动舞台，但人类在诞生以后很长的岁月里只是自然食物的采集者和捕集者，它主要以生活活动，以生理代谢过程与环境进行物质和能量交换，主要是利用环境，而很少有意识地改造环境，即使有对环境的改造，也主要是为了应对由于人口的自然增长、像动物那样地无知而乱采乱捕、滥用自然资源所造成的生活资料的缺乏，以及由此而引起的饥荒等环境威胁。为了解除这些环境威胁，人类就被迫扩大自己的环境领域，学会适应在新环境中生活的本领。

随着人类学会驯化植物和动物，就逐渐在人类的生活中出现了农业和畜牧业。随着农业和畜牧业的发展，人类改造环境的作用也越来越明显。与此同时也往往由于盲目的行动，而受到自然界应有的惩罚，产生了相应的环境问题。

环境问题，是指由于人类活动作用于周围环境所引起的环境变化，以及这种变化对人类的生产、生活和健康造成的影响。环境问题多种多样，归纳起来有两大类（详见图 1-1）：一类是自然演变和自然灾害引起的原生环境问题，也叫第一环境问题，如风暴、洪涝、干旱、地震、火山活动、海啸、崩塌、滑坡、泥石流等产生的自然灾害。另一类是人类活动引起的次生环境问题，也叫第二环境问题。次生环境问题一般又分为环境污染和环境破坏两大类。污染是指在人类生产、生活活动中产生的各种物质（或因素）进入环境，超过了环境容量的容许极限，产生有害于环境和健康影响的现象。环境破坏是指人类不合理地开发、利用自然资源和兴建工程项目而引起的生态环境退化及由此而衍生的有关环境效应，从而对人类的生存环境产生不利影响的现象，如气候变异、水土流失、土地退化、资源枯竭、植被破坏、物种消失、生态平衡失调等等。

当前人类面临着日益严重的环境问题，直接威胁着生态环境，威胁着人类的健康和子

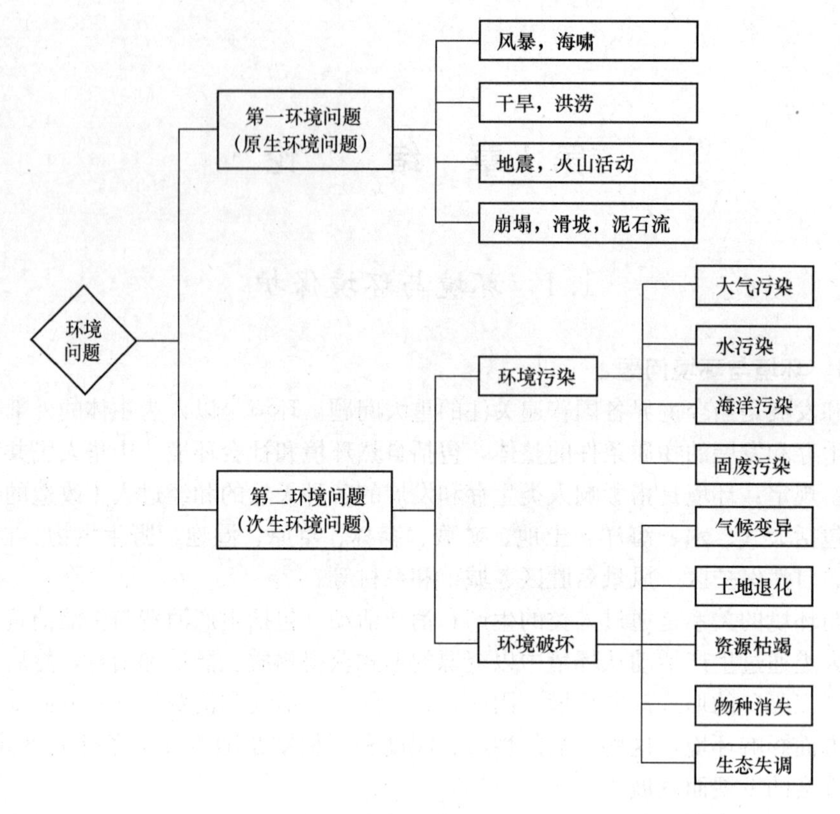

图 1-1　环境问题分类

孙后代的生存。没有哪一个国家和地区能够逃避不断发生的环境污染和自然资源的破坏。环境问题的产生，从根本上讲是经济、社会发展的伴生产物，可概括为以下几个方面：

（1）由于人口增加对环境造成的巨大压力。

（2）伴随人类的生产、生活活动产生的环境污染。

（3）人类在开发建设活动中造成的生态破坏等不良变化。

（4）由于人类的社会活动，如军事活动、旅游活动等，造成的人文遗迹，风景名胜区、自然保护区的破坏，珍稀物种的灭绝以及海洋等自然和社会环境的破坏与污染。

环境污染是随着人类的生活和生产活动的发展而引起的，并逐步加剧，其发展可分为以下三个阶段。

第一阶段：在人类发展的初期，人类为了生存而对环境的利用，其主要特点是人类活动虽对自然生态系统有一定破坏，但并未影响该生态系统的恢复能力和主要功能，人类对自然环境的依赖性非常明显。

第二阶段：随着生产力的发展，出现了农业、商业和城市，人类利用自然的能力提高，其生产活动造成一定的环境问题，如伐林种地、滥垦草原，出现了水土流失。在城镇，由于忽视环境治理，造成了“垃圾靠风刮、污水靠蒸发”的乱象，甚至出现了霍乱、痢疾、伤寒等水传播疾病的流行。

第三阶段：从 18 世纪后半叶开始，第一次工业革命以后，现代化的大工业导致了城市都市化和交通运输及农业的现代化，资源被大量开发和利用，工业“三废”对环境造成严重污染，出现了震惊世界的环境公害事件。在此阶段，人类面临生存和发展的严重威胁，迫使人类想办法解决环境污染问题。

例如，北京市环保局2014年4月16日发布北京市$PM_{2.5}$来源解析研究成果：区域传输约占28%～36%，本地污染排放约占64%～72%（其中机动车、燃煤、工业生产、扬尘为主要来源，占比分别为31.1%、22.4%、18.1%和14.3%，餐饮、修理、养殖、建筑涂装等约占14.1%），在重污染过程中，区域传输约占50%以上。$PM_{2.5}$的主要成分有硫酸盐、硝酸盐、铵盐、有机颗粒物，以及炭黑气溶胶等。

1.1.2 环境保护

回顾人类环境保护发展历程，以四次世界性环境与发展会议为标志，人类对环境问题的认识发生了四次历史性飞跃。第一次飞跃是1972年6月联合国在瑞典斯德哥尔摩召开的首次人类环境会议，通过了《人类环境宣言》，将“为了这一代和将来的世世代代的利益”确立为人类对环境的共同看法和共同原则。第二次飞跃是1992年6月在巴西里约热内卢召开的联合国环境与发展大会，第一次把经济发展与环境保护结合起来进行认识，提出了可持续发展战略，成为全人类共同发展的战略。第三次飞跃是2002年8月在南非约翰内斯堡召开的可持续发展世界首脑会议，提出了著名的可持续发展三大支柱：经济发展、社会进步和环境保护，明确了经济社会发展必须与环境保护相结合，以确保世界的可持续发展和人类的繁荣。第四次飞跃是2012年6月在巴西里约热内卢召开的联合国可持续发展大会，正式通过《我们憧憬的未来》这一大会成果文件。

1972年联合国人类环境会议以后，“环境保护”这一术语被广泛的采用。如苏联将“自然保护”这一传统用语逐渐改为“环境保护”；中国在1956年提出了“综合利用”工业废物方针，20世纪60年代末提出“三废”处理和回收利用的概念，到20世纪70年代改用“环境保护”这一比较科学的概念。1994年3月25日，国务院第十六次常务会议上讨论通过了《中国21世纪议程——中国21世纪人口、环境与发展白皮书》。国家环境保护局编制了《中国环境保护21世纪议程》，作为全国环境保护的行动纲领。

环境保护涉及的范围广、综合性强，它涉及自然科学和社会科学的许多领域，且有其独特的研究对象。环境保护包括以下内容：

（1）防止污染

防治工业生产排放的“三废”（废水、废气、废渣）、粉尘、放射性物质以及产生的噪声、振动、恶臭和电磁微波辐射，交通运输活动产生的有害气体、液体、噪声，海上船舶运输排出的污染物，工农业生产和人民生活使用的有毒有害化学品，城镇生活排放的烟尘、污水和垃圾等造成的污染。

（2）防止破坏

防止由大型水利工程、铁路、公路干线、大型港口码头、机场和大型工业项目等工程建设对环境造成的污染和破坏，农垦和围湖造田活动、海上油田、海岸带和沼泽地的开发、森林和矿产资源的开发对环境的破坏和影响，新工业区、新城镇的设置和建设等对环境的破坏、污染和影响。

（3）自然保护

自然保护包括对珍稀物种及其生活环境、特殊的自然发展史遗迹、地质现象、地貌景观等提供有效的保护。另外，城乡规划，控制水土流失和沙漠化、植树造林、控制人口的增长和分布、合理配置生产力等，也都属于环境保护的内容。

如今，环境保护已成为当今世界各国政府和人民的共同行动和主要任务之一，是中国的一项基本国策。

1.1.3 可持续发展

可持续发展是一种注重长远发展的经济增长模式，是科学发展观的基本要求之一。在世界环境与发展委员会《我们共同的未来》报告中，可持续发展被定义为："既满足当代人的需求，又不损害后代人满足其需要的发展。它包括两个重要概念：需要的概念，尤其是世界各国人们的基本需要，应将此放在特别优先的地位来考虑；限制的概念，技术状况和社会组织对环境满足眼前和将来需要的能力施加的限制"。可持续发展战略的目的，是要使社会具有可持续发展能力，使人类在地球上世世代代能够生活下去。

1. 可持续发展的相关历史

可持续发展理论的形成经历了相当长的历史过程。20 世纪 50～60 年代，人们在经济增长、城市化、人口、资源等所形成的环境压力下，对"增长＝发展"的模式产生怀疑并展开讨论。1962 年，美国女生物学家 Rachele Carson（莱切尔·卡逊）发表了一部引起很大轰动的环境科普著作《寂静的春天》，作者描绘了一幅由于杀虫剂，特别是滴滴涕对鸟类和生态环境毁灭性危害的可怕景象，在世界范围内引发了人类关于发展观念上的争论，书中提出的有关生态的观点最终被人们所接受。

在这之后，随着公害问题的加剧和能源危机的出现，人们逐渐认识到把经济、社会和环境割裂开来谋求发展，只能给地球和人类社会带来毁灭性的灾难。10 年后，两位著名美国学者 Barbara Ward（巴巴拉·沃德）和 Rene Dubos（雷内·杜博斯）的享誉全球的著作《只有一个地球》问世，把人类生存与环境的认识推向一个新境界，即可持续发展的境界。

可持续发展最早可以追溯到 1980 年由世界自然保护联盟（IUCN）、联合国环境规划署（UNEP）、野生动物基金会（WWF）共同发表的《世界自然保护大纲》。1983 年 11 月，联合国成立了世界环境与发展委员会（WECD）。1987 年，以挪威首相 Gro Harlem Brundtland（布伦特兰）为主席的联合国世界与环境发展委员会发表了一份报告《我们共同的未来（Our Common Future）》，正式提出可持续发展概念（Sustainable Development），并以此为主题对人类共同关心的环境与发展问题进行了全面论述，受到世界各国政府组织和舆论的极大重视，1989 年 5 月举行的第 15 届联合国环境署理事会期间，经过反复磋商，通过了《关于可持续发展的声明》。在 1992 年联合国环境与发展大会上可持续发展理论成为与会者共识。1992 年 6 月，联合国在里约热内卢召开的"环境与发展大会"，通过了以可持续发展为核心的《里约环境与发展宣言》、《21 世纪议程》等文件。随后，中国政府编制了《中国 21 世纪人口、环境与发展白皮书》，首次把可持续发展战略纳入我国经济和社会发展的长远规划。

2. 可持续发展的主要内容与三大支柱

（1）可持续发展的主要内容

可持续发展涉及可持续经济、可持续生态和可持续社会三方面的协调统一，要求人类在发展中讲究经济效益、关注生态和谐和追求社会公平，最终达到人的全面发展。这表明，可持续发展虽然缘起于环境保护问题，但作为一个指导人类走向 21 世纪的发展理论，它已经超越了单纯的环境保护。它将环境问题与发展问题有机地结合起来，已经成为一个有关社会与经济发展的全面性战略。

1）在经济可持续发展方面：可持续发展鼓励经济增长，而不是以环境保护为名取消经济增长，因为经济发展是国家实力和社会财富的基础。但可持续发展不仅重视经济增长的数量，更追求经济发展的质量。可持续发展要求改变传统的以“高投入、高消耗、高污染”为特征的生产模式和消费模式，实施清洁生产和文明消费，以提高经济活动效益、节约资源和减少废物。集约型的经济增长方式就是可持续发展在经济方面的体现。

2）在生态可持续发展方面：可持续发展要求经济建设和社会发展要与自然承载能力相协调。发展的同时必须保护和改善地球生态环境，保证以可持续的方式使用自然资源和环境成本，使人类的发展控制在地球承载能力之内。因此，可持续发展强调了发展是有限制的，没有限制就没有发展的持续。生态可持续发展同样强调环境保护，要求通过转变发展模式，从人类发展的源头、从根本上解决环境问题。

3）在社会可持续发展方面：可持续发展强调社会公平是环境保护得以实现的机制和目标。世界各国的发展阶段可以不同，发展的具体目标也各不相同，但发展的本质应包括改善人类生活质量，提高人类健康水平，创造一个保障人们平等、自由、教育、人权和免受暴力的社会环境。这就是说，在人类可持续发展系统中，经济可持续是基础，生态可持续是条件，社会可持续才是目的。

（2）可持续发展的三大支柱

2002年8月26日在南非约翰内斯堡召开了可持续发展世界首脑会议。会议宗旨是：“拯救地球、重在行动”。这是继1992年里约热内卢地球峰会之后，联合国举办的关于全球环境问题最重要的国际会议。会议确定了可持续发展的三大支柱：经济发展、社会进步和环境保护。其中，经济发展包括：绿色经济、循环经济、低碳经济。这次会议明确了：经济与社会发展必须与环境保护相结合，以确保世界的可持续发展和人类的繁荣。这次会议标志着人类在可持续发展道路上向前迈出了实质性的一步，会议理念在全球产生广泛影响。

3. 可持续发展的基本思想

（1）可持续发展并不否定经济增长

经济发展是人类生存和进步所必需的，也是社会发展和保持、改善环境的物质保障。特别是对发展中国家来说，发展尤为重要。目前发展中国家正经受贫困和生态恶化的双重压力，贫困是导致环境恶化的根源，生态恶化更加剧了贫困。尤其是在不发达的国家和地区，必须正确选择使用能源和原料的方式，力求减少损失、杜绝浪费，减少经济活动造成的环境压力，从而达到具有可持续意义的经济增长。目前急需解决的问题是研究经济发展中存在的扭曲和误区，并站在保护环境，特别是保护全部资本存量的立场上去纠正它们，使传统的经济增长模式逐步向可持续发展模式过渡。

（2）可持续发展以自然资源为基础，同环境承载能力相协调

可持续发展追求人与自然的和谐。可持续性可以通过适当的经济手段、技术措施和政府干预得以实现，目的是减少自然资源的消耗速度，使之低于再生速度。如形成有效的利益驱动机制，引导企业采用清洁工艺和生产非污染物品，引导消费者采用可持续消费方式，并推动生产方式的改革。经济活动总会产生一定的污染和废物，但每单位经济活动所产生的废物数量是可以减少的。“一流的环境政策就是一流的经济政策”的主张正在被越

来越多的国家所接受，这是可持续发展区别于传统发展的一个重要标志。

（3）可持续发展以提高生活质量为目标，同社会进步相适应

单纯追求产值的增长不能体现可持续发展的内涵。学术界多年来关于“增长”和“发展”的辩论已达成共识。“经济发展”比“经济增长”的概念更广泛、意义更深远。若不能使社会经济结构发生变化，不能使一系列社会发展目标得以实现，就不能承认其为“发展”，就是所谓的“没有发展的增长”。

（4）可持续发展承认自然环境的价值

这种价值不仅体现在环境对经济系统的支撑和服务上，也体现在环境对生命保障系统的支持上。应当把生产中环境资源的投入计入生产成本和产品价格之中，逐步修改和完善国民经济核算体系，即“绿色 GDP”。为了全面反映自然资源的价值，产品价格应当完整地反映三部分成本：资源开采或资源获取成本；与开采、获取、使用有关的环境成本，如环境净化成本和环境损害成本；由于当代人使用了某项资源而不可能为后代人使用的效益损失。

（5）可持续发展是培育新的经济增长点的有利因素

通常情况认为，贯彻可持续发展要治理污染、保护环境、限制乱采滥伐和浪费资源，对经济发展是一种制约、一种限制。而实际上，贯彻可持续发展所限制的是那些质量差、效益低的产业。在对这些产业做某些限制的同时，恰恰为那些质优、效高，具有合理、持续、健康发展条件的绿色产业、环保产业、保健产业、节能产业等提供了发展的良机，培育了大批新的经济增长点。

4. 可持续发展的意义

（1）实施可持续发展战略，有利于促进生态效益、经济效益和社会效益的统一。

（2）有利于促进经济增长方式由粗放型向集约型转变，使经济发展与人口、资源、环境相协调。

（3）有利于国民经济持续、稳定、健康发展，提高人民的生活水平和质量。

（4）从注重眼前利益、局部利益的发展转向长期利益、整体利益的发展，从物质资源推动型的发展转向非物质资源或信息资源（科技与知识）推动型的发展。

（5）我国人口多、自然资源短缺、经济基础和科技水平落后，只有控制人口、节约资源、保护环境，才能实现社会和经济的良性循环。

1.2 环境工程

环境工程学是人类在保护和改善环境的过程中形成的一门新兴的综合性学科和技术，是综合运用环境科学的基础理论和有关的工程技术来控制、改善环境质量的一门科学，是环境科学的一个重要分支。环境工程（Environmental Engineering）则是指为保护自然环境和自然资源、防治环境污染、修复生态环境、改善生活环境和城市环境质量的建设项目以及工程设施。

环境工程学是一个庞大而复杂的技术体系，既研究防治环境污染的技术和措施，又研究自然资源的保护与合理利用、废物资源化技术及清洁生产工艺，并对区域环境进行系统规划与科学管理。环境效益、经济效益和社会效益并举是环境工程学研究的主要目的。从

形成和发展的过程看问题，环境工程学主要包括环境污染治理工程、环境系统工程和环境质量评价工程三个方面的内容。

1.2.1 环境污染治理工程

环境污染治理工程主要是解决从污染产生、发展直至消除的全过程中存在的问题并采取防治措施。其全过程包括确定和查明污染产生的原因，分析污染物特性，研究防治污染的原理和方法，设计消除污染的工艺流程，开发无公害的新型设备等。它既包括单个污染的防治，也包括区域性的污染综合防治。目前，环境污染治理工程的重点是区域性的污染综合整治。

1. 环境污染治理工程的主要内容

环境污染治理工程的主要内容为：

(1) 对区域内污染源进行调查与监测，确定所研究区域内各污染源排出污染物的种类和数量。

(2) 对各种污染物在区域环境中的污染特点、迁移、转化和自净的规律进行研究，确定区域环境的环境容量和自净能力。

(3) 根据国家有关环境标准和规定，计算区域环境的污染负荷，并确定应削减的污染物数量，同时进行重点防治。

(4) 采用清洁生产工艺，进行技术革新，减少污染物排放。

(5) 对废物进行无害化处理或资源化利用，改善和提高区域环境质量。

2. 环境污染治理工程分类

按照不同的污染治理对象，环境污染治理工程又可分为水污染控制工程、大气污染控制工程、固体废弃物的处理处置与管理工程、噪声、振动和其他公害控制工程等。

(1) 水污染控制工程

主要任务是研究预防和治理水体污染、保护和改善水环境质量、合理利用水资源的工艺技术和措施。主要研究领域可概括为：水体自净机理及应用；城市污水处理及利用；工业废水处理及利用；给水净化处理；城市、区域和流域的水污染综合整治；水环境质量标准及废水排放标准等。

(2) 大气污染控制工程

主要研究大气污染预防和控制及大气质量改善与提高的工程技术措施。主要研究领域有：大气环境质量管理；烟尘治理技术；气体污染物治理技术；城市及区域大气污染综合整治；大气质量标准和废气排放标准等。

(3) 固体废弃物的处理处置与管理工程

主要研究城市垃圾、工业废弃物、放射性及其他有毒有害固体废弃物的处理、处置和资源化利用技术。主要包括：固体废物的管理与资源化利用；固体废物的无害化处理；放射性或有毒有害固体废物的处理和处置技术等。

(4) 噪声、振动及其他公害的防治工程

主要研究噪声、振动、电磁辐射等对人体的影响，以及消除或控制这些影响的工程技术措施。

每一项污染物的防治和控制均有其独有的特点，但一般可包括以下几个共同的步骤：

1) 污染源的调查、监测和污染状况分析。

2）根据国家的有关标准和规定，确定防治技术方案，设计防治污染的工艺流程。在确定设计方案时，应综合考虑废物的综合利用。

3）选择或设计有关设备及控制系统。

4）污染防治工程的安装、施工。

5）系统的调试、验收和效果评估。

1.2.2 环境规划、管理和环境系统工程

环境规划是现代国民经济和社会发展规划的有机组成部分，它具有明确的环境目标，以及防止环境污染和破坏、解决环境问题的措施。环境管理的根本目标是协调发展与环境的关系，它涉及人口、经济、社会、资源和环境等重大问题，管理内容广泛而复杂，其必不可少的理论基础主要有管理的生态学原理、管理的系统学原理、管理的经济学原理及管理的法规体系，是环境质量控制的重要组成部分。

环境系统工程就是以有效地控制环境污染又节约地利用资源为目的而发展起来的一门科学。它是研究环境系统规划、设计、管理方法和手段的应用科学。它以环境质量变化规律、污染对人体和生态系统的影响、环境技术工程原理和环境经济学为依据，运用系统工程的理论和方法，对环境问题进行系统分析，目的是寻求最有效和最经济的环境污染防治措施和途径。它的任务是从整体出发，综合地考虑问题，按照系统工程的方法，运用现代化的计算方法和工具来得到解决环境问题的总体最优方案。环境系统工程研究的内容是环境污染控制过程和系统的模型化和最优化。为了反映环境问题的总体性，首先，将复杂的问题进行分析，归纳成为有代表性的成分，使问题简化而保持基本性质不变。然后，根据系统的特性建立数学模型，进行方案设计。最后，根据现有的经济和环境条件，进行优选，达到控制污染的费用最省的目的。

环境规划、环境管理和环境系统工程的理论基础是环境科学、管理学、系统工程学，涉及社会科学，也涉及自然科学。作为一名环境系统工程人员，必须拥有环境物理学、环境化学、环境生物学、系统生态学及环境经济、环境法律和环境管理等方面的基础知识，同时，还需系统地掌握系统论、控制论、信息论、运筹学、管理科学和计算机方面的基础知识。

1.2.3 环境质量评价工程

环境质量评价工程是环境工程的一个重要方面。环境影响评价是人们在采取对环境有重大影响的行动之前，在充分调查研究的基础上，识别、预测和评价该行动可能带来的环境影响，按照社会经济发展与环境保护相协调的原则进行决策，并在行动之前制定出消除或减轻环境负面影响的措施，对环境质量进行客观定量的分析。其目的是揭示特定区域环境质量的水平和差异，它对制定环境保护规划和建设规划，加强环境管理具有重要意义。

1.3 环境保护法律法规

法律是一种直接规范人类行为的手段。作为社会的强制性行为准则，法律对社会、经济及文化的发展具有指引、评价、教育、预测和强制的重要作用。法律通过其授权性和义务性规范内容，引导人们选择发展法律规范所倡导的行为，避免采取或从事法律所反对和禁止的事项。法律的这种规范作用，直接指引着公众的行为取舍。法律的权威性特点使其

自产生起就成为治理社会、规范行为的最基础手段，为社会的经济活动提供充分的保护，为社会秩序提供了强制维护，使人类的文明得以延续。

自20世纪70年代以来，我国和世界其他国家一样，都加大了环境立法力度，有关环境立法的数量越来越多，环境立法调控的范围也越来越广。环境法的总体目的在于保护改善环境，协调环境与发展关系，实现可持续发展战略。

1.3.1 环境保护法律法规体系

我国目前已经建立了由法律、国务院行政法规、政府部门规章、地方性法规和地方政府规章、环境标准、环境保护国际公约组成的完整的环境保护法律法规体系。

1. 环境保护法律法规

(1) 全国人大常委会制定的法律

1) 宪法

宪法关于环境保护的规定，在我国环境保护法律法规体系中处于最高的地位，是环境保护法的基础，是各种环境保护法律、法规、规章制定的依据和指导原则。《中华人民共和国宪法》(1982年通过，2004年修正案) 第九条第二款规定：国家保障资源的合理利用，保护珍贵的动物和植物。禁止任何组织或者个人用任何手段侵占或者破坏自然资源。

第二十六条第一款规定：国家保护和改善生活环境和生态环境，防治污染和其他公害。

2) 环境保护法律

环境保护法律包括环境保护综合法、环境保护单行法和环境保护相关法。

① 环境保护综合法

环境保护综合法是指《中华人民共和国环境保护法》(1989年12月26日第七届全国人民代表大会常务委员会第十一次会议通过，2014年4月24日第十二届全国人民代表大会常务委员会第八次会议修订)。该法共有七章七十条，第一章“总则”规定了环境保护的任务、对象、适用领域、基本原则以及环境监督管理体制；第二章“监督管理”规定了环境标准制订的权限、程序和实施要求，环境监测的管理和状况公报的发布、环境保护规划的拟订及建设项目环境影响评价制度、现场检查制度及跨地区环境问题的解决原则；第三章“保护和改善环境”对环境保护责任制、资源保护区、自然资源开发利用、农业环境保护、海洋环境保护作了规定；第四章“防治污染和其他公害”规定了排污单位防治污染的基本要求、“三同时”制度、排污申报制度、排污收费制度、限期治理制度以及禁止污染转嫁和环境应急的规定；第五章“信息公开和公众参与”规定了有关环境信息的公开和获取、公众参与和监督环境保护的权利。第六章“法律责任”规定了违反本法有关规定的法律责任；第七章“附则”规定了实施日期。

② 环境保护单行法

环境保护单行法是针对特定的环境保护对象、领域或特定的环境管理制度而进行专门调整的立法。环境保护单行法包括污染防治法（《中华人民共和国水污染防治法》、《中华人民共和国大气污染防治法》、《中华人民共和国固体废物污染环境防治法》、《中华人民共和国环境噪声污染防治法》、《中华人民共和国放射性污染防治法》等)、生态保护法（《中华人民共和国水土保持法》、《中华人民共和国野生动物保护法》、《中华人民共和国防沙治沙法》等)、《中华人民共和国海洋环境保护法》以及《中华人民共和国环境影响评价法》等。

③ 环境保护相关法

环境保护相关法是指涉及一些自然资源保护的其他有关部门法律，如《中华人民共和国森林法》、《中华人民共和国草原法》、《中华人民共和国矿产资源法》、《中华人民共和国水法》、《中华人民共和国渔业法》、《中华人民共和国清洁生产促进法》等，也是环境保护法律法规体系的一部分。

（2）国务院制定或批准的环境保护行政法规

环境保护行政法规是由国务院制定并公布或经国务院批准有关主管部门公布的环境保护规范性文件，包括：一是根据法律授权制定的环境保护法的实施细则或条例，如《中华人民共和国水污染防治法实施细则》；二是针对环境保护的某个领域而制定的条例、规定和办法，如《建设项目环保管理条例》。

（3）国务院各部、委、办、署制定的政府部门规章

政府部门规章是指国务院环境保护行政主管部门单独发布或与国务院有关部门联合发布的环境保护规范性文件，以及政府其他有关行政主管部门依法制定的环境保护规范性文件。政府部门规章是以环境保护法律和行政法规为依据而制定的，或者是针对某些尚未有法律和行政法规调整的领域做出相应规定。

（4）环境保护地方性法规和地方性规章

1）环境保护地方性法规是享有立法权的地方权力机关依据《宪法》和相关法律制定的环境保护规范性文件。

2）地方性规章是地方政府依据《宪法》和相关法律制定的环境保护规范性文件。

环境保护地方性法规、地方性规章是根据本地实际情况制定，在本地区实施，有较强的操作性。环境保护地方性法规和地方性规章不能和法律、国务院行政规章相抵触。地方性环境法规必须以国家环境法为依据，又是国家环境法的补充，进一步完善国家环境法的某些规定，为有效实施国家环境法铺平道路。

（5）环境标准

环境标准是环境保护法律法规体系的一个组成部分，是环境执法和环境管理工作的技术依据。我国的环境标准分为国家环境标准、地方环境标准和国家环保部标准（行业标准）。

省人民政府对国家环境质量标准中未作规定的项目可制定地方环境质量标准，并报国家环保部备案。省人民政府对国家污染物排放标准中未作规定的项目，可以制定地方污染物排放标准，对国家已规定的项目，可以制定严于国家规定的污染物排放标准并报国家环保部备案。

（6）环境保护国际公约

环境保护国际公约是指我国缔结和参加的环境保护国际公约、条约和议定书。国际公约和我国环境法有不同规定时，优先使用国际公约的规定，但我国声明保留的条款除外。

2. 我国环境保护法律法规体系中各层次之间的关系

在上述的环境法律法规体系中，国家级环境法对地方级环境法起着指导和制约的作用，它制约地方性环境法的范围、限度，决定地方性环境法的发展方向，其目的是保证我国环境法基本原则和制度的统一。

(1)《宪法》是环境保护法律法规体系建立的依据和基础。环境保护综合法在环境保护法律法规体系中，除宪法外占有核心地位，有“环境宪法”之称。环境保护单行法是宪法和环境保护综合法的具体化，是实施环境管理、处理环境纠纷的直接法律依据，地位仅次于环境保护综合法。不管是环境保护的综合法、单行法还是相关法，其中对环境保护的要求，法律效力是一样的。

(2) 环境保护行政法规是国务院依照宪法和法律的授权，按照法定程序颁布或通过的关于环境保护方面的行政法规，其效力低于环境保护综合法和环境保护单行法，可以起到解释法律、规定环境执法的行政程序等作用，在一定程度上弥补环境保护综合法和单行法的不足。环境保护部门规章是由环境保护行政主管部门以及其他有关行政机关依照《中华人民共和国立法法》授权制定的关于环境保护的行政规章，效力低于环境保护行政法规。部门行政规章、地方环境法规和地方政府规章均不得违背法律和行政法规的规定。地方法规和地方政府规章只在制定法规、规章的辖区内有效。

(3) 国家环境法与地方环境法的权限规定为：国家环境法的权限高于地方性环境法的权限，法律高于行政法规，行政法规高于行政规章，即上一层次的权限高于下一层次的权限。

(4) 我国参加和批准的国际环境法的效力高于国内环境法的效力，特别法的效力高于普通法的效力，新法的效力高于旧法的效力。例外的是：严于国家污染物排放标准的地方污染物排放标准的效力高于国家污染物排放标准。

(5) 环境标准为各项环境保护法律法规的实施提供依据，其作用主要是：①环境质量标准是确认环境是否已被污染的根据；②污染物排放标准是确认某排污行为是否合法的依据；③环境基础标准和环境方法标准是环境纠纷中确认各方所出示的证据是否合法的根据；④环境样品标准是标定环境监测仪器和检验环境保护设备性能的法律依据。

(6) 在具体运用环境法时，应当首先运用层次较高的环境法律、法规，然后是环保规章，最后才是其他环境保护规范性文件。

1.3.2 建设项目环境保护管理

环境工程相关工作中，一方面要遵守我国的环境保护法律、执行国家和地方的排放标准，另一方面还要了解我国的环境管理制度，遵守我国的建设项目环境保护管理条例。

1. 我国环境保护政策的基本原则

中国环境保护政策的基本原则包括三个方面，分别是：

(1) 预防为主，防治结合

在宏观层次上，环境保护被纳入国民经济和社会发展计划中，内容包括指标的纳入、技术政策的纳入和资金平衡与项目的纳入；在中观层次上，把环境保护规划纳入城市总体发展规划，并实行“三废”综合利用和能源环保等政策；在微观层次上，加强建设项目的管理，严格控制新污染的产生。

(2) 谁污染谁治理

环保政策的具体措施都是根据“污染者付费、开发者保护、利用者补偿、破坏者恢复”理念，结合技术改造防治工业污染，对污染严重的企业实行限期治理，征收排污费和生态破坏补偿费。

(3) 强化环境管理

主要措施包括逐步建立和完善环境保护法规与标准体系，加大执法力度；加强和完善各级政府的环境保护机构及完整的国家和地方环境监测网络；建立健全环境管理制度。

2. 我国环境管理制度

我国的环境管理制度主要包括老三项制度（环境影响评价制度、三同时制度、排污收费制度）和新五项制度（排污许可证制度、污染集中控制制度、环境保护目标责任制、城市环境综合整治定量考核制度、污染限期治理制度），即“八项制度”。

（1）环境影响评价制度

环境影响评价制度是指在进行建设活动之前，对建设项目的选址、设计和投产使用后可能对周围环境产生的不良影响进行调查、预测和评定，提出防治措施，并按照法定程序进行报批的法律制度。建设项目不但要进行经济评价，而且要进行环境影响评价，科学地分析建设活动可能产生的环境问题，并提出防治措施，充分体现预防为主的环保原则。通过环境影响评价，为建设项目合理选址提供依据，防止不合理布局给环境带来难以消除的损害；通过调查周围环境的现状，预测建设项目对环境影响的范围、程度和趋势，提出有针对性的环境保护措施；同时，还可以为建设项目的环境管理提供科学依据。

（2）“三同时”制度

根据我国《中华人民共和国环境保护法》第四十一条规定：“建设项目中防治污染的设施，应当与主体工程同时设计、同时施工、同时投产使用。防治污染的设施应当符合经批准的环境影响评价文件的要求，不得擅自拆除或者闲置。”这一规定在我国环境立法中称为“三同时”制度。“三同时”制度是在基本建设项目和技术改造项目中严格控制污染、防止环境遭受新污染及破坏的根本措施和重要的环境保护法律制度。它与环境影响评价制度相辅相成，是防止新污染和破坏的两大法宝，是加强开发建设项目环境管理的重要措施，是防止我国环境质量恶化的有效的经济办法和法律手段。另外，“三同时”制度分别明确了建设单位、主管部门和环境保护部门的职责，有利于具体管理和监督执法。

（3）排污收费制度

排污收费制度，是指向环境排放污染物或超过规定的标准排放污染物的排污者，依照国家法律和有关规定按标准交纳费用的制度。征收排污费的目的，是为了促使排污者加强经营管理，节约和综合利用资源，改进生产工艺和技术，治理污染，改善环境。排污收费制度是“污染者付费”原则的体现，可以使污染防治责任与排污者的经济利益直接挂钩，提高经济效益和环境效益。征收的排污费纳入预算内，作为环境保护补助资金，按专款资金管理，由环境保护部门会同财政部门统筹安排使用，实行专款专用，先收后用，量入为出，不能超支、挪用。环境保护补助资金主要用于补助重点排污单位治理污染源以及环境污染的综合性治理措施。

（4）排污许可证制度

排污许可证制度，是以改善环境质量为目标，以污染总量控制为基础，规定排污单位许可排放污染物的种类、数量、浓度、方式等的一项新的环境管理制度。凡对环境有影响的开发、建设、排污活动以及各种设施的建立和经营，均须由经营者向主管机关申请，经批准领取许可证后方能进行。这是国家为加强环境管理而采用的一种从总体上进行控制的行政管理制度。

排污许可证制度具有以下特点：①便于把影响环境的各种开发、建设、排污活动，纳入国家统一管理的轨道，把各种影响环境和排污活动严格限制在国家规定的范围内有效地进行环境管理。②便于主管机关针对不同情况，采取灵活的管理办法，规定具体的限制条件和特殊要求。③便于主管机关及时掌握各方面的情况，及时发现违法者，及时制止不当规划开发及各种损害环境的活动，加强国家环境管理部门的监督检查职能的行使。④促进企业加强环境管理，进行技术改造和工艺改造。⑤便于群众参与环境管理，特别是对损害环境活动的监督。

（5）污染集中控制制度

检验环境污染治理的成就，主要是看区域环境质量的改善。污染集中控制是在一个特定的范围内，为保护环境所建立的集中治理设施和所采用的管理措施，是强化环境管理的一项重要手段。污染集中控制制度体现了分散治理和集中治理相结合的原则。

因为分散治理的措施投入大，且不能有效地控制环境污染，所以污染控制应以改善区域环境质量为目的，依据污染防治规划，按照污染物的性质、种类和所处的地理位置，以集中治理为主，用最小的代价取得最佳效果。

（6）环境保护目标责任制

环境保护目标责任制，是通过签订责任书的形式，具体落实地方各级人民政府和有污染的单位对环境质量负责的行政管理制度。环境保护目标责任制是环保工作的龙头，是我国环境管理体制的一项重大改革。这一制度明确了一个区域、一个部门直至一个单位环境保护的主要责任者和责任范围，理顺了各级政府和各个部门在环境保护方面的关系，突出了各级政府、各级经济主管部门和企业的环境保护责任，从而使改善环境质量的任务能够得到层层落实。

（7）城市环境综合整治定量考核制度

城市环境综合整治定量考核制度，是通过定量考核对城市政府在推行城市环境综合整治中的活动予以管理和调整的一项环境监督管理制度。城市环境综合整治定量考核制度是城市环保工作的核心，是环境管理制度的重要战略措施。它突出了区域环境的总体目标，强调抓好区域防治的系统优化，强调把环境管理工作与区域环境规划目标结合起来。

（8）污染限期治理制度

限制治理制度，是指对污染危害严重、群众反映强烈的污染区域采取的限定治理时间、治理内容及治理效果的强制性行政措施。限期治理包括污染严重的排放源（设施、单位）的限期治理、行业性污染的限期治理和污染严重的某一区域及流域的限期治理。

推行污染限期治理制度是强化环境管理的重要措施。限期治理的期限，一般由决定限期治理的机构根据污染源的具体情况，治理的难度等因素来确定。其最长期限不得超过3年。

除此之外，还有排污申报登记制度、环境污染与破坏事故的报告及处理制度、排污权交易制度等环境保护管理制度。

3. 建设项目环境保护管理

为了防止建设项目产生新的污染，破坏生态环境，1998年11月18日国务院第10次常务会议通过，1998年11月29日起施行《建设项目环境保护管理条例》。该条例共分五章，分别为：总则，环境影响评价，环境保护设施建设，法律责任，附则。

该条例要求建设产生污染的建设项目，必须遵守污染物排放的国家标准和地方标准；

在实施重点污染物排放总量控制的区域内，还必须符合重点污染物排放总量控制的要求。工业建设项目应当采用能耗物耗小、污染物产生量少的清洁生产工艺，合理利用自然资源，防止环境污染和生态破坏。条例对建设项目的环境影响评价工作的编制、分类、管理、内容、审批以及环境保护设施的竣工验收作了详细的规定。

条例第八条规定，建设项目环境影响报告书，应当包括下列内容：

（1）建设项目概况。

（2）建设项目周围环境现状。

（3）建设项目对环境可能造成影响的分析和预测。

（4）环境保护措施及其经济、技术论证。

（5）环境影响经济损益分析。

（6）对建设项目实施环境监测的建议。

（7）环境影响评价结论。

环境工程设计中，在遵循环境保护法规、执行国家和地方排放标准的同时，还要遵守该条例的相关规定。

1.3.3 环境标准与技术规范

1. 环境标准

我国国家标准《标准化基本术语·第一部分》GB 3935.1—83 规定："标准是对重复性事物和概念所做的统一规定。它以科学、技术和实践经验的综合成果为基础，经有关方面协商一致，由主管机构批准，以特定形式发布，作为共同遵守的准则和依据。"环境标准是由政府（环保管理部门）所制定的强制性的环境保护技术法规，是环境保护立法的一部分，是环境保护政策的决策结果。

环境标准同环境法相配合，在国家环境管理中起着重要作用。它是制定国家环境计划和规划的主要依据，是环境法制定与实施的重要基础与依据，也是国家环境管理的技术基础。

（1）环境标准体系

目前对环境标准没有统一的分类方法，可以按适用范围划分，按环境要素划分，也可以按标准的用途划分。

环境标准按适用范围可分为国家标准、地方标准和行业标准。按环境要素划分，有大气控制标准、水质控制标准、噪声控制标准、固体废物控制标准和土壤控制标准等，详见表 1-1。按标准的用途划分，一般可分为环境质量标准、污染物排放标准、污染物控制技术标准、污染警报标准和基础方法标准等。

根据环境标准的适用范围、性质、内容和作用，我国实行三级五类标准体系。三级是国家标准、地方标准和行业标准；五类是环境质量标准、污染物排放标准、方法标准、样品标准和基础标准。

（2）环境标准之间的关系

国家环境标准分为强制性、推荐性标准，质量标准和污染物排放标准属强制标准。推荐性标准被强制性标准引用，也必须强制执行，地方环境标准优先于国家环境标准执行。

国家污染物排放标准分为跨行业综合性排放标准（如污水综合排放标准、大气污染物综合排放标准等）和行业性排放标准（如火电厂大气污染物排放标准、造纸工业水污染物排放标准等）。综合性排放标准与行业性排放标准不交叉执行。即：有行业性排放标准的执行行业性排放标准，没有行业性排放标准的执行综合性排放标准。

环境标准一览表 **表 1-1**

序号	按环境要素分类		代表性标准举例（名称）	标准编号	数量（种）
1	水环境标准	水环境质量标准	地表水环境质量标准	GB 3838—2002	5
		水污染物排放标准	啤酒工业污染物排放标准	GB 19821—2005	46
		检测标准	水质浊度的测定	GB 13200—1991	56
2	大气环境标准	大气环境质量标准	环境空气质量标准	GB 3095—2012	3
		大气固定污染物排放标准	锅炉大气污染物排放标准	GB 13271—2001	22
		检测标准	空气质量氮氧化物的测定	GB/T 13906—1992	38
3	固体废物污染控制标准	固体废物污染控制标准	生活垃圾焚烧污染控制标准	GB 18485—2001	26
		危险废物鉴别方法标准	固体废物浸出毒性浸出方法翻转法	GB 5086.1—1997	13
		固废其他标准	环境镉污染健康危害区判定标准	GB/T 17221—1998	8
4	移动污染源排放标准	汽车污染排放标准	轻型汽车污染物排放限值及测量方法（中国Ⅲ、Ⅳ阶段）	GB 18352.3—2005	8
		摩托车排放标准	摩托车和轻便摩托车排气烟度排放限值及测量方法	GB 19758—2005	6
		农用车排放标准	农用运输车自由加速烟度排放限值及测量方法	GB 18322—2002	3
		机动船舶排放标准	船舱内非危险货物产生有害气体的检测方法	GB/T 12301—1999	1
5	环境噪声标准	声环境质量标准	声环境质量标准	GB 3096—2008	3
		环境噪声排放标准	建筑施工场界噪声限值	GB 12523—1990	10
		环境噪声监测标准	机场周围飞机噪声测量方法	GB 9661—1988	6
		环境噪声基础标准	城市区域环境噪声适用区划分技术规范	GB/T 15190—1994	1
6	土壤环境标准	土壤环境质量标准	土壤环境质量标准	GB 15618—1995	1
		土壤相关标准	土壤质量　六六六和滴滴涕的测定气相色谱法	GB/T 14550—1993	8
7	放射性与电磁辐射标准	放射性环境标准	建筑材料用工业废渣放射性物质限制标准	GB 6763—1986	22
		电磁辐射环境标准	电磁辐射防护规定	GB 8702—1988	1
		检测方法	水中氚的分析方法	GB 12375—1990	30
8	生态保护标准		自然保护区类型与级别划分原则	GB/T 14529—1993	5
9	环境基础标准		环境污染源类别代码	GB/T 16706—1996	4
10	其他环境标准		制定地方大气污染物排放标准的技术方法	GB/T 3840—1991	3

2. 环境工程技术规范

环境工程技术规范包括通用技术规范、污染治理工艺技术规范、重点污染源治理工程技术规范、污染治理设施运行技术规范，四大类共计百余项。

通用技术规范是指规定各类环境工程建设和运行中基本或共性技术要求的规范。通用类规范包括通用基础规范和通用工程技术规范两类。其中，通用基础规范，指适用于各类环境工程的基础规范，如《环境工程技术分类与命名》、《环境工程技术规范-工程设计文件》等；通用工程技术规范，指按水、气、固体、噪声等污染要素制订的、规定同一类环境工程建设和运行中共性技术要求的规范，如《大气污染治理工程技术导则》、《水污染治理工程技术导则》等。

污染治理工艺技术规范是指以相同工艺技术原理或方法为基础，适合于不同行业的同一污染要素治理的技术规范，如《氧化沟法污水处理工程技术规范》、《人工湿地污水处理工程技术规范》等。

重点污染源治理工程技术规范是指以某一重点污染源治理为对象，适合于该类污染源所有污染物或特定污染物治理工程的技术规范，如《畜禽养殖业污染治理工程技术规范》、《钢铁工业除尘工程技术规范》等。

污染治理设施运行技术规范是指以提高污染治理设施运行、维护和管理水平，保证其连续、稳定达到污染物排放标准为目的而制订的技术规范，如《火电厂烟气治理运行管理技术规范》、《危险废物集中焚烧处置设施运行管理技术规范》等。

1.4 课程特点与学习建议

1.4.1 课程特点

环境工程所需要解决的问题不仅局限于环境污染防治，而且包括保护和合理利用自然资源、探讨和开发废物资源化技术、改进生产工艺、发展少害或无害的闭路生产系统等，使社会效益、经济效益和环境效益相统一，实现社会和经济的可持续发展。“环境工程设计与施工”课程具有以下特点：

（1）交叉性与多样性

环境工程本身是在多学科交叉基础上产生的新学科，环境工程设计所依据的知识和理论体系不但来源于工程技术领域，还来源于自然科学、社会科学领域。环境工程与环境科学、给排水科学与工程、通风空调与热力工程、建筑环境与能源应用、化学工艺与工程、能源工程、信息工程、建筑学、经济学、法学等学科密切相关，环境工程的相关内容是在这些学科的基础上发展起来的。例如，环境科学为环境工程学科发展提供理论基础，水污染防治工程是从给水排水工程发展起来的，工业废气的净化与通风工程密切相关，化学工艺与工程学科的基本原理、工艺操作、技术手段、仪表设备等为环境工程奠定了理论和技术基础，建筑公共设施系统的设计、安装调试、运行管理等，在改善室内环境品质方面与大气污染控制与物理性污染控制有相通的理论和技术等。同时，环境工程也受到法律、经济和观念等方面的影响及约束。

（2）实践性与创新性

设计是科学与工程应用的桥梁，是科技成果转化为生产力的第一步，是技术创新的关键环节。环境工程设计与施工是一门实践性较强的课程。由于原料、生产过程及产品的千差万别，其环境工程的设计与施工也存在着较大的差异。因此，优秀的环境工程设计与施工方案，依赖于对实际情况的具体分析，依赖于因地制宜的灵活设计。

随着经济高速发展，生产规模日益扩大，人口大幅增加，新的环境问题不断出现，一些传统的环境工程技术已逐渐不能满足要求。例如，新能源工程中核废料的辐射污染、地热尾水的热污染、风电的噪声污染、太阳能的光污染等，都需要有效的解决途径。因此，发展对环境工程提出更高的要求，必须应用更新的技术成就，实现环境保护与可持续发展的目的。

（3）经济性与社会性

环境工程设计不仅应具有环境效益，而且应具有良好的经济效益和社会效益。

经济性是衡量环境工程设计方案优劣的重要因素之一。水环境工程设计应考虑通过废水的治理和循环应用，有效节约水资源；大气环境工程设计中按照节约型、可资源化的原则，回收的工业粉尘作为有用原料得以资源化利用；工业固体废物的资源化技术是废物综合利用获得较好的经济效益。

环境工程设计还应具有良好的社会效益。通过环境保护设施的建设减少各类污染及民间纠纷，改善人民的生活、居住条件，保护珍贵的文化遗产，推动社会文化事业的发展，提高国民的环境意识，扩大就业机会，促进经济的可持续发展。

1.4.2 学习建议

“环境工程设计与施工”课程包括了环境工程的设计、施工和技术经济等内容，是高等院校环境工程专业的一门重要专业课，也是一门综合性课程。

本课程培养人才的目标定位，要求学生既懂环境工程设计，又了解现场施工，并具有一定技术经济分析能力。“环境工程设计与施工”课程的设置，要求学生掌握环境工程设计的基本原理、工艺流程和图纸表达，掌握环境工程施工组织和施工技术要点，掌握环境工程概预算编制，了解环境工程技术经济分析。另外，“环境工程设计与施工”是环境工程专业的收尾课程，需要对环境工程的课程体系进行归纳性总结，提升学生对本专业的认识，学习过程中需要注意以下几个方面：

（1）遵守法律法规，提高环境保护的法律意识

与其他理工科专业相区别，环境工程专业涉及了大量的法律、法规、规章、标准及规范等方面的内容，因此在学习时要特别重视国家、行业、地方政府的各项规定，增强环境保护的法律意识，并注意灵活运用相关标准和规范。

（2）理论联系实际，强化工程实践理念

在课程学习中，要树立工程观念，强化工程意识，重视地区经验。环境工程设计的工作涵盖了建设工程的前期准备阶段、设计施工阶段、竣工验收阶段，因此，要全面了解环境工程设计的工作内容，熟悉环境工程设计的工作范围，掌握环境工程设计及环境工程施工组织设计的工作步骤，将环境工程的设计、施工和技术经济有机地联系起来学习。

（3）因地制宜，优化方案

对于环境工程案例，要具体分析实际情况，因地制宜制定方案，并从设计、施工与技术经济等方面进行全方位多方案比较与优化，提高设计能力、施工组织能力和技术经济分析能力。

思考题与习题

1. 环境工程的主要内容是什么？
2. 可持续发展的主要内容包括哪些？
3. 环境保护法律法规体系包含哪几个方面？
4. 我国的环境管理制度有哪些？
5. 《建设项目环境保护管理条例》的主要内容是什么？
6. 简述“环境工程设计与施工”课程的特点和学习方法。

第2章 污染源调查与强度计算

环境工程设计准备工作主要是为环境工程的具体设计准备各种基础资料，主要内容包括建设项目的污染源调查，各种具体污染物的排放量及排放浓度的确定等。

污染源通常是指向环境排放或释放有害物质，或对环境产生有害影响的场所、设备和装置。任何以不适当的浓度、数量、速度、形态和途径进入环境系统并对环境产生污染或破坏的物质或能量，统称为污染物。污染源参数是最重要的环境工程设计基础数据。建设项目投资决策前期工作成果（项目建议书、可行性研究报告，环境影响评价等）中的污染源参数，可以作为项目投资决策以后环境工程人员所需设计基础资料的一部分。环境工程设计是落实可行性研究报告和环境影响评价报告中提出的环境保护设施的具体工作，全面、正确的污染源基础数据是保证环境工程设计质量，使工程达到预期效果的关键，因此环境工程设计人员应认真核实可研报告和环境影响评价中的污染源数据，并利用这些数据深入进行污染控制工程分析。

有些情况下，环境工程设计人员还可能参与建设项目投资决策前期工作。一般来说，投资决策前期工作中环境保护篇章的编制和环境影响评价工作都要进行污染源调查与工程分析。本书所述污染源调查和控制工程分析的内容与方法适用于投资决策前期工作，可供参与前期工作的环境工程设计人员参考。

在实际工作中，往往有大量排放污染物的生产装置需要配套建设环保设施，以使该生产装置的污染物达标排放。这时往往没有可行性研究报告或环境影响报告可供环境工程设计人员参考；很多情况下，还需要环境工程设计人员编写可行性报告或指定技术方案。在此情况下，环境工程设计人员必须自行进行污染源调查，并进行污染控制工程分析。

2.1 污染源调查

2.1.1 污染源分类

不同类型的污染源，对环境的影响方式和程度是不同的。根据污染物的产生过程、来源、特征、结构、形态和调查研究目的的不同，可以对污染源进行不同的分类。

根据污染的产生过程可分为两类：

一次污染物：由污染源释放的直接危害人体健康或导致环境质量下降的污染物。

二次污染物：排放物质在一定环境条件下产生了一系列物理、化学和生物化学反应，导致环境质量下降。

根据污染物的主要来源，可将污染源分为自然污染源和人为污染源。自然污染源是指自然界自行向环境排放有害物质或造成有害影响的场所，如正在活动的火山。人为污染源是指人类社会活动所形成的污染源。后者是环境保护工作研究和控制的主要对象。

人为污染源有多种分类方法：

按人类社会活动功能分，人为污染源又可分为生产性污染源（工业、农业、交通、科研）和生活性污染源（住宅、学校、医院、商业）。

1. 工业污染源

工业生产中的一些环节，如原料生产、加工过程、燃烧过程、加热和冷却过程、成品整理过程等使用的生产设备或生产场所都可能成为工业污染源。除废渣堆放场和工业区降水径流构成的污染以外，多数工业污染源属于点污染源。它通过排放废气、废水、废渣和废热污染大气、水体和土壤；还产生噪声、振动来危害周围环境。各种工业生产过程排出的废物含有不同的污染物。例如，煤燃烧过程排出的烟气中含有一氧化碳、二氧化硫、苯并（a）芘和粉尘等污染物；一些化工生产过程排出的废气主要含有硫化氢、氮氧化物、氟化氢、氯化氢、甲醛、氨等各种有害气体。又如炼油厂废水中主要含原油和石油制品，以及硫化物、碱等；电镀工业废水中主要含有重金属（铬、镉、镍、铜等）离子、酸和碱、氰化物和各种电镀助剂；火力发电厂主要排出烟气和废热。此外，由于化学工业的迅速发展，越来越多的人工合成物质进入环境；地下矿藏的大量开采，把原来埋在地下的物质带到地上，从而破坏了地球上物质循环的平衡。重金属、各种难降解的有机物等污染物在人类生活环境中循环、富集，对人体健康构成长期威胁。可见，工业污染源对环境危害最大。

2. 农业污染源

在农业生产过程中对环境造成有害影响的农田和各种农业设施称为农业污染源。不合理施用化肥和农药会破坏土壤结构和自然生态系统，特别是破坏土壤生态系统。降水所形成的径流和渗流把土壤中的氮和磷、农药以及牧场、养殖场、农副产品加工厂的有机废物带入水体，使水体水质恶化，有时造成河流、水库、湖泊等水体的富营养化。大量氮化合物进入水体则导致饮用水中硝酸盐含量增加，危及人体健康。氮肥分解产生的氮氧化物直接影响大气的物质平衡。在农业高度现代化的国家，农业污染源排放的硝酸盐、氮和无机磷已经对水体构成极大危害。有的研究报告指出，在生活污水中氮的浓度一般为18～20mg/L，而农田径流中，氮的浓度为1～70mg/L，上限远超过生活污水。农田径流中磷的含量为0.05～1.1mg/L。农田径流里的氮、磷含量都大大超过藻类生长需要。一般认为水中有0.3mg/L的无机氮和0.01mg/L的无机磷就足以使藻类繁殖到致害的程度。

3. 交通污染源

对周围环境造成污染的交通运输设施和设备。这类污染源发出噪声，引起振动，排放废气，泄漏有害液体，排放洗刷废水（包括油轮压舱水），散发粉尘等，都会污染环境。交通运输污染源排放的主要污染物有一氧化碳、氮氧化物、碳氢化合物、二氧化硫、铅化合物、石油和石油制品以及有毒有害的运载物。它们对城市环境、河流、湖泊、海湾和海域构成威胁（特别是在发生事故时）。这类污染源排出的废气是大气污染物的主要来源之一。

4. 生活污染源

人类消费活动产生废水、废气和废渣都会造成环境污染。城市和人口密集的居住区是人类消费活动集中地，是主要的生活污染源。

生活污染源污染环境的途径有三：①消耗能源排出废气造成大气污染。如一些城市居民使用小煤炉做饭、取暖，这些小煤炉在城市区域范围内构成大气的面污染源。②排出生活污水（包括粪便）造成水体污染。生活污水中含有机物、合成洗涤剂和氯化物以及致病菌、病毒和寄生虫卵等。生活污水进入水体，恶化水质，并传播疾病。以有机污染物为例，一个百万人口的城市，如果平均每人每天排放 BOD_5 为 36g，受纳该城市生活污水的水体中 BOD_5 本底值是 2mg/L，为使受纳水体中的 BOD_5 不超过 5mg/L，且对这个城市的生活污水不作任何处理，则每天至少需要 1200 万 m^3 的天然水来稀释（估算时忽略生活污水的流量）。这相当于一条流量约为 $140m^3/s$ 的河流的水量。③排出的厨房垃圾、废塑料、废纸、金属、煤灰和渣土等城市垃圾造成环境污染。在不同国家和地区中，由于生活习惯和生活水平的差别，上述各种垃圾在城市垃圾总量中的比例也有所不同。中国大城市中普遍设有废旧物资回收网点，城市垃圾中废纸、金属、塑料制品和玻璃等所占的比例就较低；如果相当数量的居民用煤作燃料，垃圾中煤灰所占的比例就较高。中国城市垃圾数量和构成也在变化，如由于逐步改用燃气、液化气作燃料以及采用集中供热方式，煤灰在生活垃圾中所占的比例逐渐减少。

按排放污染的种类，可分为有机污染源、无机污染源、热污染源、噪声污染源、放射性污染源、病原体污染源和同时排放多种污染物的混合污染源等。事实上，大多数污染源都属于混合污染源。例如燃煤的火力发电厂就是一个既向大气排放二氧化硫等无机污染物，又向环境排放废热和其他废物的混合污染源。但是，在研究某一特定环境问题时，往往把某些混合污染源作为只排放某一类污染物的污染源。

根据对环境要素的影响，污染源可以分为大气污染源、水体污染源（地面水污染源、地下水污染源、海洋污染源）、土壤污染源、噪声污染源和放射性污染源等。

按排放污染物的空间分布方式，可分为点污染源（集中在一点或一个可当做一点的小范围排放污染物）、线污染源（在一条线性范围内排放污染物）、面污染源（在一个大面积范围排放污染物）。

按污染物的运动特性可分为固定源和移动源；固定污染源指烟道、烟囱、排气筒等排放场所。它们排放的废气中既包含固态的烟尘和粉尘，也包含气态和气溶胶态的多种有害物质，如发电厂的燃煤烟囱，钢铁厂、水泥厂、炼铝厂、有色金属冶炼厂、磷肥厂、硝酸厂、硫酸厂、石油化工厂、化学纤维厂的大工业烟囱等。流动污染源主要指交通车辆、飞机、轮船等排气源，其排放废气中含有烟尘、有机和无机的气态有害物质。

按对环境造成影响的程度，分为对环境可能造成重大影响、轻度影响和很小影响的污染源等。

2.1.2 污染源调查内容

在环境科学的研究工作中，把污染源、环境和人群健康看成一个系统。污染源向环境中排放污染物是造成环境问题的根本原因。污染源排放污染物质的种类、数量、方式、途径及污染源的类型和位置，直接关系到它危害的对象、范围和程度。

污染源调查主要是为了了解、掌握污染物情况及其他有关问题，通过污染源调查，找出一个工厂或一个地区的主要污染源和主要污染物，资源（包括水资源）、能源利用现状，为企业技术改造、污染治理、综合利用、加强管理指出方向；为区域污染综合防治指明方向；为区域环境管理、环境规划、环境科研提供依据。污染源调查是污染综合防治的基础工作。

污染源调查按污染源分类的不同和调查目的不同，可分为工业污染源调查、农业污染源调查、生活污染源调查、交通污染源调查，也可分为大气污染源调查、水污染源调查、噪声污染源调查等。

1. 工业污染源调查内容

（1）企业环境状况

企业所在地的地理位置，地形地貌、四邻状况及所属环境功能区（如商业区、工业区、居民区、文化区、风景区、农业区、林业区及养殖区等）的环境现状。

（2）企业基本情况

1）概况：企业名称、厂址、主管机关名称、企业性质、规模、厂区占地面积、职工构成、固定资产、投产年代、产品、产量、产值、利润、生产水平、企业环境保护机构名称。

2）工艺调查：调查工艺原理、工艺流程、工艺水平、设备水平，找出生产中的污染源和污染物。

3）能源、水源、原辅材料情况：能源构成、产地、成分、单耗、总耗、水源类型、供水方式、供水量、循环水量、循环利用率、水平衡，原辅材料种类、产地、成分及含量、消耗定额、总消耗量等。

4）生产布局调查：原料、燃料堆放场、车间、办公室、堆渣场等污染源的位置；标明厂区、居民区、绿化带，绘出企业环境图。

5）管理情况调查：管理体制、编制、生产调度、管理水平及经济指标，环境保护管理机构编制、环境管理水平等。

（3）污染物排放及治理

1）污染物治理调查：工艺改革、综合利用、管理措施、治理方法，治理工艺、投资、效果、运行费用、副产品的成本及销路，存在问题、改进措施、今后治理规划或设想。

2）污染物排放情况调查：污染物种类、数量、成分、性质、排放方式、规律、途径、排放浓度、排放量、排放口位置、类型、数量、控制方法、历史情况、事故排放情况。

（4）污染危害调查

人体健康危害调查，动植物危害调查、器物危害造成的经济损失调查，危害生态系统情况调查。

（5）生产发展情况调查

生产发展方向、规模、指标、三同时措施、预期效果及存在问题。

2. 生活污染源调查

生活污染源主要指住宅、学校、医院、商业及其他公共设施。它排放的主要污染物有：污水、粪便、垃圾、污泥、废气等。调查内容包括：

（1）城市居民人口调查：总人数、总户数、流动人口、人口构成、人口分布、密度、居住环境。

（2）城市居民用水和排水调查

用水类型（城市集中供水、自备水源）、不同居住环境每人用水量、办公楼、旅馆、商店、医院及其他单位的用水量，排水管道设置情况（有无排水管道、排水去向），机关、学校、商店、医院有无化粪池及小型污水处理设施。

（3）民用燃料调查

燃料构成（煤、燃气、液化气），燃料来源、成分、供应方式，燃料消耗情况（年、月、日用量，每人消耗量、各区消耗量）。

(4) 城市垃圾及处置方法调查

垃圾种类、成分、数量，垃圾场的分布，输送方式、处置方式、处理站自然环境，处理效果、投资、运行费用、管理人员、管理水平。

3. 农业污染源

农业是环境污染的主要受害者，农业生产过程中需要施用农药、化肥，当使用不合理时也产生环境污染。调查内容有：

(1) 农药使用情况的调查

农药品种，使用剂量、方式、时间，施用总量、年限，有效成分含量（有机氯、有机磷、汞制剂、砷制剂等），稳定性等。

(2) 化肥使用情况的调查

使用化肥的品种、数量、方式、时间，每亩平均施用量。

(3) 水土流失情况的调查

(4) 农业废弃物调查

农作物秸秆、牲畜粪便、农用机油渣处理处置情况。

(5) 农业机械使用情况调查

汽车、拖拉机台数，耗油量，行驶范围和路线，其他机械的使用情况等。

除上述污染源调查外，还有交通污染源调查，噪声污染源调查，放射性污染源调查，电磁辐射污染源调查等。

2.1.3 污染源调查方法

(1) 区域或流域的污染源调查

区域或流域的污染源调查分为普查和详查两个阶段，目的是为了在污染源调查工作中做到了解一般，突出重点。采用的基本方法是社会调查。

1) 普查：首先从有关部门查清区域或流域内的工矿、交通运输等企、事业单位名单，采用发放调查表的方法对名单上各单位的规模、性质和排放污染情况作概略调查。对于农业污染源也可到主管部门收集农业、渔业和禽畜饲养业的基础资料，人口统计资料，供排水和生活垃圾排放等方面资料，通过分析和推算得出本区域和流域内污染物排放的基本情况。

2) 详查：要确定重点污染源。重点污染源是指污染物排放种类多（特别是含危险污染物）、排放量大、影响范围广、危害程度大的污染源。一般来说，重点污染源排放的主要污染物量占调查区域或流域内总排放量的60%以上。在详查工作中，调查人员要深入现场实地调查和开展监测，并通过计算取得翔实和完整的数据。经过详查和普查资料的综合，总结出区域污染源调查的情况。

(2) 具体项目的污染调查

具体项目的污染调查方法类似上述的“详查”，应该在调查基础上进行项目剖析。其内容包括：

1) 排放方式、排放规律。

2) 污染物的物理、化学及生物特性，并提出需进行评价的主要污染物。

3）对主要污染物进行追踪分析。

4）污染物流失原因的分析。

2.2 污染物排放量计算

污染物排放量和排放浓度的计算是确定环境工程设计参数的基础。一般采用实测法、物料衡算法和排放系数法等进行计算。具体采用哪些方法，应根据工程实际情况来选择。

2.2.1 实测法

实测法是通过现场实际测量建设项目或工厂（车间）污染源排放废水或废气的排放量及其所含污染物的浓度、固体废物排放量及有害物质的含量，计算其中某污染物的排放量的方法，常用的公式为：

$$G_i = K \cdot C_i \cdot Q \cdot T \tag{2-1}$$

式中 G_i——废水或废气中 i 种污染物的排放量，t；

Q——单位时间废水或废气的排放量，m^3/h；

C_i——第 i 种污染物实测浓度，mg/L（水）或 mg/m^3（气）；

T——污染物排放时间，h；

K——单位换算系数，对于废水 K 为 10^{-6}，对于废气 K 为 10^{-9}。

对于固体废物污染物排放量计算公式为：

$$G = w \cdot M \tag{2-2}$$

式中 G——固体废物中某种污染物的排放量，t；

w——固体废物中某种污染物的平均含量，%；

M——固体废物排放量，t。

在式（2-1）、式（2-2）中，C_i、w 都是污染物的实测浓度，是从实地测定中得到的数据，因此比其他方法更接近实际，比较准确，这是实测法的最主要的优点。但是实测法要求所测得的数据要有代表性，是准确的。因此，测定时常常进行多次测定，获得多个浓度值，再通过计算确定平均值。通常，废水或废气流量可取算术平均值，而污染物的浓度则取加权算术平均值。

【例 2-1】 某企业全年生产时间为 8760h，全年的 3 次监督性检测中，实测废水流量分别为 $1500m^3/h$、$1480m^3/h$、$1486m^3/h$，某污染物浓度相应为 75.2mg/L、76.4mg/L、77.0mg/L，试求该污染物加权平均浓度及总排放量。

解：该污染物加权平均浓度为 $\overline{C}$：

$$\overline{C} = \frac{1500 \times 75.2 + 1480 \times 76.4 + 1486 \times 77.0}{1500 + 1480 + 1486} = \frac{340294}{4466} = 76.2\text{mg/L}$$

平均流量为 $\overline{Q}$：

$$\overline{Q} = \frac{1500 + 1480 + 1486}{3} = \frac{4466}{3} = 1488.7\text{m}^3/\text{h}$$

污染物总排放量为 $\overline{G}$：

$$G = K\overline{C}\,\overline{Q}T = 10^{-6} \times 76.2 \times 1488.7 \times 8760 = 993.7\text{t}$$

2.2.2 物料衡算法

物料衡算法的基础是质量守恒定律，它根据生产部门的原料、燃料、产品、生产工艺及副产品等方面的物料平衡关系，对某系统进行物料的数量平衡计算。根据质量守恒定律，在生产过程中，投入某系统的物料质量必须等于该系统产出物质的质量，即等于所得产品的质量和物料流失量之和，即可以得到物料衡算的通用数学公式：

$$\sum G_{投入} = \sum G_{产品} + \sum G_{流失} \tag{2-3}$$

式中 $\sum G_{投入}$——投入物料总量；

$\sum G_{产品}$——所得产品总量；

$\sum G_{流失}$——物料和产品流失总量。

式（2-3）适用于整个生产过程的总物料衡算，也适用于生产过程中的任一个步骤或某一生产设备的局部衡算。不论进入系统的物料是否发生化学反应，或是化学反应是否完全，这个公式都是成立的。

物料衡算一般遵循下列步骤：

（1）确定物料衡算系统：在对物料投入与产出的关系研究中，首先要将研究的对象同周围的物体区分开来。通常将单独分割出来的研究对象称为系统，这样的系统应有明确的边界线。系统的边界线可以是实际的界线或界面，如车间或工序的排出口；也可以是假想的，如设备或管道的进口或出口的截面。在物料衡算以前，要根据所研究问题的性质、要求和目的，以及有利于分析和计算的目的，正确地确定所要研究的系统或体系。

（2）收集物料衡算的基础资料：根据物料衡算的要求，画出生产工艺流程示意图，写出相应的生产过程中的化学反应方程式，包括主、副反应方程式和处理过程中的反应式。在示意图上定性地标明物料由原材料转变为产品（包括主、副产品和回收品）的过程以及物料的流失方式、位置和流向等。根据工艺流程图和化学反应式，收集各种资料和数据。

（3）确定计算基准物：在物料衡算中，往往将所有的污染物折算成某一基准物进行计算，以便于比较和评价。如将所有的铬酸盐、重铬酸盐、铬的氧化物都折算成基准物铬来进行计算和比较，所有的硝基物都折算成硝基苯来进行计算和比较。因此在物料衡算中要选择一个合理的基准物。

（4）进行物料平衡计算：进行物料平衡计算时，根据系统过程中发生不发生化学反应，采取不同的计算方法。

1. 进出系统过程中无化学变化的物料衡算

如果物料进出系统过程中，不发生化学反应，而只有形状、温度等物理性能的变化，其物料衡算计算过程比较简单，即，投入＝产出。

【例 2-2】 某锅炉进入除尘系统的烟尘量 Q_1 为 $10000m^3/h$（标准状态），烟尘平均浓度 C_1 为 $2000mg/m^3$，除尘器的除尘量 G 为 18kg/h，若不考虑除尘系统的漏气影响，试求经过除尘后锅炉烟气的排放浓度 C_2 以及除尘器效率 η_c。

解： 进入除尘系统的烟尘量为 G_1：

$$G_1 = Q_1 \cdot C_1 = 10000 \times 2000 = 20 \times 10^6 mg = 20kg$$

经过除尘系统后剩余的烟尘量为：

$$G_2 = G_1 - G = 20 - 18 = 2kg$$

不考虑除尘系统的漏气影响，则有：$Q_2 = Q_1$

经过除尘后锅炉烟气的排放浓度 C_2 为：

$$C_2 = G_2 / Q_2 = 2kg/10000m^3 = 200mg/m^3$$

除尘器效率 η_c 为：

$$\eta_c = G/G_1 = 18/20 = 90\%$$

2. 进出系统过程中发生化学反应的物料衡算

如果物料进出系统过程中发生化学反应，转变为新的物质，物料衡算可以根据化学反应式进行，计算方法通常可以采用总量法或定额法。

(1) 总量法

总量法是以计算系统内的原料总耗量、主副产品及回收产品的总产量为基础，按式(2—3)计算物料或污染物流失总量。

下面通过例子来说明总量法的应用。

【例 2-3】 某化工厂年产重铬酸钠（$Na_2Cr_2O_7 \cdot 2H_2O$）2010t，其纯度为 98%，每吨重铬酸钠耗用铬铁矿粉（$FeO \cdot Cr_2O_3$）1440kg，铬铁矿粉含 Cr_2O_3 量为 50%，重铬酸钠转炉焙烧转化率为 80%，含铬废水处理量为 75000m³，处理前废水六价铬浓度 C_0 为 0.175kg/t，处理后六价铬浓度 C_1 为 0.005kg/t，铬渣、铝渣、芒硝未处理，试求该厂全年六价铬的流失量。已知生产过程中总的化学反应方程式如下：

$$FeO \cdot Cr_2O_3 + 2Na_2CO_3 + H_2SO_4 + \frac{7}{4}O_2 \longrightarrow Na_2Cr_2O_7 + Na_2SO_4 + \frac{1}{2}Fe_2O_3 + H_2O + 2CO_2\uparrow$$

解： 计算中选择铬作为基准物，以铬的迁移转化作为物料衡算的基础。

铬与产品重铬酸钠的分子量比值为 $\frac{104}{298}$，铬与原料中 Cr_2O_3 的分子量比值为 $\frac{104}{152}$，原料总耗量中铬有效使用量为：

$$G_{原} = 2010 \times 1440 \times 0.5 \times \frac{104}{152} \times 0.8 = 792152\text{kg}$$

重铬酸钠产品中的铬含量为：

$$G_{产} = 2010 \times 0.98 \times \frac{104}{298} \times 1000 = 6874447\text{kg}$$

废水处理中处理掉的铬量为：

$$G_{处} = 75000 \times 1 \times (C_0 - C_1) = 75000 \times 1 \times (0.175 - 0.005) = 12750\text{kg}$$

则铬的流失总量为：

$$G_{流失} = G_{原} - G_{产} - G_{处} = 792152 - 687447 - 12750 = 91955\text{kg}$$

其中废水中铬的流失量为：

$$G_{水流失} = 75000 \times 1 \times C_1 = 75000 \times 1 \times 0.005 = 375\text{kg}$$

在铬渣、铝渣、芒硝中流失的铬量为：

$$G_{渣流失} = G_{流失} - G_{水流失} = 91955 - 375 = 91580\ \text{kg}$$

(2) 定额法

定额法是总量法的另一种表现形式，这种方法首先求出单位产品的污染物流失量，然后根据生产中产品总量，求取污染物流失总量。根据式(2-3)，生产程中所使用或生成的污染物最终流失于环境的流失总量可用下式计算。

$$G = M \cdot G_{定} \tag{2-4}$$

式中　G——某种污染物的流失总量，t 或 m³；

$G_{定}$——单位产品某污染物的流失定额，kg/t 或 m^3/t；

M——生产期内某产品的产量，t。

3. 物料衡算结果的分析及应用

物料衡算是对物料利用和流失情况进行科学分析的方法。通过物料衡算，可以得到以下结果：

（1）生产单位产品或半成品的原料实际消耗量。

（2）生产单位产品或半成品的各污染物（或原料、产品等物料）排放量（或流失量）。

（3）物料流失位置和排放形式、流向。

2.2.3 排放系数法

排放系数法是根据生产过程中单位产品或产量的经验污染物产生系数或排放系数进行计算求得污染物排放量的计算方法，也称经验公式法。

1. 产污系数和排放系数

污染物产生系数（简称产污系数）是指在正常技术经济和管理条件下，生产单位产品或单位强度（如重量、体积、距离等）的产生污染活动所产生的原始污染物量。污染物排放系数（简称排污系数）是指上述条件下经污染控制措施削减后或未经削减直接排放到环境中的污染物量。产污系数和排污系数与产品生产工艺、原材料、规模、设备技术水平以及污染控制措施有关。

产污系数又分为个体产污系数和综合产物系数。个体产污系数是指特定产品在特定工艺（包括原料路线）、特定规模、特定设备技术水平以及正常管理水平条件下求得的产品生产污染物产生系数。综合产污系数是指按规定计算方法对个体产污系数进行汇总求取的一种产污系数平均值。因此综合产污系数代表指定产品在该行业生产活动中生产单位产品排放污染物的平均水平。

2. 污染物排放量

污染物的产生量可用下式计算：

$$G' = K' \cdot M \tag{2-5}$$

式中 G'——某污染物的产生量；

K'——单位产品的经验产污系数；

M——某产品的年产量。

污染物的排放量可以用下式计算：

$$G = K \cdot M \tag{2-6}$$

式中 G——某污染物的排放量；

K——单位产品的经验排污系数。

3. 主要工业产品综合产污系数和排污系数

原国家环境保护总局科技标准司组织编写的《工业污染物产生和排放系数手册》给出了我国主要工业部门（包括有色金属工业、轻工、电力、纺织、化工、钢铁和建材等）的产污系数和排污系数。这些系数对于环境工程设计中污染物排放的计算具有非常好的指导作用。主要工业产品综合产污和排污系数可见附录。

2.3 废气排放计算

2.3.1 燃料燃烧过程中产生的废气量

燃料燃烧过程废气通常指工业锅炉、采暖锅炉以及家用炉灶等燃料燃烧装置使用的煤、油、气等燃料在燃烧过程中产生的废气。纯燃料燃烧过程使用的燃料一般不与物料接触，燃料燃烧产生的废气量就是燃料本身燃烧产生的废气量（包括剩余空气量）。按废气排放方式可分为有组织排放（即通过烟囱或排气筒集中排放）和无组织排放。废气排放量可以实测，也可以用经验公式进行计算。

污染物排放量是指排入大气环境的废气所携带的污染物质的量。煤和油类在燃烧过程中产生大量烟气和烟尘，烟气中主要污染物有二氧化硫、氮氧化物和一氧化碳等等，这些污染物通常也可以采用经验公式进行计算。

1. 锅炉燃料耗量计算

锅炉燃料耗量一般与锅炉的蒸发量（或热负荷）、燃料的发热量燃烧效率、机械热损失等因素有关。饱和蒸汽锅炉的燃煤量为：

$$B=\frac{D(i''-i')}{Q_{L}^{y}\eta} \tag{2-7}$$

式中 B——锅炉燃料耗量，kg/h 或 m^3/h；

D——锅炉每小时的产汽量，kg/h 或 m^3/h；

Q_L^y——燃料应用基的低位发热值，kJ/kg；

η——锅炉的热效率，%，可实测，也可以从有关手册或产品说明书中获取；

i''——锅炉在工作压力下的饱和蒸汽热焓值，kJ/kg 或 kcal/kg；

i'——锅炉给水热焓值，kJ/kg 或 kcal/kg，一般计算给水温度为 20℃，则 $i'=$ 83.75kJ/kg 或 20kcal/kg。

对于采暖或供应热水的燃煤锅炉，通常采用下式计算其耗煤量：

$$B_{m}=\frac{Q}{Q_{r}\eta} \tag{2-8}$$

式中 B_m——锅炉耗煤量（标准煤，或原煤），kg/s 或 kg/h；

Q——锅炉每小时供热量，kW 或 kcal/h；

Q_r——标准煤(或原煤)热值，kJ/kg，kcal/kg。其中，标准煤的热值为 29308kJ/kg，或 7000kcal/kg。原煤的热值为 20934kJ/kg，或 5000kcal/kg；

η——锅炉的热效率，%，燃煤锅炉的热效率通常取 60%～80%。

2. 理论空气量计算

理论空气量是指燃料中的可燃成分（主要是碳、氢、硫）燃烧时，完全变成燃烧产物所需的空气量。在可燃成分完全燃烧时，C、H、S、N 分别以 CO_2、H_2O、SO_2、N_2的形式存在，理论空气量的数值可以根据完全燃烧的化学反应方程式和元素分析求得。

（1）固体和液体燃料

对于固体或液体燃料，可以以燃烧的化学方程式作为计算的依据。

以 w_C、w_H、w_S、w_O分别表示燃料中碳、氢、硫、氧元素的重量百分含量，则根据

C、H、S与氧气的化学方程式可以求得完全燃烧时的理论空气需要量 V_0（固体和液体燃料以1kg燃料为基准）。

$$V_0 = \frac{2.667\frac{w_C}{100} + 7.94\frac{w_H}{100} + \frac{w_S}{100} - \frac{w_O}{100}}{0.21 \times 1.429}$$
$$= 0.0889w_C + 0.265w_H + 0.0333w_S - 0.0333w_O (m^3/kg) \quad (2\text{-}9)$$

（2）气体燃料

以1m³（标准状况）的气体燃料为基准，根据燃烧的化学反应方程式

$$C_mH_n + \left(m + \frac{n}{4}\right)O_2 = mCO_2 + \frac{n}{2}H_2O$$

1m³气体燃料燃烧所需理论空气量 V_0 为：

$$V_0 = \frac{1}{100 \times 0.21}\left[\frac{1}{2}\varphi_{CO} + \frac{1}{2}\varphi_H + \frac{3}{2}\varphi_{H_2S} + \Sigma\left(m + \frac{n}{4}\right)\varphi_{C_mH_n} - \varphi_{O_2}\right]$$
$$= 0.0238\varphi_{CO} + 0.0238\varphi_H + 0.071\varphi_{H_2S} +$$
$$0.0476\Sigma\left(m + \frac{n}{4}\right)\varphi_{C_mH_n} - 0.0476\varphi_{O_2} (m^3/m^3) \quad (2\text{-}10)$$

（3）经验公式计算法

如果没有条件进行燃料分析，可用以下经验公式进行计算理论空气量。对于燃料应用基的挥发分 $V^y > 15\%$ 的每千克烟煤，则有：

$$V_0 = 1.05\frac{Q_L^y}{4182} + 0.278 \quad (m^3/kg) \quad (2\text{-}11)$$

对于 $V^y < 15\%$ 的每千克贫煤或无烟煤，有：

$$V_0 = \frac{Q_L^y}{4140} + 0.606 \quad (m^3/kg) \quad (2\text{-}12)$$

对于 $Q_L^y < 12546$kJ/kg的每千克劣质煤，有：

$$V_0 = \frac{Q_L^y}{4140} + 0.455 \quad (m^3/kg) \quad (2\text{-}13)$$

对于每千克液体燃料，有：

$$V_0 = 0.85\frac{Q_L^y}{4182} + 2 \quad (m^3/kg) \quad (2\text{-}14)$$

对于 $Q_L^y < 10455$kJ/m³的1m³气体燃料，有：

$$V_0 = 0.85\frac{Q_L^y}{4182} \quad (m^3/m^3) \quad (2\text{-}15)$$

对于 $Q_L^y >$ I4637kJ/m³的1m³原气体燃料，有：

$$V_0 = 1.09\frac{Q_L^y}{4182} - 0.25 \quad (m^3/m^3) \quad (2\text{-}16)$$

3. 燃烧产生烟气量计算

（1）固体和液体燃料

根据燃料的燃烧方程式，考虑氢燃烧生成的气体体积，加上氮、燃料本身带入的水、理论空气带入的水和燃料油雾化蒸汽带入的水、过剩空气量及烟气流程中的漏气量，可以计算出1kg燃料燃烧生成的烟气总体积 V_y 为：

$$V_y = 1.866\frac{w_C}{100} + 0.7\frac{w_S}{100} + 0.8\frac{w_N}{100} + (\alpha - 0.21)V_0$$

$$+ 0.0124w_W + 0.111w_H + 0.016\alpha V_0 + 1.244G_m$$

$$= 0.01866w_C + 0.007w_S + 0.008w_N - 0.21V_0 + 0.0124w_W + 0.111w_H + 1.016\alpha V_0 + 1.244G_m \tag{2-17}$$

式中　w_C、w_S、w_N、w_H、w_W——燃料中的碳、硫、氮、氢、水分的百分含量；

V_0——理论空气需要量；

G_m——使用1kg雾化燃油的蒸汽量，kg；

α——空气过剩系数，$\alpha = \alpha_0 + \Delta\alpha$，$\alpha_0$为炉膛过剩空气系数，$\Delta\alpha$为烟气流程上各段受热面处的漏风系数。

α_0、$\Delta\alpha$的数值分别可查表2-1和表2-2。沸腾炉沸腾层内过剩空气系数α一般取1.15～1.20，炉子出口处α_0需另加悬浮段漏风系数$\Delta\alpha=0.1$。对于其他炉窑，α可取1.3～1.7，对于机械式燃烧，α值可取小值，对于手烧炉，α可取大值。

炉膛空气过剩系数 α_0　　　　**表2-1**

燃烧方式	烟煤	无烟煤	重油	煤气
手烧炉及抛煤机炉	1.3～1.5	1.3～2	1.15～1.2	1.05～1.10
链条炉	1.3～1.4	1.3～1.5		
煤粉炉	1.2	1.25		
沸腾炉	1.23～1.30			

注：沸腾炉沸腾层内过剩空气系数一般取1.15～1.20，炉子出口处α_0需另加悬浮段漏风系数$\Delta\alpha=0.1$。

漏风系数 $\Delta\alpha$　　　　**表2-2**

漏风部位	炉膛	对流管束	过热器	省煤器	空气预热器	除尘器	钢烟道（每10m）	砖烟道（每10m）
$\Delta\alpha$值	0.1	0.15	0.05	0.1	0.1	0.05	0.01	0.05

（2）气体燃料

根据化学反应方程式，对于1m³燃气可计算出烟气中各烟气成分的体积，其中产生的三原子气体体积为：

$$V_{RO_2} = 0.01(\varphi_{CO_2} + \varphi_{CO} + \varphi_{H_2S} + \sum m\varphi_{C_mH_n}) \quad (m^3/m^3) \tag{2-18}$$

式中　φ_{CO_2}、φ_{CO}、φ_{H_2S}、$\varphi_{C_mH_n}$——分别为气体燃料中各自成分的百分比，%。

理论烟气中的氮体积：

$$V_{N_2} = 0.79V_0 + \frac{\varphi_{N_2}}{100} \quad (m^3/m^3) \tag{2-19}$$

水蒸气的体积：

$$V_{H_2O} = 0.01(\varphi_{H_2S} + \varphi_{H_2} + \sum\frac{1}{2}n\varphi_{C_mH_n} + 0.124d) + 0.0161V_0 \quad (m^3/m^3) \tag{2-20}$$

式中　d——气体燃料的湿度，g/m³。

因此，烟气体积的计算公式为：

$$V_y = V_{RO_2} + V_{N_2} + V_{H_2O} + (\alpha - 1)V_0 \quad (m^3/m^3) \tag{2-21}$$

（3）经验公式计算法

在不掌握燃料准确组成的情况下，烟气量可用以下经验公式计算，对于1kg无烟煤、烟煤或贫煤，有：

$$V_y = 1.04\frac{Q_L^y}{4182} + 0.77 + 1.0161(\alpha - 1)V_0 \quad (m^3/kg) \tag{2-22}$$

对于 $Q_L^y < 12546$kJ/kg 的 1kg 劣质煤，有：

$$V_y = 1.04\frac{Q_L^y}{4182} + 0.54 + 1.0161(\alpha - 1)V_0 \quad (m^3/kg) \tag{2-23}$$

对于 1kg 液体燃料，有：

$$V_y = 1.11\frac{Q_L^y}{4182} + 1.0161(\alpha - 1)V_0 \quad (m^3/kg) \tag{2-24}$$

对于 $1m^3$ 气体燃料，当 $Q_L^y < 10455$kJ/m^3 时，

$$V_y = 0.725\frac{Q_L^y}{4182} - 0.25 + 1.0161(\alpha - 1)V_0 \quad (m^3/m^3) \tag{2-25}$$

当 $Q_L^y > 14637$kJ/m^3 时，有：

$$V_y = 1.14\frac{Q_L^y}{4182} - 0.25 + 1.0161(\alpha - 1)V_0 \quad (m^3/m^3) \tag{2-26}$$

（4）烟气总量

对于烟气总量可用下面经验公式计算：

$$V_{yt} = B \cdot V_y \tag{2-27}$$

式中 V_{yt}——烟气总量，m^3/h 或 m^3/a；

B——燃料耗量，kg/h 或 kg/a，m^3/h；

V_y——实际烟气量，m^3/kg 或 m^3/m^3。

对于小型锅炉，可以采用下面简化公式计算每千克燃料的烟气量。

$$V_0 = \frac{K_0 Q_L^y}{4182} \quad (m^3/kg) \tag{2-28}$$

式中 K_0——燃料有关的系数，具体的数值可查表 2-3。

系数 K_0 数值表 **表 2-3**

燃料	烟煤	无烟煤	油	褐煤（$w_y \leqslant 30\%$）	褐煤（$30\% < w_y < 40\%$）
K_0 值	1.1	1.11	1.1	1.14	1.18

注：w_y为燃料中含水率（%）。

除水分很高的劣质煤，一般情况取 K_0 为 1.1，式（2-28）可简化为：

$$V_0 = \frac{1.1Q_L^y}{4182} \quad (m^3/kg) \tag{2-29}$$

2.3.2 燃料燃烧过程产生的污染物量

1. 烟尘量

煤在燃料过程中产生的烟尘主要包括黑烟和飞灰两部分，其中黑烟是指烟气中末完全燃烧的炭粒，燃烧越不完全，烟气中黑烟的浓度越大。飞灰是指烟气中不可燃饶的矿物质的细小固体颗粒。黑烟和飞灰都与炉型和燃烧状态有关。

烟尘的计算可以采用两种方法，一种是实测法，在一定测试条件下，测出烟气中烟尘的排放浓度，然后用下式进行计算：

$$G_d = 10^{-6} Q_y \cdot \overline{C} \cdot T \tag{2-30}$$

式中 G_d——烟尘排放量，kg/a；

Q_y——烟气平均流量，m^3/h；

$\overline{C}$——烟尘的平均排放浓度，mg/m^3；

T——排放时间，一年排放多少小时。

如果没有测试条件和数据，或无法进行测试，可采用以下公式进行估算：

$$G_d = \frac{BAd_{fh}(1-\eta_c)}{1-C_{fh}} \tag{2-31}$$

式中 B——耗煤量，t/a；

A——煤的灰分，%；

d_{fh}——烟气中烟尘占灰分量的百分数，%，其值与燃烧方式有关，具体数据可以查表2-4；

η_c——除尘系统的除尘效率，可查相关手册；

C_{fh}——烟尘中的可燃物的百分含量，%，一般取15%～45%，电厂煤粉炉可取4%～8%，沸腾炉可取15%～25%。

烟尘中的灰分占煤灰分之百分比（d_{fh}值） **表2-4**

炉型	d_{fh}	炉型	d_{fh}
手烧炉	15～25	沸腾炉	40～60
链条护	15～25	煤粉炉	75～85
往复推饲炉	20	油炉	～0
振动炉	20～40	天然气炉	～0
抛煤机炉	25～40		

2. 二氧化硫

二氧化硫为无色透明气体，具有刺激性味道。通常人们所说的空气刺鼻、比较呛，即二氧化硫污染。二氧化硫是大气主要污染物之一，其来源基本上是煤炭燃烧。二氧化硫既可影响人们的呼吸系统，也可影响心血管系统。空气中的二氧化硫超标时，可使呼吸道疾病发病率增高，慢性病患者的病情迅速恶化。

煤炭中的硫分包括有机硫、硫铁矿和硫酸盐，前两者为可燃性硫，燃烧后生成二氧化硫，后者为不可燃硫，燃烧后的产物常列入灰分。通常情况下，可燃性硫占全硫分的70%～90%，计算时可取80%。在燃烧过程中，可燃性硫和氧气反应生成二氧化硫。每千克硫燃烧将产生2kg二氧化硫。因此，燃煤产生的二氧化硫可以用下式进行计算：

$$G_{SO_2} = 2 \times 80\% \times B \times w_S = 1.6B \cdot w_S \tag{2-32}$$

式中 G_{SO_2}——二氧化硫产生量，kg；

B——耗煤量，kg；

w_S——煤中的全硫分含量，%，可查相关数据。

燃油产生的二氧化硫计算公式与燃煤基本相似，可以用下式计算：

$$G_{SO_2} = 2B_O \cdot w_S \tag{2-33}$$

式中 B_O——燃油耗量，kg；

w_S——油中的硫含量，%。

天然气燃烧产生的二氧化硫主要是由其中所含的硫化氢燃烧产生的，因此二氧化硫的计算可用下列公式：

$$G_{SO_2} = 2.857V \cdot C_{H_2S} \tag{2-34}$$

式中 V——气体燃料的消耗量，m^3；

C_{H_2S}——气体燃料中硫化氢的体积百分数，%；

2.857——每立方米（标准）二氧化硫的质量，kg。

如果没有脱硫装置，则二氧化硫的排放量等于产生量。如果有脱硫装置，则二氧化硫的排放量为：

$$G_P = (1 - \eta_{SO_2})G_{SO_2} \tag{2-35}$$

式中 G_P——二氧化硫排放量，kg；

η_{SO_2}——脱硫装置的二氧化硫去除效率，%。

3. 氮氧化物

氮氧化物是由氮气和氧气化合而成，包括一氧化氮、二氧化氮、一氧化二氮、三氧化二氮、四氧化二氮和五氧化二氮等。氮氧化物也是大气主要污染物之一，易侵入人们呼吸道深部细支气管和肺泡，引起咽喉炎、慢性支气管炎等，表现为咽喉不适、干咳、胸闷等。

燃料燃烧生成的氮氧化物可分为两类，一是燃料中含氮的有机物，在燃烧时与氧反应生成的大量一氧化氮，通常称为燃料型 NO_x；二是空气中的氮在高温下氧化为氮氧化物，通常称为热力型氮氧化物。燃料含氮量的大小对烟气中氮氧化物浓度的高低影响很大，而温度是影响热力型氮氧化物量的主要因素。天然化石燃料燃烧过程中生成的氮氧化物中，一氧化氮约占 90%，二氧化氮约占 10%。燃料燃烧产生的氮氧化物量可用以下公式计算：

$$G_{NO_x} = 1.63B \cdot (\beta \cdot n + 10^{-6}V_y \cdot C_{NO_x}) \tag{2-36}$$

式中 G_{NO_x}——燃料燃烧产生的氮氧化物量，kg；

B——煤或重油消耗量，kg；

β——燃料氮向燃料型 NO 的转化率，%；

n——燃料中氮的含量，可查表 2-5；

V_y——1kg 燃料燃烧生成的烟气量，m^3/kg；

C_{NO_x}——燃料燃烧时生成的热力型氮氧化物的浓度，mg/m^3，通常取 $93.8mg/m^3$。

锅炉用燃料的含氮量 **表 2-5**

燃料名称	含氮质量百分比/%	
	数值范围	平均值
煤	0.5～2.5	1.5
劣质重油	0.2～0.4	0.20
一般重油	0.08～0.4	0.14
优质重油	0.005～0.08	0.02

β 值与燃料含氮量 n 有关，一般燃烧条件下，燃煤层燃炉为 25%～50%。$n \geqslant 0.4\%$ 时，燃油锅炉 β 为 32%～40%，煤粉炉可取 20%～25%。

4. 一氧化碳

固体和液体燃料燃烧产生的一氧化碳是由含碳的化合物不完全燃烧所致，1kg 碳燃烧生成的一氧化碳是 2.33kg，因此对于固体和液体燃料，产生的一氧化碳量可用以下公式计算：

$$G_{co} = 2.33Bqw_C \tag{2-37}$$

式中　G_{co}——CO产生量，kg；

q——燃烧不完全值，%，可见表2-6；

w_C——燃料中碳的质量百分含量，%，可见表2-6。

燃料含碳量和化学不完全燃烧值　　表2-6

燃料种类	q (%)	w_C (%)	燃料种类	q (%)	w_C (%)
木材	4	30～50	木炭	3	—
泥煤	4	30～60	焦炭	3	75～85
褐煤	4	40～70	重油	2	85～90
烟煤	3	70～80	人造煤气	2	15～20
无烟煤	3	80～90	天然气	2	70～75

对于天然气和人造气体燃料，一氧化碳的产生量为：

$$G_{CO} = 1.25Bq(V_1 + V_2 + \cdots + V_n) \tag{2-38}$$

式中　V_1、V_2、…、V_n——分别为气体燃料中CO、CH_4、C_2H_4、C_3H_8、C_4H_{10}、C_5H_{12}、C_6H_6和H_2S等的质量百分含量，%。

5. 二氧化碳

固体和液体燃料中的含碳化合物在富氧情况下充分燃烧生成二氧化碳，1kg碳燃烧生成3.6667kg二氧化碳。所以，固体和液体燃料产生的二氧化碳可采用以下公式计算：

$$G_{CO_2} = 3.6667B(1-q)w_C \tag{2-39}$$

式中　G_{CO_2}——CO_2产生量，kg。

关于二氧化碳的排放系数，国家发展和改革委员会能源研究所推荐的数据为2.4567（$t-CO_2$/tce），即1t标准煤燃烧生成2.4567t二氧化碳。日本能源经济研究所推荐的数据为2.42（$t-CO_2$/tce）。根据式（2-39）计算的结果与上述两个能源研究所推荐数据基本一致。

2011年7月30日，国家发改委副主任解振华在“第二届全球绿色经济财富论坛”上表示，我国“十一五”期间节能6.3亿t标准煤，减排二氧化碳14.6亿t，体现了负责任的大国形象。上述数据具有统计意义上的真实性，也具有相当的权威性。据此计算，节约1t标准煤可减排2.3175t二氧化碳。

调查与统计表明，在最近的一百年里，全球气候变暖是一个客观事实。作为主要的温室气体之一，二氧化碳浓度增加对全球气候暖化有相当的贡献。追踪溯源，大气中二氧化碳浓度的提高是大量燃烧化石燃料所致。所以，作为一个主要的、相对可控的温室气体，为了减小全球变暖所带来的环境风险，人类共同努力减排二氧化碳是十分必要的。

【例2-4】 天津市某小区分为南北两区。北区住宅别墅面积16.8万m^2，采用三步节能标准进行建设。南区住宅别墅面积10.2万m^2，采用二步节能标准进行建设。南北两区住宅别墅面积共27万m^2，另有公共建筑5万m^2，住宅别墅与公共建筑总采暖热负荷为12216kW。该项目开凿了一对地热采灌井（地热采灌井结构详见图2-1），利用中元古代蓟县系雾迷山组热储层中的地热水+水源热泵进行冬季联合供热。与采用燃煤锅炉供热进行比较，试测算该项目每个供暖期可减排的各种污染气体数量。

解： 标准煤热值为29308kJ/kg，取燃煤锅炉供热的综合效率为65%，则每小时节约标准煤量为2308.7kg，即：

$$B_m = \frac{Q}{Q_r \eta} = \frac{12216}{29308 \times 0.65} = 0.6413\text{kg/s} = 2308.7\text{kg/h}$$

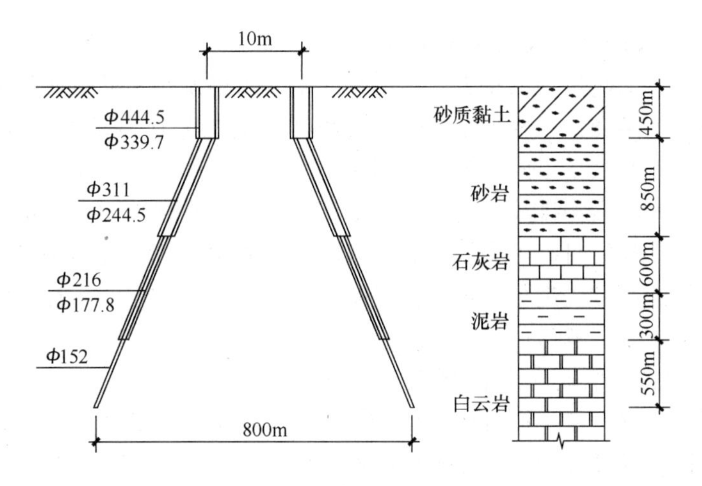

图 2-1　地热采灌井结构示意图

天津市普通建筑每个供暖期的总供暖天数为 120d（即 11 月 16 日～3 月 15 日）。由于采用地热水供暖，该小区每个供暖期可节约标准煤为 6649.1t，即：$B=120\times24B_m=6649.1t$。

按照开滦矿务局的煤炭指标进行计算，取煤的灰分 $A=26.5\%$，烟尘中可燃物含量 $C_{fh}=30\%$，全硫分含量 $w_s=1.3\%$，燃料氮向燃料型 NO 的转变率 $\beta=37.5\%$，燃料中氮的含量 $n=1.5\%$，1kg 煤生成的烟气量 $V_y=6m^3/kg$，燃烧时生成的热力型氮氧化物的浓度 $C_{NO_x}=93.8mg/m^3$，煤中碳的质量百分含量 $w_C=70\%$，不完全燃烧值 $q=3\%$；取烟气中烟尘占灰分量的百分数 $d_{fh}=20\%$，双级旋风除尘器的除尘效率 $\eta=80.1\%$，则每个供暖期可减排烟尘 100.2t，即：

$$G_d=\frac{BAd_{fh}(1-\eta)}{1-C_{fh}}=\frac{B\times0.265\times0.2\times(1-0.801)}{1-0.3}$$
$$=0.01507B=0.01507\times6649.1=100.2t$$

每个供暖期可减排二氧化硫 138.3t，即：

$$G_{SO_2}=1.6Bw_s=1.6\times B\times0.013=0.0208B=0.0208\times6649.1=138.3t$$

每个供暖期可减排氮氧化物 67.2t，

$$G_{NO_x}=1.63B(\beta n+10^{-6}V_yC_{NO_x})=1.63\times B\times(0.375\times0.015+10^{-6}\times6\times93.8)$$
$$=0.0101B=0.0101\times6649.1=67.2t$$

每个供暖期可减排一氧化碳 325.1t，即：

$$G_{CO}=2.33Bqw_C=2.33\times B\times0.03\times0.7$$
$$=0.0489B=0.0489\times6649.1=325.1t$$

每个供暖期可减排二氧化碳 16554.3t，即：

$$G_{CO_2}=3.6667B(1-q)w_C=3.6667\times B\times(1-0.03)\times0.7$$
$$=2.4897B=2.4897\times6649.1=16554.3t$$

通过上述测算可见，利用清洁能源代替传统的燃煤锅炉进行建筑物采暖供热，最大限度地减少了废气废物的排放，节约了污染治理费用，有效地保护了生态环境，是推动我国低碳经济发展的有力举措。

2.3.3 生产过程产生的大气污染物量

燃料燃烧过程、工业过程都是大气污染物的主要污染源，不同行业的工业生产过程会产生各种大量的大气污染物，并且工业生产过程涉及的工艺众多，排放污染物各不相同；即使是同一行业，生产水平不同，各个不同污染源所排放的污染物量也不同。因此，对于工业生产过程中大气污染物排放量的获得，最基本的途径是采取实际测量的办法。在不能实际测量或需要进行预估时，可采用排放系数法和经验法计算。经验法是根据前人总结的生产过程排污量的计算方法进行计算，在经验估算法中，公式中的各种排放因子应在对工艺过程仔细分析，全面了解后进行选择。

1. 工业生产中二氧化硫排放量计算

工业生产中，会有大量生产过程涉及 SO_2 排放，其排放量的计算方法如下。

（1）水泥熟料烧成过程中二氧化硫排放量计算

水泥生产是将已粉碎的石灰、黏土、铁矿石等原料配置成的生料和燃料经高温烧结成熟料，再将熟料加入一定量的石膏、混合料等磨细得到水泥产品。水泥熟料烧成过程中，燃料中的硫一部分进入水泥熟料和窑灰中，如煤中的硫酸盐；燃烧中生成的二氧化硫将与生料或料浆中碳酸钙、氧化钙等反应生成亚硫酸盐或硫酸盐，一部分以二氧化硫形式排入大气。因此，水泥熟料烧成中排放的二氧化硫量可用下式计算：

$$G_{SO_2} = 2(Bw_S - 0.4M \cdot f_1 - 0.4G_d \cdot f_2) \quad (2\text{-}40)$$

式中 G_{SO_2}——水泥熟料烧成中排放的二氧化硫量，t；

B——烧成水泥熟料的煤耗量，t；

w_S——煤的含硫量，%；

M——水泥熟料的产量，t；

f_1——水泥熟料 SO_3^{2-} 的含量，%，可以从生产中水泥熟料分析资料获得；

G_d——水泥熟料生产中产生的粉尘量，t，回转窑产生的粉尘量一般占熟料产量的 20%～30%；

f_2——粉尘中 SO_3^{2-} 的含量，%，从窑灰分析资料中获取；

0.4——系数，即 S 与 SO_3 的摩尔质量之比 $f=32/80=0.4$。

（2）钢铁工业中二氧化硫排放量计算

钢铁工业中，产生 SO_2 污染的主要工序为烧结工艺，即在高炉冶炼前将铁精矿和富精矿聚合成块。烧结过程中，由于精矿粉和燃料中都含有硫，因此该工艺将产生 SO_2 污染排放。

烧结混料中的硫化物有 90%～96%可以完全燃烧生成二氧化硫，研究表明，如混料含硫 4%，则燃烧后烧结料中则只含硫 0.08%，混料中硫酸盐所含硫的 40%～70%燃烧生成二氧化硫。因此，废气中二氧化硫含量按式（2-41）计算：

$$Q_{SO_2} = \frac{64}{32}(S_{混} - S_{烧结矿} - S_{粉尘}) \quad (2\text{-}41)$$

式中 Q_{SO_2}——废气中 SO_2，kg/t 烧结矿；

$S_{混}$——混合料含硫量，kg/t；

$S_{烧结矿}$——烧结矿中含硫量，kg/t；

$S_{粉尘}$——粉尘带出的硫量，kg/t。

在缺少实测手段时，可采用排放系数法估算烧结废气量，经验值可参考：废气总量为

$4000\sim6000Nm^3/t$烧结矿，含尘浓度为$1\sim5g/Nm^3$，二氧化硫浓度为$0.5\sim1.5g/Nm^3$。

（3）有色金属工业中二氧化硫排放量的计算

1）铜冶炼

铜冶炼烟气量可以用如下计算式：

铜冶炼烟气总量＝含SO_2烟气量＋精炼炉烟气量＋其他工艺烟气量

铜冶炼含SO_2烟气量＝冰铜熔炼炉烟气量＋铜吹炼炉烟气量

铜熔炼炉烟气量＝各单台炉的实际供风量之和×1.1（漏风系数）

铜吹炼炉烟气量＝各单台炉实际供风量之和×（2.2～2.5）（漏风系数）

精炼炉烟气量＝ 燃油重量（kg）×11（m^3/kg）×1.3

实际供风量可由风机运转记录查得，也可以由理论计算值加10％～30％的过剩空气系数而得。理论供风量的确定由炉料中含硫化物量及焦炭消耗量通过冶金计算得出。

铜冶炼烟气含SO_2浓度可如下计算：

烟气含SO_2浓度（％）＝［一定时期内进入烟气SO_2总量（kg）×22.4/64］/同一时期内烟气总量（m^3）

进入烟气SO_2量（kg）＝［物料含硫总量（kg）×该工艺脱硫率（％）－该工艺渣含硫量］×2

炼铜各工艺脱硫率参考值为：反射炉工艺25％～28％，密闭鼓风炉40％～50％，电炉10％～20％，闪速炉40％～50％，转炉吹炼70％～80％。

铜冶炼烟气SO_2排放总量＝（物料中投硫总量－进入制酸烟气含硫量－铜渣含硫量－铜污水含硫量）×2

物料中含硫总量＝铜精矿×精矿平均含硫量（％）＋熔剂量×熔剂平均含硫量（％）＋燃料量×燃料平均含硫量（％）

2）锌冶炼

锌沸腾焙烧炉烟气量有如下计算式：

沸腾炉烟气量（m^3/h）＝鼓风量（m^3/h）×（1.01～1.03）（漏风系数）

或者

沸腾炉烟气量（m^3/h）＝炉床面积（m^2）×［$460\sim540m^3/(m^2\cdot h)$］

锌沸腾炉烟气含SO_2浓度：

$$烟气SO_2浓度(\%)=\frac{投入物料含硫总量(kg)\times脱硫率(\%)}{该时期内烟气总量(m^3)}\times\frac{22.4}{64}\times2$$

工艺脱硫率参考值为：氧化焙烧为95％～98％，硫酸化焙烧为90％～93％。

3）铅冶炼

① 铅烧结排烟量计算式：

铅烧结排烟量（m^3/h）＝总供风量（m^3/h）×1.9（吸风烧结机取2）；

或者

铅烧结排烟量（m^3/h）＝供风强度［$5\sim12m^3/(m^2\cdot min)$］×烧结机面积（$m^2$）×60×1.9（吸风烧结机取2）

铅烧结烟气含SO_2浓度（％）

$$铅烧结含SO_2浓度(\%)=\frac{投入烧结物料含硫总料(kg)\times脱硫率(\%)}{该时期内产生的烟气总量(m^3)}\times0.35\times2$$

铅烧结机脱硫率一般为65%～70%。

铅鼓风炉烟气含SO_2浓度

$$\text{鼓风炉烟气}SO_2\text{浓度}(\%)=\frac{\text{投入烧结物料含硫总料(kg)}\times\text{脱硫率}(\%)}{\text{该时期内产生的烟气总量}(m^3)}\times\frac{22.4}{64}\times 2$$

铅鼓风炉脱硫率一般为43%。

② 铅冶炼烟气SO_2排放量

铅冶炼SO_2排放量(t)=(物料中投硫总量－进入制酸烟气含硫总量

－铅渣中的含硫量－铅污水中含硫量)×2

2. 氟化物（以F计）排放量计算

氟化物主要是指HF，是一种对环境影响很大的气体。产生氟化物污染的行业主要有炼铝业、磷酸（肥）业和建材业等。

（1）炼铝过程

电解铝生产中气态氟化物（以F计算）排放量可用以下计算公式：

$$G_F=M(H_1\cdot F_{H_1}+H_2\cdot F_{H_2})f_F(1-\eta_F) \tag{2-42}$$

式中 G_F——气态氟化物（以F计）排放量，kg；

M——电解铝的年产量，t；

H_1——生产每吨铝冰晶石的消耗量，kg/t铝；

F_{H_1}——冰晶石的含氟量，%；

H_2——生产每吨铝氟化铝消耗量，kg/t铝；

F_{H_2}——氟化铝含氟量，%；

f_F——气态氟的逸出率，%，一般可取56.6%；

η_F——氟化物净化系统的净化效率，%。

（2）磷肥与制磷工业

以磷矿$Ca_5(PO_4)_3\cdot F$为原料的工业，包括磷肥、磷酸、黄磷及洗衣粉制造等工业，排出的气体中含有氟化氢（HF）与四氟化硅（SiF_4）等化合物，其排放量可用下式计算：

$$G_F=M\cdot H\cdot F_H\cdot f_H(1-\eta_F) \tag{2-43}$$

式中 G_F——气态氟化物（以F计）的排放量，kg；

M——以磷矿粉（石）为原料产品的产量，t；

H——磷矿石的消耗定额，kg/t产品；

F_H——磷矿石的含氟量，%，通常在2.5%～3.7%，可根据原料的含氟量选择；

f_H——磷矿在生产过程中气态氟（以F计）的逸出率，一般在20%～40%之间；

η_F——气态氟的净化效率，%。

3. 高炉炼铁中一氧化碳排放量的计算

高炉炼铁是在还原气氛中进行的，炉气中CO高达26%～32%，高炉炉顶一般会发生漏气排入大气。通常废气泄漏量占总气量的5%左右。高炉CO排放量可以用下式计算：

$$G_{CO}=n\cdot V\cdot F\cdot\rho_{CO}\cdot M=1.25n\cdot V\cdot F\cdot M \tag{2-44}$$

式中 G_{CO}——高炉泄露排放的CO量，kg；

n——泄漏气量占总炉气量的百分数，%；

V——高炉废气量，m^3/t 铁；

F——废气中 CO 含量，%；

ρ_{CO}——废气密度，其值为 1.25kg/m^3；

M——高炉生铁产量，t。

4. 工业粉尘排放量的计算

工业粉尘是指工业生产工艺中破碎、筛选等过程排放的固体微粒，在水泥、耐火、钢铁（矿石粉碎及煅烧）、石棉等行业都可能排出大量粉尘。工业粉尘的排放量可用下式计算：

$$G_d = 10^{-6} Q_f \cdot C_f \cdot t \tag{2-45}$$

式中 G_d——工业粉尘排放量，kg；

Q_f——排尘系统风量，m^3/h；

C_f——设备出口排尘浓度，mg/m^3，应该实测；

t——排尘除尘系统运行时间，h。

5. 燃煤电站烟尘和二氧化硫排放量的计算

烟尘排放量可用下式计算：

$$G_d = B(1-\eta_c)[(1-q_4)A^y d_{fh} + q_4] \tag{2-46}$$

式中 G_d——电站烟尘排放量，t/a；

B——燃料消耗量，t/a；

q_4——机械未完全燃烧损失百分数，%；

η_c——除尘系统效率，%；

A^y——燃料应用基灰分，%；

d_{fh}——锅炉排烟带出的烟尘占燃料灰分的百分比，%。

二氧化硫可用下式计算：

$$G_{SO_2} = 2B \cdot f(1-\eta_{SO_2})w_S \tag{2-47}$$

式中 G_{SO_2}——二氧化硫排放量，t/a；

η_{SO_2}——脱硫效率，%；

f——燃料中的含硫量在燃烧后氧化成二氧化硫的百分比，%；

w_S——燃料的应用基含硫量，%；

B——燃料消耗量，t/a。

2.3.4 无组织排放的气态污染物

无组织排放是指无集中式排放口的一种排放形式。如敞露存放物质的飞扬、散发、液体物质的蒸发、设备和管道的泄露等排放的废气。某些化学工业、医药工业的无组织排放是比较突出的，这种排放形式的排放量计算与集中式排放量的计算是不相同的。

1. 有害物质敞露存放时的散发量

计算有害物质敞露存放时，由于蒸发作用，不断向周围环境中散发出有害气体和蒸汽，其散发量可以用式（2-48）计算：

$$G_{sf1} = (5.38 + 4.1V)p_N F\sqrt{M} \tag{2-48}$$

式中 G_{sf1}——有害物质散发量，g/h；

V——车间或室内风速，m/s；

p_N——有害物质在室温时的饱和蒸气压，mmHg；

F——有害物质的敞露面积，m^2；

M——有害物质的分子量。

由于各种物质的饱和蒸气压随温度而改变，它们之间的关系如下：

$$\lg p_N = \frac{-0.05223A}{T} + B \tag{2-49}$$

式中 T——有害物质的绝对温度，K；

A，B——常数，可从一般的物理化学手册中查取。常见有害物质的 A、B 值见表 2-7。

常见有害物质 A、B 值 **表 2-7**

物质名称	A	B	物质名称	A	B
苯	34172	7.962	甲苯	39198	8.330
甲烷	8516	6.863	醋酸乙酯	51103	9.010
甲醇	38324	8.802	乙醇	23025	7.720
醋酸甲酯	46150	8.715	乙醚	46774	9.135
四氯化碳	33914	8.004			

2. 生产设备和管道不严密处的散发量

各种生产设备和管道都有不严密之处，不严密处世漏出的有害气体量往往随使用期的延长而增大。有害气体的泄漏量一般可采用式（2-50）计算：

$$G_{sf2} = K \cdot C \cdot V\sqrt{\frac{M}{T}} \tag{2-50}$$

式中 G_{sf2}——设备或管道不严密之处的散发量，kg/h；

K——安全系数，视设备的磨损程度而定，一般取 $K=1\sim2$；

C——随设备内部压力而定的系数；

V——设备和管道的内部容积，m^3；

M——设备和管道内的有害气体和蒸汽的相对分子质量。

3. 液体物质的蒸发量

液体物质的蒸发量可以按下式计算：

$$G = (0.000352 + 0.000078v)P \cdot A \cdot M \tag{2-51}$$

式中 G——液体物质的蒸发量，kg/h；

v——液体表面风速，m/s；

P——液体在室温条件下空气中的蒸气压力，mmHg；

A——液体的蒸发面积，m^2；

M——液体的相对分子质量。

2.4 用水量和废水排放量计算

2.4.1 用水量

1. 给水系统

根据工业生产中给水路线和利用程度，将给水系统分为直流给水系统、循环给水系统、循序给水系统三种。

(1) 直流给水系统。工业生产用水由就近水源取水，水经过一次使用后便以废水形式全部或大部分排入水体。这时生产用水量等于企业从地下水源和地面水源取用的新鲜水量。

(2) 循环给水系统。使用过后的水经适当处理重新回用，不再排入水体。在循环过程中所损耗的水量，从水源取水加以补充。

(3) 循序给水系统。根据各车间对水质的要求，将水重复利用，将由水源送来的水先供一车间使用，这个车间使用后的水直接或经适当处理（冷却、沉淀等）后送下一车间使用，然后排放，也叫串级给水系统。

2. 用水总量计算

工业用水量是工业企业完成全部生产过程所需要的各种水量的总和，它等于厂区新鲜用水量和重复用水量之和，厂区新鲜水量中还包括厂区生活用水量。由于厂区生活用水量和其他用水量较生产用水量小得多，通常不单独设表计算，为了计算方便，可以将其他用水归入生活用水量。因此，企业用水总量可以用下式表示：

$$W = W_1 + W_2 = W_1 + W_3 + W_4 \tag{2-52}$$

式中 W——用水总量，t；

W_1——工业重复用水量，t；

W_2——厂区新鲜水用量，t；

W_3——工业用新鲜水用量，t；

W_4——厂区生活用水量，t。

3. 新鲜水量计算

新鲜水量指企业从地下水源和地面水源或城市自来水取用的新鲜水总量。新鲜水量可采用水表或流量计进行测算。

$$W_2 = W_P + W_e - W_v \tag{2-53}$$

式中 W_2——厂区新鲜水用量，t；

W_P——企业自备水源供水量，t；

W_e——来自城市自来水的供水量，t，可从有关部门的水费收据中查得；

W_v——厂家属区生活用水量，t，可按人均用量与用水天数和人数计算。若厂区供水系统与厂家属区供水系统各自独立，则 $W_v=0$。

此外，还可以通过表 2-8 单位产品用量进行计算。

单位产品用水 **表 2-8**

产品	用水量（t）	产品	用水量（t）
钢铁（t）	300	纸浆（t）	200～500
钢板（t）	70～75	报纸（t）	280
煤炭（t）	1～5	毛织品（t）	150～350
水泥（t）	1～4	皮革（t）	50～125
炸药（t）	800	肉类加工（t）	8～35
汽车（t）	40	啤酒（t）	10～25
电力（kWh）	0.2	机器制造（t）	20～45
甜菜糖（t）	100～200		

4. 重复用水量计算

重复用水量是企业循环使用、循序使用的水量。在循环给水系统中，循环水是使用后经过处理重新回用的水，不再外排，在循环过程中所损耗的水量，须用新鲜水加以补充，其计算公式如下：

$$W_1 = W_s - W_c \tag{2-54}$$

式中 W_s——未采用重复用水措施时所需的新鲜水量，t；

W_c——采用重复用水措施时所需的新鲜水量，t。

重复用水率为：

$$K = W_1/W_s \cdot 100\% \tag{2-55}$$

5. 厂区生活用水量计算

厂区生活用水量是指每一职工每年的生活用水量和沐浴用水量，可按下式进行计算：

$$W_4 = 0.365(q_1 \cdot N_1 + q_2 \cdot N_2) \tag{2-56}$$

式中 q_1——生活饮用水定额，可按 25～35kg/（人·d）计算；

N_1——企业职工人数；

N_2——每天沐浴人数；

q_2——沐浴用水标准，可按 40～60kg/（人·d）计算。

不接触有毒物质及粉尘的车间或工厂，如仪表、机械、加工、金属冷加工等取下限，极易引起皮肤吸收或污染的工厂，如农药、煤矿、水泥、钢铁、铸造等企业取上限，一般污染取平均值。

2.4.2 废水排放量

企业用水经过使用后大部分成为废水，经过管道或沟渠排放，废水排放系统一般可分为合流和分流制两种，合流排水系统就是将生活污水、工业废水和地面径流都汇集在一起排出和处理的排水系统。分流排水系统就是将生活污水、工业废水和雨水分别汇集在两个或两个以上的排水系统排出或处理。废水的排放量可采用实测计算法、经验计算法和水衡算法。

1. 废水排放量的实测法

废水排放量的实测法包括明渠流流量和管流流量的测量。

（1）明渠流流量测算

实测时一般首先测定废水的流量或流速，然后乘以测量时间（如果测的是流速还应乘以水流截面积），从而计算得出废水排放量。流速的测量可以采用量水堰测流法、浮标法和流速仪测定法，这些测量方法分别有各自的优缺点，可以根据实际情况选择。

（2）管流流量测算

测量管流流量的仪器仪表很多，比较适于测量工业（生活）废水的有皮托管、文丘里管等压差式流速仪以及电磁式流量计等。这些仪器都有专门的流量显示设备，按照仪器的使用说明操作就可进行流量的测量。如果没有测量仪器，也可采用简单的测定法，测量时，在废水排放口放置一计量容器接收，同时记录下所需时间，容器接收的废水体积除以接收时间即为废水流量。这种方法适用于废水流量较小的时候，测量时比较麻烦、不太安全。

2. 废水排放量的衡算法

水衡算法即根据水平衡来计算废水排放量，其计算式为：

$$W' = W'_1 - (W'_2 + W'_3 + W'_4 + W'_5) \tag{2-57}$$

式中 W'——工业废水排放量，t；

W'_1——工业生产用新鲜水量，t；

W'_2——产品带走水量，t；

W'_3——水漏失量，t；

W'_4——锅炉用水量，t；

W'_5——其他损失量，t。

3. 排放系数法

对于工业废水排放量的计算，还可以采用排放系数法。

排放系数法估算有两种方法，一种是根据用水量和排水量的关系进行估算：

$$P = K_{P1} \cdot W \tag{2-58}$$

式中 P——工业废水排放量，t/a；

K_{P1}——排放系数，即排水量与用水量的比值，根据工业类型选取，一般在 0.6～0.9；

W——企业年用水量，t/a。

另一种方法是根据单位产品的排水量进行估算。

$$P = K_{P2} \cdot G \tag{2-59}$$

式中 P——工业废水排放量，t/a；

K_{P2}——单位产品排水系数，t/t；

G——企业年产量，t/a。

废水中污染物排放量的计算也可以选择实测法、物料衡算法或排放系数法。

2.5 固体废物排放量计算

固体废物来源广泛、种类繁多、性质各异，因此固体废物排放量和其中污染物质的排放量计算方法较多，计算公式也有多种形式。常采用的计算形式有排放系数法、物料衡算法、实测法等。

2.5.1 一般计算方法

废渣的排放量通常可以采用下列算式求出：

$$G_p = G_c - G_y - G_{ch} = \Sigma G_{ci} - \Sigma G_{yi} - \Sigma G_{chi} \tag{2-60}$$

式中 G_p——废渣排放总量，t；

G_c——废渣产生总量，t；

G_y——综合利用的废渣总量，t；

G_{ch}——已处理废渣总量，t；

G_{ci}、G_{yi}、G_{chi}——分别为废渣中某种废渣的产生量、综合利用量和处理量，t。

若已知废渣的堆积容积，可计算其质量：$G_{ci} = \rho_{di} \cdot V_{di}$，其中 ρ_{di} 为某种废渣的堆积密度，单位为"t/m^3"，V_{di} 为某种废渣的堆积容积，单位为"m^3"。

若几种废渣混合堆积在一起，可由式（2-61）计算其平均堆积密度 $\bar{\rho}$，然后计算其质量：

$$\bar{\rho} = \sum \rho_{di} r_i \tag{2-61}$$

式中　r_i——废渣中某渣的容积百分比。

2.5.2　矿渣类固体废物

根据物料平衡计算，采矿废石量计算有下面的公式：

$$G_{采} = M_{总} - M_{矿} \tag{2-62}$$

式中　$M_{总}$——采掘总量，t/a；

$M_{矿}$——原矿产量，t/a；

$G_{采}$——采矿废石产生量，t/a。

也可根据排放系数计算：

$$G_{采} = K_{矿} \cdot M_{矿} \tag{2-63}$$

式中　$K_{矿}$——采掘比（排放系数），t/t，其值可以查阅有关表格。

2.5.3　渣类产生量

用排放系数法，计算高炉渣、钢渣、铁合金渣等冶炼废渣产生量：

$$G = K \cdot M \tag{2-64}$$

式中　G——渣产生量，t/a；

M——铁/钢/铁合金产量，t/a；

K——为高炉渣铁比、渣钢比或铁合金渣铁比（排放系数），t/t，其值可以查阅有关表格。我国高炉的渣铁比一般为0.6～0.7，渣钢比及铁合金渣铁比可参考表2-9及表2-10。

渣钢比　　**表 2-9**

炉型	平炉	电炉	转炉
渣钢比（t/t）	0.25～0.35	0.1～0.2	0.2～0.3

铁合金渣铁比　　**表 2-10**

铁合金	渣铁比（t/t）	铁合金	渣铁比（t/t）
铸铁	0.08	钒铁	0
钨铁	5.00	碳素锰铁	1.6～2.5
钛铁	1.25	碳素铬铁	8.0
钼铁	1.20	锰硅合金	1.5～2.0

2.5.4　煤粉灰及炉渣

由平衡法可以得出：燃料带入锅炉总灰分量＝炉渣＋烟尘量－炉渣中可燃物－烟尘中可燃物，即：

$$B \cdot A_g = G_{1z} \cdot (1 - c_{1z}) + G_{fh} \cdot (1 - c_{fh}) \tag{2-65}$$

$$G_{1z} = \frac{d_{1z} B A_g}{1 - c_{1z}} \tag{2-66}$$

$$G_{fh} = \frac{d_{fh} B A_g}{1 - c_{fh}} \tag{2-67}$$

式中　B——燃煤量，t/a；

A_g——煤的灰分，%；

G_{lz}——炉渣产生量，t/a；

G_{fh}——飞灰产生量，t/a。

d_{lz}，d_{fh}——分别表示炉渣中的灰、飞灰中的灰各占燃煤总灰分之百分比，$d_{lz}=1-d_{fh}$，d_{fh}值可根据锅炉平衡资料选取，也可采用经验数据。用结焦性烟煤、褐煤或泥煤时，d_{fh}的数值可取低些，而采用无烟煤时可取稍高一点。

c_{lz}，c_{fh}——分别为炉渣、飞灰中可燃物百分比含量，%，一般取 $c_{lz}=10\%\sim25\%$，煤粉炉取 0～5%，飞灰中可燃物 c_{fh}一般为 15%～45%，电厂粉煤灰可取 4%～8%，c_{lz}、c_{fh}也可由热工实测资料中取得。

灰渣排放量可按下式计算：

$$G_{hz}=G_{lz}+G_{fh}-G_d=G_{lz}+\eta_c\cdot G_{fh} \tag{2-68}$$

式中　G_d——烟尘排放量，t/a，$G_d=(1-\eta_c)\cdot G_{fh}$；

η_c——锅炉除尘装置的除尘效率，%；

G_{hz}——灰渣排出量，t/a。

2.5.5　水中悬浮物的沉淀量

1. 废水中悬浮物沉淀量

废水中悬浮物的初始浓度为 c_1（mg/L），经过沉淀处理后的悬浮物浓度为 c_2（mg/L），废水处理量为 Q（m^3/d），则日排沉淀量为：

$$M_{渣}=Q(c_1-c_2)/1000 \tag{2-69}$$

式中　$M_{渣}$——日排沉淀量，kg/d；$M_{渣}$为干重，可由含水率计算湿重。

2. 化工废水处理沉淀量计算

化工废水处理有时需要化学药品，采用适当的化学反应以去除废水中所含有害物质，例如酸性废水需要加石灰、石灰石等中和，含铬废水的处理需要用硫酸亚铁沉淀其中的铬等。这些过程的产渣量可通过化学反应进行计算。

思考题与习题

1. 简述环境工程设计中污染源调查的作用。

2. 简述污染源调查的内容与方法分类。

3. 简述污染物排放量的计算方法。

4. 某生产企业年烧柴油 250t、重油 400t，柴油燃烧排放系数为 1.2 万 m^3/t，重油燃烧排放系数为 1.5 万 m^3/t，试计算该企业的废气年排放量。

5. 华北某营房建筑的采暖面积为 19280m^2，采暖热负荷为 1085kW。该营房长期以来采用 2 台燃煤锅炉（配置往复炉排，单级 XDF 旋风除尘器）进行冬季采暖，设备陈旧，污染严重。现以城市冲洗河流的中水作为能源，利用 2 台大温差水源热泵从中提取能量，为建筑物冬季采暖提供热媒。取每个供暖期的总供暖天数为 120d，燃煤锅炉燃烧和供热的综合效率为 60%，参照井陉矿务局的煤炭指标（井陉煤的灰分为 22%～40%，全硫分含量 1.0%，可燃体挥发分 24%），试计算改燃后每个供暖期可减排的各种污染气体数量。

6. 已知重油的元素分析结果（质量分数）为：C 85.5%，H 11.3%，O 2.0%，N 0.2%，S 1.0%。试计算：

（1）燃烧1kg重油所需要的理论空气量和产生的理论湿烟气量（标准状况下$1m^3$干空气的含湿量为0.009kg）。

（2）当过剩空气量为10%时所需要的空气量和产生的湿烟气量。

（3）当过剩空气量为10%时湿烟气量中SO_2和CO_2的体积分数。

7. 某抛煤机炉年燃烧原煤1400t，通风方式为强制送风，煤质见表2-11，试根据以上数据计算烟气量及烟尘、SO_2浓度。

煤质表 **表2-11**

发热量（Q_L^y）(kcal/kg)	挥发分	灰分	水分	含硫量
6900	14%	15%	6%	0.65%

第3章 环境工程设计

3.1 环境工程设计原则及程序

3.1.1 环境工程设计原则与设计依据

环境保护工程是建设项目中的一个重要组成部分。一般情况下，环境保护工程具有独立的设计文件，可独立组织施工，是建成竣工后独立发挥生产能力和工程效益的单项工程。环境工程设计是运用工程技术、有关基础科学的原理和方法，具体落实和实现环境保护设施的建设，以各种工程设计文件的形式表达设计人员的思维和设计思想，直到完成各种环境污染治理设施，并保证其正常运行，满足环保要求，通过竣工验收。因此，环境工程设计既遵循工程设计的一般原则，又有其独特的专业设计原则。

1. 工程设计的一般原则

工程设计应遵循技术先进、安全可靠、节约资源、经济合理的原则。

(1) 设计中要贯彻国家的经济建设方针、政策（如产业政策、技术政策、能源政策、环保政策等），正确处理各产业之间、长期与近期之间、生产与生活之间等各方面的关系。

(2) 采用先进适用的技术。在设计中要尽量采用先进的、成熟的、适用的技术，在符合我国管理水平和技术水平的前提下，积极吸收和引进国外先进技术和经验。采用的新技术要经过试验而且要有正式的技术鉴定。引进国外新技术、进口国外设备，要与我国的技术标准、原材料供应、生产协作配套、零件维修的供给条件相协调。

(3) 工程设计要坚持安全可靠、质量第一的原则。项目投产后，应能保持长期安全正常生产。

(4) 考虑资源的充分利用。应根据技术上的可能性和经济上的合理性，合理、节约利用能源、水资源、土地资源等。

(5) 坚持经济合理的原则。在有限的资源和经济条件下，应使建设项目达到项目投资的目标，取得投资省、工期短、技术经济指标最佳的效果。

2. 环境工程设计原则

环境工程设计时，除了要遵循工程设计的一般原则外，还必须遵循环境工程的设计原则，即：

(1) 环境保护设计必须遵循国家有关环境保护法律、法规，合理开发和充分利用各种自然资源，严格控制环境污染，保护和改善生态环境。

(2) 建设项目配套建设的环境保护设施，必须与主体工程同时设计、同时施工、同时投产使用。

(3) 环境保护设计必须遵守污染物排放的国家标准和地方标准；在实施重点污染物排放总量控制的区域，还必须符合重点污染物排放总量控制的要求。

(4) 坚持技术进步，积极贯彻“以防为主，防治结合”的方针。

（5）环境保护设计应当在工业建设项目中采用能耗物耗小、污染物产生量少的清洁生产工艺，实现工业污染防治从末端治理向生产全过程控制的转变。

3. 环境工程设计依据

环境工程设计比其他建设工程设计更为严格，其设计依据主要有以下几个方面：

（1）国家及地方有关环境保护的法令和政策。从宪法、综合法、各单行法、相关法、国务院法规、政府部门规章、地方性法规和规章到环保国际公约，我国已形成了完整的环保法律法规体系，这是环境工程设计首先必须贯彻执行的规定，也是环境工程专业设计的最大特点。

（2）项目的批准文件。环境工程项目需经有关部门批准，发放建设许可批文（如环保审查、消防审查等）后，方可进行工程建设。环境工程设计时，设计单位应与建设单位签署设计合同，明确设计要求和设计责任。

（3）城市规划。环境工程设计应满足城市规划的要求，并通过科学设计为城市发展创造有利环境条件。

（4）工程建设强制性标准。环境工程设计必须符合国家强制性标准的规定，同时执行现行的环境工程建设标准和设计规范（规程）。

（5）国家规定的建设工程设计深度要求。环境工程设计要遵守设计工作程序（如先勘察、后设计、再施工等），各阶段设计文件应完整齐全，内容深度符合国家规定的要求。

3.1.2 环境工程设计程序

1. 工程项目建设程序

工程项目建设程序是指建设项目从投资意向、选择、评估、决策、设计、施工、竣工验收、投产及后评价整个过程的各个阶段及其先后次序。根据工程项目的进展情况，其建设程序一般分为工程前期、设计施工期及竣工验收期等阶段。

工程前期阶段，包括建设单位（甲方、投资方）预先做好市场调查，研究开发前景，编写项目建议书，随后编制可行性研究报告，进行建设项目环境影响评价，规划蓝图，办理土地使用证，城市规划许可证，岩土工程勘察单位进行勘探，设计单位招标，确立设计单位，制定设计任务书等。

设计施工阶段，设计单位根据可行性研究报告、岩土工程勘察报告及甲方的规划蓝图、设计任务书等，开始设计（两阶段设计，或三阶段设计），设计图纸审批，消防部门备案，当地建委备案，当地建筑工程质量监督站备案，办理施工许可证，进行施工单位及监理单位招标，确立施工单位及监理单位，进入施工阶段的工作。

在施工阶段，由规划部门给出该项目的施工红线范围、坐标、高程，施工单位做好场地的平整，再根据规划给出的坐标点及高程进行工程定位测量放线，报监理单位验收，验收合格后由监理单位报甲方，甲方报规划部门审批，审批合格后通知施工单位进行下道工序，即基槽开挖——基槽验收（甲方、设计、勘探、施工、质检站、监理等六方验收）——基础垫层——基础结构施工——基础验收——基础回填——主体结构施工——主体结构分部验收——建筑装饰装修——水暖系统、电气系统、通风与空调系统、消防系统安装与调试。

竣工验收期主要进行单位工程竣工验收——施工资料移交——甲方备案、消防验收——投入使用——后评价。

2. 环境工程设计程序

(1) 项目建议书阶段

项目建议书是由项目投资单位向主管单位上报的文件，从宏观上论述项目设立的必要性和可能性，是投资决策前对拟建项目的轮廓设想。项目建议书的呈报可以供项目审批机关作出初步决策，减少项目选择的盲目性，目前广泛应用于项目的国家立项审批工作之中。环境工程项目建议书应根据建设项目的性质、规模、建设地区的环境现状等有关资料，对建设项目建成投产后可能造成的环境影响进行简要说明：

1) 所在地区环境。

2) 可能造成所在地区的环境影响分析。

3) 当地环保部门的意见和要求。

4) 存在的问题及其他。

(2) 可行性研究阶段

可行性研究是在投资决策前，对建设项目进行全面技术经济论证的科学方法。承担可行性研究工作的单位必须是经过资格审定的规划、设计和工程咨询单位，并具有承担相应项目的资质。可行性研究应以批准的项目建议书和委托书为依据，在充分调研、评价、预测及必要的勘察基础上，对拟建项目的必要性、技术可行性、经济合理性、实施可能性进行综合性研究与论证，并进行方案比较，推荐优选方案。在可行性研究报告书中，应有环境保护的专门论述（又称环保专篇），其主要内容如下：

1) 建设地区环境状况。

2) 主要污染源和主要污染物。

3) 资源开发可能引起的生态变化。

4) 设计采用的环境保护标准。

5) 控制污染和生态变化的初步方案。

6) 环境保护投资估算。

7) 环境影响评价的结论或环境影响分析。

8) 存在的问题及建议。

在项目可行性研究的同时，应当进行建设项目环境影响评价，建设项目的环境影响评价实际上就是建设项目在环境方面的可行性研究。《中华人民共和国环境影响评价法》（中华人民共和国主席令第七十七号）规定，建设项目的环境影响报告书应当包括下列内容：

1) 建设项目概况。

2) 建设项目周围环境现状。

3) 建设项目对环境可能造成影响的分析、预测和评估。

4) 建设项目环境保护措施及其技术、经济论证。

5) 建设项目对环境影响的经济损益分析。

6) 对建设项目实施环境监测的建议。

7) 环境影响评价的结论。

(3) 工程设计阶段

一般的工程项目设计可按初步设计和施工图设计两个阶段进行，称为“两阶段设计”。对于技术复杂、在设计时有一定难度的工程，根据项目相关管理部门的意见和要求，可按照初步设计、技术设计和施工图设计三个阶段进行，称为“三阶段设计”。小型工程，技术上比较简单的，经项目相关管理部门同意，可简化为施工图设计一阶段进行。环境工程设计一般分为初步设计和施工图设计两个阶段。

1）初步设计阶段

可行性研究报告批准后，建设单位即可委托有相应资质的设计单位，根据可行性研究报告的要求进行工程项目的初步设计工作。初步设计是项目的宏观设计，即项目的总体设计、布局设计，主要的工艺流程设计，主要的设备选型和安装设计，主要材料统计等。初步设计阶段编制设计概算。初步设计文件包括：设计说明书、主要设备与材料表、设计图纸、设计概算等。建设项目的初步设计必须根据环境影响报告书（表）及其审批意见，将所确定的各项环境保护措施进行具体落实，包含以下主要内容：

① 环境保护设计依据。

② 主要污染源和主要污染物的种类、名称、数量、浓度或强度及排放方式。

③ 规划采用的环境保护标准。

④ 环境保护工程设施及其简要处理工艺流程、预期效果。

⑤ 对建设项目引起的生态变化所采取的防范措施。

⑥ 绿化设计。

⑦ 环境管理机构及定员。

⑧ 环境监测机构。

⑨ 环境保护投资概算。

⑩ 存在的问题及建议。

2）施工图设计阶段

施工图设计，即详细设计、可进行照图施工的设计，是根据批准的初步设计文件，绘制出正确、完整和尽可能详细的建筑与安装设计文件。施工图设计阶段编制施工图预算。

建设项目环境保护设施的施工图设计，必须按照已批准的初步设计文件及其环境保护篇（章）所确定的各种措施和要求进行。施工图设计文件一般包括：设计说明书，设备与材料表，设计图纸（总平面图，流程图，平面图，剖面图，非标准设备加工详图等），施工图预算等。

（4）项目竣工验收阶段

环境保护设施竣工验收可视具体情况与整体工程验收一并进行，也可单独进行。其验收合格应具备下列条件：

① 建设项目建设前期环境保护审查、审批手续完备，技术资料齐全，环境保护设施按批准的环境影响报告书和设计要求建成；

② 环境保护设施安装质量符合国家和有关部门颁发的专业工程验收规范、规程和检验评定标准；

③ 环境保护设施与主体工程建成后经负荷试车合格，其防治污染能力适应主体工程的需要；

④ 外排污染物符合经批准的设计文件和环境影响报告书中提出的要求；

⑤ 建设过程受到破坏并且可恢复的环境已经得到修整；

⑥ 环境保护设施能正常运转，符合使用要求，并具备运行的条件，包括经培训的环

境保护设施岗位操作人员的到位管理制度的建立、原材料、动力的落实；

⑦ 环境保护管理和监测机构，包括人员、监测仪器、设备、监测制度、管理制度等符合环境影响报告书和有关规定的要求。

3.2 环境工程场地规划

环境工程场地规划与设计是指为了满足环境工程建设项目（或建设项目中的单项环境工程等）要求，在理解与遵守相关法律法规的基础上，比较场地条件，选择在各方面都能相对满足项目要求的最为合适的场地，并对场地中各个构成要素之间的关系进行组织的设计活动。环境工程场地规划与设计包括场地的前期策划、场地选择、场地分析、建筑布局、相关城市公用设施布置、场地调整等内容。

3.2.1 场地规划的相关环保知识

1. 气象与气候

（1）风向

大气的水平运动称为风。风为矢量，其大小为即风速，方向为风向，即风吹来的方向。在环境工程中，风向更多用风向频率或风向玫瑰图来表示。

风向频率：在某月、季、年或数年的统计时间段内，某一方向来风次数占同期观测各个风向发生总次数（含静风次数）的百分比即为该方位的风向频率。

风向玫瑰图：将各方位风向频率按比例绘制在方向坐标图上，形成封闭折线图形，即为风向（频率）玫瑰图（详见图 3-1）。地面风向通常用 8、16、32 个方位表示，方位角分别为 45°、22.5°、11.25°。玫瑰图上所表示的是风的吹来向，即自外吹向中心，图中每圆圈的间隔通常为频率 5%。一般情况下，各方位上的风向频率之和小于或等于 100%，其差值即为当地的静风频率。

以 16 个方位为例，风向频率可按下式计算：

$$f_i = \frac{g_i}{c + \sum_{i=1}^{16} g_i} \times 100\% \tag{3-1}$$

式中 f_i——i 方位上的风向频率，%；

c——该段时间内的静风次数，次；

g_i——该段时间内，i 方位上来风的次数，次。

因此，环境工程总平面设计时，应采取以下措施应对风向影响：

1）污染源应在居住区最小频率风向的上侧。

2）减少重复污染，不宜将各污染源直线布置在最大频率风向上。

3）排放量大、毒性大的污染源远离居住区。

4）污染源应设在附近作物抗性弱的季节主导风向下侧。

（2）风速

风速是指气流运动的速率，单位为“m/s”。各方位平均风速绘制在方向坐标图上，形成封闭折线平均风速图。

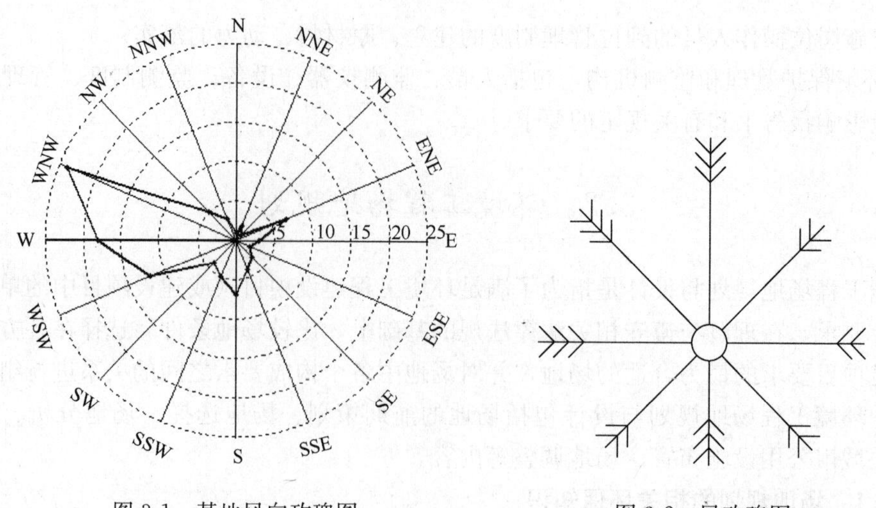

图 3-1　某地风向玫瑰图　　　图 3-2　风玫瑰图

在空气污染分析中，风的资料也常画成另一种形式的风玫瑰图（详见图 3-2），即在 8 个或 16 个方位上给出风向和风速。图中矢线长度代表风向频率大小，表示该方向上可能的污染时间。矢线末端风速羽（一羽代表 0.5m/s）代表平均风速，表示大气的扩散程度。

(3) 风级

1805 年英国人蒲福根据风对地面（或海面）物体影响程度确定的等级（自 0～12 共 13 个等级），称为“蒲福风级”。自 1946 年以来，风力等级作了某些修改，增到了 18 个等级。目前，我国大陆仍习惯用到 12 级，详见表 3-1。

风力等级表　　　　**表 3-1**

风级	名称	风速		地面物象	海面波浪	浪高 (m)
		m/s	km/h			
0	无风	0～0.2	＜1	炊烟直上，树叶不动	平静	0
1	软风	0.3～1.5	1～5	风信不动，烟示风向	微波峰，无飞沫	0.1
2	轻风	1.6～3.3	6～11	感觉有风，风信开动	小波峰未破碎	0.2
3	微风	3.4～5.4	12～19	叶动不止，旌旗飘展	小波峰顶破裂	0.6
4	和风	5.5～7.9	20～28	吹起尘土，小枝摇动	小浪白沫波峰	1.0
5	清风	8.0～10.7	29～38	小树摇摆	中浪折沫峰群	2.0
6	强风	10.8～13.8	39～49	大枝摇动，电线有声	大浪白沫离峰	3.0
7	疾风	13.9～17.1	50～61	大树动摇，步行困难	波峰白沫成条	4.0
8	大风	17.2～20.7	62～74	折毁树枝，步行艰难	浪长高有浪花	5.5
9	烈风	20.8～24.4	75～88	屋瓦吹落，小损房屋	浪峰倒卷	7.0
10	狂风	24.5～28.4	89～102	拔起树木，摧毁房屋	海浪翻滚咆哮	9.0
11	暴风	28.5～32.6	103～117	损毁重大，陆上少见	波峰全呈飞沫	11.5
12	飓风	＞32.6	＞117	摧毁极大，陆上罕见	海浪滔天	14.0

(4) 局地风

地形、地物错综复杂引起的风向或风速改变，形成局地风，如水陆风、山谷风、顺坡风、越山风、林源风、城市地面风等。局地风效应与地区风向玫瑰图不完全一致。风速较小的城市地面风不利于城市污染空气的扩散，所以，在环境工程总平面设计中应通过建筑形态、建筑空间布置等加以控制。

（5）静风

静风指距地面 10m 高处平均风速小于 0.5m/s 的气象条件。某个时间段里的静风频率＋各方位上的风向频率＝100％。

静风不利于污染物扩散，故全年静风频率高（＞40％）或静风持续时间长的地区不宜建厂。近年来我国中东部城市雾霾污染现象严重，其中的一个重要原因是在水平方向上的静风频率增多。城市里密集的高楼增大了风流阻力，导致风速明显减弱。静风频率增加，不利于大气中悬浮微粒的扩散稀释，容易在城区和近郊区周边积累。

（6）大气湍流

风速时强时弱，风向来回不停摆动的现象称为大气湍流。大气湍流是大气短时间不同尺度的无规则运动，由大小不同的旋涡构成，可加速污染物扩散。无规则性、随机性、扩散性以及耗散性是湍流的主要特征。

大气湍流的形成有热力原因（阳光加热地面，使暖空气热泡上升，形成湍流）和动力原因（地面对气流的摩擦拖曳力产生风切变，常常演化为湍流）之说。

（7）温度层结和大气稳定度

温差对大气扩散有很大的影响。正常情况下，距离地面越远，气温就越低，气温随着高度增加而降低，即古人所谓的“高处不胜寒”。逆温情况下，大气温度随高度增加而增加，大气层头轻脚重，对流层内层下烟气上升受阻，不利于污染物扩散，造成污染物聚集，出现“逆温帽”，加重污染。因此，环境工程的场地不应选在经常出现逆温现象的地区。2015 年冬季，笼罩在中国上空的雾霾从北京地区向西南方向延伸数百公里，造成了严重的空气污染，部分原因就是冬季里经常出现的“逆温层”起到了“帮凶”作用。

大气稳定度是指空气块在铅直方向上的稳定程度，即大气团由于与周围空气存在密度、温度和流速等方面的强度差而产生的浮力使其产生加速度上升或下降的程度，也就是大气做垂直运动的强弱程度。简言之，空气受到垂直方向的扰动后，大气层结（温度和湿度的垂直分布）使该空气团具有返回或远离原来平衡位置的趋势和程度。

大气处于稳定状态，污染物不易在大气中扩散和稀释，有可能长时间聚集地面造成污染。大气处于不稳定状态时，污染物易于扩散和稀释，而且大气越不稳定，污染物越容易扩散和稀释，这时候，污染物不易形成严重污染。

（8）背景浓度

背景浓度是指当地已有的污染物浓度水平。即在没有明显的污染源或虽有污染源而不排放污染物的条件下，由环境风从其他地区输送过来以及由各种不明显的小污染源所造成的污染物浓度。在评估城市大气环境质量现状、制定环境治理方案以及检验环境治理效果时，一般以背景浓度作为定量化的参考。

环境工程场地应选择在背景浓度小的地区，若背景浓度已超过环境质量标准则不宜建厂。

（9）污染系数

风向频率可反映被污染的时间，即风向频率越大，其下风向受到污染的概率越高。风速可表示污染程度，即风速越大，扩散范围则越大，污染物在大气中的浓度就越小，污染程度就越轻。为了综合表示某一地区风象对大气污染影响的程度，即污染源下风向的受害程度，通常使用大气污染系数这一物理量进行描述，见下式：

$$P_i = \frac{f_i}{v_i} \tag{3-2}$$

式中 P_i——i 方位上的大气污染系数；

v_i——i 方位上的平均风速，m/s。

由此可见，污染系数综合表示某地风向频率和平均风速对大气的影响程度，反映了各污染系数下风位污染可能性大小的相对关系，即污染系数越大，下风向的污染就越严重。因此，污染源应设置在污染系数最小方向的上侧。

如上所述，平均风速越小，大气污染系数则越大。但是，在绝对静风（即 $v_i=0$）的条件下，公式（3-2）所定义的大气污染系数失去意义。因此，上述公式存在一定缺陷，不能在绝对静风条件下应用。

（10）降水量

“降水量”是气象术语，是指从天空降落到地面上的液态或固态（经融化后）水，未经蒸发、渗透、流失，在水平面上积聚的深度。如果是降雨，就称降雨量。降水量以“mm”为单位。气象学中常用年、月、日、12h、6h 甚至 1h 的降水量。把一个地方多年的年降水量平均起来，称为“年降水量”。例如，北京的平均年降水量是 644.2mm，上海的平均年降水量是 1123.7mm。一个地区的年降水量是重要的设计技术参数，会影响到环境工程的选址、厂房设计等。

2. 水文

（1）洪水

暴雨是指一天内（24h）的降雨量达到 50mm 或以上的雨。如果达到 100mm 或以上则称为大暴雨，降雨量达到 200mm 或以上的雨称为特大暴雨。暴雨洪水是由强降雨形成的，时间集中，强度大，是我国大部分地区洪水的主要类型，也是常见的威胁最大的洪水。

暴雨洪水常常对给水处理厂、污水处理厂等环境工程造成污染，经济损失严重，且容易造成不良的社会影响。因此，环境工程规划设计时，应规避当地暴雨洪水可能造成的负面影响。

（2）地下水

地下水是指埋藏在地表以下各种形式的重力水。地表以下地层复杂，地下水污染具有过程缓慢、不易发现和难以治理的特点。我国地下水污染可划分为以下四个类型：一是地下淡水的过量开采导致沿海地区的海（咸）水入侵；二是地表污（废）水排放和农耕污染造成的硝酸盐污染；三是石油和石油化工产品的污染；四是垃圾填埋场渗漏污染。

所以，在环境工程设计中，凡排放有毒、有害废水的项目，应设计防止污染地下水的安全措施。

3. 地质

（1）地形

地形是指地表以上分布的固定性物体共同呈现出的高低起伏的各种状态，是地貌和地物形状的总称。

受到地形的影响后，风向和风速均会发生变化。当风把污染物吹进盆地，受到地形阻挡容易形成机械涡流区，污染物不易扩散和稀释，形成“污染帽”。另外，山谷地带里，白天山坡表面因受日照而增温，山坡空气上升形成谷风，可将山坡附近污染源排出的废气向上扩散，减轻谷地的大气污染，但也可能引起下风侧地区的大气污染。夜晚山坡表面散热量大，气温低于谷地，冷空气向谷地下沉形成山风，同时产生逆温，将污染物压在谷地不易扩散，造成谷地大气严重污染。我国的兰州石化公司、燕山石化公司等地处山谷地带，受不利地形的影响，产生一定的污染。

（2）工程地质条件

在环境工程设计中，场地的工程地质条件是影响建筑物和构筑物地基基础稳定性的重要因素，主要包括地基承载力、地基变形、地基稳定性以及地震烈度等。

岩土体是承受建（构）筑物荷载的天然物质基础。地基承载力是在保证地基强度和稳定的条件下，使变形不超过允许值的地基承载能力。不同类型岩土的承载力有很大差异，不同建筑物对地基承载力的要求也不同。工业建筑对地基承载力的要求一般比民用建筑要高。建筑物的层数越高，对地基承载力的要求也越高。选择承载力大的岩土体作为环境工程建（构）筑物地基，不仅可以使建（构）筑物安全稳固，还可节省大量用于加强地基承载力的投资。

地震是一种破坏性极大的自然灾害，它是由于地球内部运动累积的能量突然释放或地壳中空穴顶板塌陷，使岩体剧烈振动，并以波的形式向地表传播而引起的地面颠簸和摇晃。地震的发生与地质构造有密切关系，其中位于活动断裂带的地区，发生破坏性地震的频率最高。

《建筑工程抗震设防分类标准》GB 50223—2008 将建筑工程分为四个抗震设防类别，即特殊设防类（简称甲类）、重点设防类（乙类）、标准设防类（丙类）和适度设防类（丁类）。其中，给水建筑工程中，20 万人口以上城镇、抗震设防烈度为 7 度及以上的县及县级市的主要取水设施和输水管线、水质净化处理厂的主要水处理建（构）筑物、配水井、送水泵房、中控室、化验室等，抗震设防类别应划为重点设防类。排水建筑工程中，20 万人口以上城镇、抗震设防烈度为 7 度及以上的县及县级市的污水干管（含合流），主要污水处理厂的主要水处理建（构）筑物、进水泵房、中控室、化验室，以及城市排涝泵站、城镇主干道立交处的雨水泵房，抗震设防类别应划为重点设防类。重点设防类，应按高于本地区抗震设防烈度一度的要求加强其抗震措施；但抗震设防烈度为 9 度时应按比 9 度更高的要求采取抗震措施；地基基础的抗震措施，应符合有关规定。同时，应按本地区抗震设防烈度确定其地震作用。所以，环境工程中的给水、排水建筑工程，在场地规划设计时，应选择对建筑抗震有利地段，尽量避开不利地段，严禁选择危险地段。

3.2.2 环境工程场地规划

环境工程（或建设项目中的单项环境工程）场地规划时，应根据项目建议书的内容及业主的建设意图，收集、组织、整理、分析必需的设计基础资料，了解规划、土地、市政及环保等有关部门的要求，从技术、经济、社会、文化、环境保护等几个方面，对场地开发做出综合比较和评价。

1. 场地规划阶段划分

场地规划是在项目建设之前对其建设地址进行论证和决策的过程，是一个复杂的综合性课题，涉及政治、经济、技术、生产、经营、环保等多方面的问题。首先，场地规划是一项长期性投资，具有长期性和固定性。场地一经确定就难以变动，选择得好，企业则可以长期受益。其次，企业的位置将显著影响其运营效益、成本及发展。最后，场地也是企业制定经营目标和经营战略的重要依据，在此基础上可按照顾客构成及需求特点，确定促销战略。

按照基本建设程序，场地选择可分为三个阶段：

1）机会研究阶段：根据局域地图和初步设想，大致匡算原材料、能源、交通、水源、环境、市场等情况，大致选点。

2）初步可行性研究阶段：对前期选择的几个地点进行调查、比较，对各规划方案作出投资估算。

3）可行性研究阶段：对可能的建设地点的位置、地形、地貌、气象、水文、地质、资源、通信、环境、各种条件进行比较，进行较为详细的计算。

2. 场地规划的基本原则

建设项目场地规划，因建设项目的性质、规模、环境的不同而考虑因素也不同，有的建设场地主要取决于市场因素，有的主要取决于动力来源，有的主要考虑原料来源，有的则主要受到环境保护因素制约。对于三废处理设施项目的场地选择，距离污染物的排放点不能过远则是主要考虑的因素。在结合实际情况进行具体研究的同时，场地规划一般应遵循如下的基本原则：

（1）认真贯彻执行国家有关方针、政策及长远规划。场地规划应体现国家的有关政策，认真贯彻“控制城市规模，合理发展中等城市，积极发展小城市”的方针，服从国家长期规划要求。

（2）服从当地城镇规划要求。场地的总体布局应满足当地城镇规划的要求，并与当地环境协调统一。精打细算，节约用地，尽量不占耕地和良田。例如，旅游景区不应建设污染严重的项目。

（3）建设项目的性质要与环境相适应。场地规划必须结合当地自然条件，例如，避免在潮湿地区建精密电子企业。

（4）满足生产、生活的使用功能要求。工业项目场地规划必须符合生产力布局要求，必须保证生产过程和工艺流程的连续、畅通与安全，力求生产作业方便，职工生活方便。例如，钢铁企业应考虑原料、燃料的矿床组合条件等。

（5）技术经济合理。场地规划必须结合当地建设条件，有利于节约投资，降低成本。例如，避免在地震设防烈度很高的地区建设大型工厂，提高经济效益。

（6）注意保护环境和生态平衡，保护风景、名胜、古迹。场地规划应本着环境建设与环境保护相结合的原则，创造舒适、优美并具可持续发展特点的工作与生活环境。

（7）合理考虑发展与改扩建问题。场地规划应考虑未来的建设与发展，为远期发展留有余地，为建设项目的改建、扩建留有空间。

3. 场地选择的具体要求

一般，场地选择的基本要求是：既要满足企业生产、建设和职工生活的要求，又应有利于当地的总体规划，保护和改善生态环境。场地选择的具体要求为：

（1）充分利用自然资源。我国自然资源非常有限，在建设项目的场地选择时，应对当地自然资源条件进行合理运用与充分保护，精打细算，杜绝浪费。

（2）场地必须满足按工艺流程合理布置建筑物和构筑物的要求，满足生产和生活的要求。

（3）场地地形力求平坦或略有坡度。应充分结合场地的地形地貌条件，因地制宜地进行场地的竖向规划，合理确定设计标高，便于组织场地排水，减少土石方工程。

（4）场地的气象条件不应与建设项目的性质相抵触。场地的气象条件（如气温、降水量、风、云雾及日照等）对项目建设有着至关重要的影响，只有全面掌握当地的气象资料才有可能保证项目建设的正常进行。例如，集成电路等生产企业的场地不能选择在多烟雾地区。

（5）场地应选择在工程地质、水文地质条件较好的地段。场地的工程地质、水文地质条件对建设项目的实施有着决定性的制约作用，严防在断层、岩溶区、采空区、淹没区、滑坡、地震高烈度区等不利地段进行建设。

（6）满足交通运输条件。良好的交通运输条件是场地选择的重要因素，需设专用线的工厂，宜靠近铁路沿线选择场地。需要大宗原料供应的工厂，场地最好靠近深水码头。

（7）满足原料供应要求，就近找到廉价的原料供应基地。对于多数工矿企业，由于在生产中所使用的原料及材料费用占有很大的比例，所以在场地选择中应深入研究原料因素作用，正确评价原料基地开发利用价值，合理解决原料种类选择与原料基地布局等问题。

（8）满足能源供应的要求。场地选择必须符合国家的能源政策，最大限度节约资源，尽量就地选择燃料基地，在开采、运输、加工利用等方面产生最大的经济效益。

（9）满足水源供应的要求。本着节约用水的原则选择水源，综合利用水资源。做好水的回收与再利用工作。对于用水量较大的企业，宜考虑靠近水源选址的可能性，便于污水排放和处理，保证给水排水系统的可靠性。另外，宜创造条件用海水代替淡水。

（10）满足环境保护条件。对拟选场地应做好环境保护及景观协调工作，对文物古迹、自然景观或自然保护区必须按照当地文物及有关部门的要求，从宏观和微观两个方面把握建设项目与环境之间的关系，既要功能合理，又要与环境协调统一。

（11）适当考虑民俗文化，用科学观点破解封建迷信。民俗文化，是指民间民众的风俗生活文化的统称。我国地域广阔，历史悠久，民族众多，各地尚存一些特别的民俗文化，在场地规划中应予以重视。另外，追溯中国传统建筑场地规划，不能不提的是堪舆，一种研究环境与宇宙规律的哲学。早期的堪舆主要是关于宫殿、住宅、村落、墓地的选址、坐向、建设的方法及原则，是中国传统建筑选址中的一门学问。堪舆的一个重要思想是人与大自然的和谐，其选址原则有整体系统原则、因地制宜原则、依山傍水原则、观形察势原则、坐北朝南原则、适中居中原则等，堪舆强调人与自然和谐、强调选址中的环境因素等观点，在今天的建筑场地规划中仍然具有某种借鉴的意义。但是，在长期的发展中，该门学科被人为地掺入更多的虚假成分和迷信色彩，所以，在当今的场地规划设计中，应辩证看待，科学借鉴。

结合场地选择的具体要求，以下就城市污水处理厂的选址问题进行探讨。随着我国城市化进程的发展，城市污水处理厂建设成为城市水污染防治的主要基础设施，受到社会各界的高度重视。作为城市污水处理厂建设前期的厂址选择非常关键，它直接关系着整个污水处理工程建设方案的经济效应和社会效应。污水处理厂场地选择要求有以下几个方面：

① 厂址选择与污水处理工艺相适应；

② 厂址尽量少占农田、不占良田；

③ 厂址应位于集中给水水源下游，并应设在城镇、工厂及生活区的下游和夏季主导风向的下风向，尚应与居民点保持300m以上的距离。当然，距离也不能过大，避免管线过长，建设投资过大。

④ 厂址应与用户靠近，与受纳水体靠近；

⑤ 厂址不宜设在易受水淹的低洼地；

⑥ 厂址选择应充分利用地形，应选择具有适当坡度的场地，便于各工艺之间的高程安排，便于污水排放，节省能源；

⑦ 应根据城市总体发展规划，考虑远期发展的可能性，留有扩建余地。

4. 场地选择步骤

场地选择的方法较多，常用的有方案比较法、分级评分法及重心法等。方案比较法是通过对不同场地方案的技术条件、投资费用及经营费用进行比较，从而确定场地的一种方法。分级评分法则是通过对不同场地方案中的所有因素进行评分，并根据分值的高低来确定最佳场地的一种方法。

建设场地的合理选择，必须对当地的社会经济条件、自然资源、环境条件进行详细的调查了解，结合工矿企业具体生产条件，提出不同场地的建设方案，并对各方案的技术情况、经济效益、社会效益等进行对比分析后，确定一个最佳场地。

场地的选择步骤，一般包括准备工作阶段、勘察工作阶段和比较选择阶段。

（1）准备工作阶段

场地选择的准备工作包括组织准备和技术准备两个方面。

1）组织准备：成立场地规划设计办公室，由相关领导牵头，成员由勘察设计人员、生产技术人员、后勤人员等组成。

2）技术准备：根据计划任务书中工矿企业的组成、生产任务、企业性质、生产规模、方案工艺流程及相关企业的资料等，初步确定主要车间面积、建筑总面积、场地总面积，初步确定原料、能源、用水量、排水量、成品数量、运输量等，初步确定职工数量及劳动力来源等。根据这些初步指标绘制用地草图，编写调查提纲，并结合国民经济需要及发展前景，从地区合理布局要求出发，提供几个可供选择的地点方案，即选点。

（2）勘察工作阶段

现场踏勘是场地选择的关键环节，其目的是通过现场勘察从选点中筛选出几个场地，以供方案比较。

在场地选择中，首先应明确建设项目的特殊要求，只要满足其决定意义的要求，场地选择才不会造成失误。例如，运输量大的企业，其决定因素就是靠近铁路线和深水码头；耗电量大的企业，其决定因素就是靠近电站；用水大户，其决定因素就是靠近水源；需要较多劳动力的企业，其场地就应首选就业人员较多的城镇。

在选点的基础上，结合建设项目的特点和要求，场地规划工作组应会同当地有关部门（主要是城市规划建设部门、环境保护部门等）收集资料（如当地气象、地形、交通运输、能源供应、环境条件、可供利用的公用设施条件、生活条件、消费条件、协作条件等），对可能作为场地的地点进行全面的调查，了解当地的政治经济情况、区域规划情况以及拟选场地的具体情况等。

通过调查分析，进一步研究在某些地点进行建设的可能性与合理性。结合场地的实际情况，进行方案草图设计，拟出总平面轮廓、生产车间位置、交通运输方式、三废排放方式，以及职工居住区位置等一系列相关问题的安排，供进一步研究。

最后，在可能性较大的几个场址地段，进行岩土工程可行性研究勘察，了解拟选场地的地形地貌条件、工程地质与水文地质条件，以及不良地质作用等。

（3）比较选择阶段

根据现场勘察情况，对场地进行初步取舍之后，对条件较好的几个场地作进一步比较，最后呈报的场地方案应为两个或两个以上（包括推荐方案），编写场地选择报告，供上级管理部门审查批准、定址。同时应将呈报方案的比较结果，向当地管理机关汇报，并征求当地意见。

1）方案比较法

正确地进行场地的技术、经济方案比较，必须抓住关键性的制约因素，遴选出比较优越的方案，作定性和定量分析。场地选择的方案比较法，多采用对比式的表格进行对照，按项目表述各方案中相关因素的优缺点。当某个场地的技术条件好，而且其建设费用和经营费用也比较少，该场地便是最佳场地。场地选择技术、经济条件比较表的格式详见表3-2。

场地经济技术条件比较 **表 3-2**

类别	比较内容	场地方案		
		方案一	方案二	……
技术条件	主要气象条件（风象、气温、雨量等）			
	地形、地貌特征			
	占地面积（总面积、耕地面积，荒地面积）			
	土石方量（总量、土方量、石方量）			
	地震烈度及抗震地段类别			
	工程地质条件及不良地质现象			
	水文地质条件及供水条件			
	交通运输条件			
	原料供应条件			
	能源供应条件及动力供应条件			
	通信条件			
	环境条件及污染物处理条件			
	劳动力条件			
	拆迁工作量			
	施工条件			
	生活条件			
	经营条件			

续表

类别	比较内容	场地方案		
		方案一	方案二	……
建设费用	基建投资			
	土地购置费及拆迁费			
	土石方工程费			
	交通运输费用			
	供水设施费用			
	排水设施费用			
	动力设施费用			
	通信设施费用			
	环保设施费用			
	其他费用			
经营费用	原料、燃料、产品、废物处理等费用			
	水费			
	电费			
	其他			

2）分级评分法

分级评分法则是先列出影响场地选择的所有因素，然后按照各种因素的重要程度确定其权数。选择其中最一般的因素，确定其权数为1，再将其他各种因素与之相比较，分别确定它们的权数。权数可由专家、领导、工程技术人员、管理人员等共同研究确定。每一个影响因素，可按其影响的不同程度划分为几个等级，如优、良、中、差，并相应地规定各等级系数为4、3、2、1。将权数和等级系数相乘便得到因素分值，再将所有这些因素分值相加便得该场地的总分数。然后对几个场地的总得分进行比较后，得分最高的场地便为最佳场地。

【例 3-1】中国首钢集团是在北京石景山钢铁厂的基础上发展起来的，是我国乃至世界的特大型钢铁生产基地，也是一个污染大户。面对国家工业结构调整和优化的需要，面对北京市建设国际化大都市与举办奥运会的新要求（特别是环境保护方面的要求），2002年首钢启动了搬迁工作，新址选在河北省唐山市南部曹妃甸区。曹妃甸工业区设计遵循了场地规划的基本原则，体现了厂址选择的基本要求，是场地规划中的一个典型案例。曹妃甸生态工业园区的地理位置详见图3-3，其场地选择可具体分析为以下几个方面：

图 3-3　曹妃甸生态工业园区地理位置

（1）曹妃甸工业区功能定位是：国家科学发展示范区、循环经济示范区、生态工业园区。它以建设国家科技发展示范区为统揽，建成绿色产品生产基地、节能环保产业基地、新能源产业基地、“零排放”生态工业基地、高新技术产业基地、综合物流基地等六大基地，发展大码头、大钢铁、大化工、大电能，并带动相关产业协调发展。作为大钢铁的代表，首钢落户曹妃甸符合国家长远规划。

（2）曹妃甸工业区是我国第一批生态工业园区。生态工业是按生态经济原理和经济规律组织起来的基于生态系统承受能力、具有高效的经济过程及和谐的生态功能的网络型进化型工业。它通过两个或两个以上的生产体系或环节之间的系统耦合使物质和能量多级利用、高效产出或持续利用。在生态工业园中，各企业之间通过物质流、能量流和信息流相互关联，共用资源一体化（水资源、能源、公共服务资源等），实现资源在生态园区各环节的合理配置和循环利用，从而提高资源利用率。例如，钢铁高炉释放的低热值废气，在实施压差发电综合利用后，送至焦化厂用于焦炭生产，由此置换出高热值煤气送至钢铁厂用于原料烧结和轧钢；钢铁厂余热经回收给煤化工和城市生活以节省能源和减少污染；钢铁厂废渣，制成超细粉用于生产建筑材料；工业废水经深化处理后重复使用，浓缩废水用于拌合原料，经燃烧消除最终污染；发电厂的冷却余热用于发展海水养殖；海水淡化的浓缩卤水经加工用于氯碱工业。企业设置互为依存、互为利用，构成循环经济的产业链条。因此，首钢是曹妃甸生态工业园区企业间共生网络中的重要一环，满足园区总体布局的要求。同时，园区的相关企业也为首钢的生产、生活提供一体化资源分享。

（3）独特的区位优势：曹妃甸原系唐山市滦县南部海域一带状小岛，位于环渤海中心地带，面向大海有深槽，是渤海湾中唯一不需要人工开挖、不需要疏浚维护即可建设的大型深水港，天然航道直通海峡，可以满足30万吨级大型船舶的停泊条件；背靠陆地有滩涂，310km^2的滩涂是建厂的优越厂址，围海造地成本很低；毗邻京津冀城市群，交通网络发达，京山、京秦、大秦等铁路干线东西贯通，唐遵、卑水、汉南、滦港4条国铁支线南北相连，公路可与京沈、唐津、唐港高速及沿海高速、唐承高速互通，方便原料供应。

（4）优越的工程地质条件：曹妃甸地下48m处持力层的承载力高达400kPa，远好于当年的宝钢厂址和天津无缝钢管厂址，为大型建筑物和构筑物提供了良好的天然地基。

（5）满足能源供应要求：曹妃甸工业区可利用的能源有煤炭，天然气、太阳能，地热能，废弃物利用等。该工业区相邻唐山煤矿、开滦煤矿等大型煤矿，特别是随之配套的“迁曹铁路”分流大秦线的运煤量，促进从山西向南方地区调煤的运能成倍增加，在“北煤南运”的大通道建设中起到重要作用。区内冀东油田蕴藏着丰富的石油、天然气资源，唐山液化天然气项目为曹妃甸提供充足的燃气资源，这些天然气可通过管道直接输送到用气企业，既能保障企业用气需求，又能降低企业生产成本。另外，曹妃甸工业区的太阳能、地热能、潮汐能等清洁能源也十分丰富，能为工业生产和职工生活提供充足的能源供应。

（6）满足水源供应要求：曹妃甸工业区可利用的水资源有：滦河水、海水淡化、雨水收集、污水处理、节水等。既有引滦水提供的淡水资源保障，又在着力发展大型海水淡化产业，不仅可满足本区域用水需求，而且可以实现向北京等周边地区供水的要求。

（7）满足环境保护要求：曹妃甸工业区位于东北地区、华北北部最小频率风向的上侧，不会对内陆造成污染。境内湖塘棋布，苇田似海，滨海湿地面积达540km^2，其中曹妃甸湿地公园不仅是天然的野生动植物种基因库和国际性珍稀候鸟迁徙地，而且是国家4A级旅游观光胜地，为建设绿色港口、绿色产业、绿色城市提供了优越条件。

（8）良好的社会效益：曹妃甸工业区距离北京200km，原石景山区的工作人员乘班车 3h 即可回到家，上班、休假都比较方便。同时，曹妃甸工业区为渤海湾的发展注入新的活力，改善了周边地区环境条件，扩大了当地的就业机会。

5. 总体规划

场地确定后，应结合环境工程所在区域的技术经济、自然条件等编制总体规划，并经多方案技术、经济比较后，择优确定。

环境工程应符合当地城镇总体规划要求，分期建设时，应正确处理近期与远期的关系，近期集中布置，远期预留发展，分期征地。联合企业中不同类型的工厂，应按生产性质、相互关系、协作条件等因素分区集中布置。产生有害气体、烟、雾、粉尘等有害物质的工业企业与居住区之间，应按相关标准和规定设置卫生防护距离。工业企业交通运输规划、厂外道路规划，应符合工业企业总体规划和当地城镇规划。沿江河取水的水源地，应位于排放污水和其他污染源的上游，并应符合河道整治规划要求。厂外污水处理设施宜位于厂区和居住区全年最小频率风向的上风侧，并与厂区和居住区保持必要的卫生防护距离。工业企业的居住区宜集中布置，或与相邻工业企业协作组成集中居住区。废料场和尾矿场应位于全年最小频率风向的上风侧，防止对周围环境造成污染。排土场的位置应在露天采矿境界以外就近设置，可一次规划，分期实施。排土场最终坡脚线应与村庄、铁路、公路、高压输电线路等设施设置安全距离。

3.3 环境工程工艺流程设计

环境工程工艺流程设计是环境治理工程设计的核心，贯穿整个设计过程的始终。只有污染物处理工艺流程确定后，其他各项工作才好开展。

3.3.1 环境工程工艺路线设计

环境工程工艺路线是指污染物的处理顺序与作业步骤，以及各个工序中相关信息等。环境工程中的污染物多种多样，其处理方式与过程也不尽相同。所以，选择工艺路线成为决定设计质量的关键环节。一般说来，工艺路线决定工艺流程。

1. 工艺路线选择原则

（1）合法性：环境工程设计必须遵守相关的环境保护法律和法规，合理开发和利用自然资源，控制污染，保护和改善生态环境。值得一提的是，尽管我国的法律法规不断完善，环保制度不断健全，但要达到天衣无缝是不现实的。所以，环境工程设计不能钻法律的空子，不能打法规的擦边球，要全面理解，合法设计。

（2）先进性与经济性：环境工程处理工艺要求技术先进，经济合理，应选择能耗小、效率高、管理方便和处理后的产品能直接利用的处理工艺路线。同时，工艺路线要有一定的前瞻性，以应对未来标准更高的污染物处理工程。

（3）可靠性：工程设计中所采用的技术有：成熟技术、成熟技术上的延伸技术、不成熟技术和新技术。环境工程设计主要采用成熟技术，处理工艺路线必须可靠。当然，科技发展一日千里，科技创新是推动国家兴旺发达的不竭动力。对于环保工程的新技术、新工艺、新设备及新材料应持积极而又慎重的态度，坚持一切经过试验的原则，采用可靠的创新成果进行环境治理。

（4）安全性：由于许多污染物带有一定的毒性，所以在选择工艺路线时要防止污染物毒物散发，考虑劳保和消防的要求，采取安全防护措施，确保安全生产。

（5）适用性：选择环境工程工艺路线时必须结合生产企业的实际情况，具体问题具体分析，考虑企业的生产能力、管理状态以及承受水平，做到实事求是，因地制宜。

上述原则在选择处理工艺路线时需全面衡量，综合考虑，采用简洁和简单的处理工艺，收到事半功倍的良好效果。

2. 工艺路线选择依据

（1）污染源性质：选择污染物处理路线时，首要要对污染物的理化性质进行仔细的分析，包括污染物成分、性质、浓度、温度、排放量及转移过程等。

（2）相关的工程设计文件：相关工程的设计任务书，城市规划，政府批文，可研报告，选址与环评报告等。

（3）设计基础资料：当地气象资料，地形地貌资料，工程地质资料，水文地质资料，抗震设防资料，公用设施条件，交通运输条件，通信条件，消防要求，绿化与环保要求，场地条件，工艺资料，测试数据等；

（4）技术标准与设计规范：污染物排放标准和总量控制标准，技术措施与技术规程，设计规范与施工验收规范等。

（5）建设单位相关要求：在不违反国家政策、法律法规、技术标准的前提下，尽可能在治理工程设计中体现建设单位的合理意愿、技术要求和相关建议。但是，建设单位的建议与要求只能作为参考，对不合理的则要坚决抵制，不可违背原则。

3. 工艺路线选择的基本步骤

（1）收集资料，调查研究。在准备阶段里，要有计划地收集相关资料，如污染物的种类、数量、规模、性质等；同类型实例的工艺路线；试验研究报告；测试方法；设备情况；项目技术经济情况；水电燃料供应情况；水文地质、工程地质条件，气象条件；环境情况等。

（2）落实设备、设施和仪器。在确定工艺路线时，尽量选择定型的设备、设施和仪器，对需要重新设计加工的产品以及进口产品，则需对其设计制造单位进行调研。

（3）全面比较与优化。对初拟的各种工艺路线进行比较，其内容有：

1）应用现状和发展趋势。

2）处理效果。

3）处理规模。

4）材料与能耗情况。

5）建设费用与运行费用。

6）其他特殊情况。

（4）确定处理工艺路线。通过比较，综合各种处理方法的优点，规避缺陷，确定最佳的处理工艺路线。

【例 3-2】含苯系物有机废气处理方法

喷漆过程中排出含苯有机废气。人在短时间内吸入高浓度苯蒸气可引起以中枢神经系统抑制为主的急性苯中毒，轻者有头晕、头痛、恶心、胸闷、乏力、意识模糊等现象，重者昏迷。长期接触低浓度苯系物可引起慢性中毒，出现头晕、失眠、精神萎靡、记忆力减退等神经衰弱症。2014 年 5 月北京市环保局对一室外露天喷漆企业罚款 30 万元。含苯系物有机废气处理方法有：吸收法、吸附法、催化法、冷凝法、燃烧法、电晕法、生物法等。含苯系物有机废气处理路线，一般可根据废气排放的实际情况分为三种：

① 高浓度含苯系物有机废气处理工艺路线为：预处理（过滤）—净化（吸收）—深度净化（吸附）—风机—烟囱排放；

② 高浓度含苯系物连续排放有机废气的处理工艺路线为：催化燃烧—风机—烟囱排放；

③ 含苯系物不连续排放有机废气的处理工艺路线为：净化（吸收、或吸附）—风机—烟囱排放。

3.3.2 环境工程工艺流程设计

环境工程工艺流程是指污染物处理过程中各项工序的安排程序，即污染物处理的来龙去脉，也可称为处理流程。环境工程工艺流程设计任务是确定处理工艺流程中各个处理单元的具体内容、大小尺寸、前后顺序、排列方式等，以达到有效处理污染物目的。

1. 工艺流程设计要求

（1）工艺流程中，污染物处理后必须达标，即满足国家和地方的排放标准及质量标准，特别是绝对排放浓度等。值得注意的是，新建项目和改建项目的排放标准不尽相同。

（2）处理工艺采用技术先进、效率高的成熟技术。

（3）控制污染物的无组织排放，防止污染物处理过程中产生二次污染或污染转移。

（4）充分利用和回收能量。污水处理工艺流程的布置，应充分利用场地高差，尽可能使处理污水产生重力流动，避免采用多级水泵加压，减少系统运行过程中的正能量消耗。另外，处理工艺流程可将污水中的低品位热能通过热泵技术进行回收利用，产生高品位热能进行采暖供热等，成为污水处理项目的副产品。

（5）处理量较大时，宜采用连续的处理工艺。处理量较小时，可选择间歇性处理工艺。

（6）尽可能回收有用物质。

（7）考虑处理能力的配套性和一致性时，应考虑余量和一定的操作弹性。环境工程中，通常采用安全系数法（即增大系数法）考虑处理能力的富余量（安全度），使系统设计处理能力大于实际需要的处理量；采用备用的措施，考虑设备和设施的重要性，如采用几运一备的方式进行设备台数选择和布置（常有两运一备，四运两备等）；采用旁通的措施，考虑管路的重要性。

（8）配套措施应与相关专业密切配合。

（9）确定运行条件（温度、压力、电压等）和控制方案。

（10）流程精练，运行可靠，操作检修方便。

（11）安全措施可靠。

（12）节水、节能，重复利用，降低资源消耗，节约资金，经济合理。

2. 建设规模

建设规模一般是指项目的全部设计生产能力、效益或投资总规模，亦称生产规模。环境工程确定建设规模的原则为：

（1）充分掌握污染源状况，合理确定系统处理能力、适留余量的原则。

（2）明确设计内容与范围的原则。

（3）合理确定工程等级的原则。

（4）工艺成熟，技术先进的原则。

（5）合理选择技术与设备的原则。

（6）方案论证与综合比选的原则，即从技术、经济、实施条件、运行管理等方面进行充分论证，优化出最佳方案。

（7）总体规划、分步实施的原则。

3. 工艺单元设计

环境工程中处理工艺单元设计是根据污染物强度、环境容量、工艺路线等，在考虑经济条件和管理水平的前提下，进行处理单元的功能确定、设计参数选取、构筑物布置与结构设计、设备选型等设计过程。一般情况下，环境工程在初步设计阶段和施工图设计阶段中，进行处理工艺单元设计。

（1）功能确定。明确每个处理单元的功能是工艺单元设计的前提，有利于工艺单元内小流程整合。

例如，城市污水处理工艺中，通常采用一级处理、二级处理、三级处理等三个单元，其中，一级处理单元的功能是去除污水中呈悬浮状态的固体物质，又称预处理，或称物理法处理；二级处理单元的功能是去除污水中呈胶体和溶解状态的有机物；三级处理单元的功能是去除某些特殊的污染物质，如除氟、除磷等，即深度处理，又称化学法处理。

（2）工艺描述。工艺描述是对工艺路线的进一步细化和修正，实现工艺路线。

例如，城市污水处理工艺中，一级处理单元的工艺描述为：通过粗格栅的原污水经过污水提升泵提升后，经过格栅或者筛滤器，之后进入沉砂池，经过砂水分离的污水进入初次沉淀池。经过一级处理的污水，BOD的去除率一般为20%～30%，达不到排放标准。

二级处理单元的工艺描述为：初沉池的出水进入生物处理设备（通常采用活性污泥法和生物膜法，其中活性污泥法的反应器有曝气池，氧化沟等；生物膜法包括生物滤池、生物转盘、生物接触氧化和生物流化床等），经生物处理后的污水进入二次沉淀池，并进行消毒处理。二沉池的污泥一部分回流至初次沉淀池或生物处理设备，一部分进入污泥浓缩池，之后进入污泥消化池，经过脱水和干燥设备后，污泥被最后利用。经过二级处理的污水，有机污染物质（BOD，COD物质），去除率可达90%以上，使有机污染物达到排放标准，悬浮物去除率达95%，出水效果好。

三级处理单元的工艺描述为：经过消毒处理的二沉池出水进入三级单元处理，包括生物脱氮除磷法、混凝沉淀法、砂滤法、活性炭吸附法、离子交换法和电渗析法等。

（3）设计参数选取。工艺单元设计参数的选取直接影响处理效果和经济效益，宜结合实际情况进行权衡。

例如，在污水一级处理单元中，格栅是第一道预处理设施，可去除大尺寸的漂浮物、悬浮物以及不利于后续处理过程的杂物等。过栅流速应根据污水的性质慎重选取。如果流速过大，不仅过栅水头损失增加，还可能将已截留在格栅上的栅渣冲走；如果流速过小，栅槽内将发生沉淀；此外，流速大小直接影响格栅断面尺寸。

（4）构筑物布置与结构设计。根据工艺路线、单元功能、设计参数等，进行单元构筑物布置与结构设计。

一级处理单元的沉砂池和初沉池、二级处理单元的沉淀池、曝气池、生物滤池、二沉池、污泥浓缩池、污泥消化池等构筑物都需要进行结构设计或选择标准图。值得注意的是，根据标准图选择地下构筑物时，必须将现场参数（如地基土性质、地基承载力、地下水位、地下水性质、冰冻深度、地面荷载、材料性质、施工方法等）与标准图的适用范围及设计条件相对比，两者不相符时，应对标准图进行核算及修改，确保构筑物结构安全。

（5）设备选型。根据单元功能、设计参数等，进行设备选择。

例如，城市污水处理工艺中的污水提升泵、生物转盘、筛滤器等均需在工艺流程设计时进行选型。

3.3.3 环境工程工艺流程图绘制

工艺流程图是用图形、符号、代号等形式，表达产品通过工艺过程中的部分或全部阶段所完成的工作，反映物料流向、能量变化过程的来龙去脉。环境工艺流程图则是用图解的形式，表示污染物经过处理单元被去除时物料和能量发生的变化及其去向，表示所采用的处理单元、设备和构筑物、以及管道布置和测量位置等。

根据设计阶段以及专业的不同，环境工艺流程图一般分为三大类：工艺方案流程图、工艺安装流程图和工艺流程断面图。

1. 工艺方案流程图

工艺方案流程图是在环境工程工艺路线确定后，根据工艺流程设计内容，定性地画出污染治理路线、能量变化过程以及采用的主要设备与管线等。工艺方案流程图可分为工艺流程框图、工艺流程简图（又称工艺流程示意图）。工艺方案流程图不受比例和投影法则的限制。在可行性研究阶段，工艺方案流程图可采用较为简单的工艺流程框图，当方案设计较为成熟时，采用工艺流程简图（工艺流程示意图）。

（1）工艺方案流程图内容

1）定性标出污染治理路线。

2）绘制出采用的各种过程、设备以及连接管线等。

（2）工艺流程框图

环境工程工艺流程框图是用图框和文字表示主要的工艺设备及过程，用箭头表示物流方向，其绘制可分为以下三个步骤：

1）根据污染物治理路线，一般按照从左到右、从上而下的顺序用文字表示单元操作、治理过程或车间与设备等，并用细实线矩形框、圆框、多边形框等框起。各框大小根据内容确定，但应避免过于悬殊。各框图之间应保持适当的距离，以便布置工艺流程线。

2）用带箭头的实线在各框图之间绘出工艺流程线，箭头指向与污染物处理流向一致。处理工艺复杂时，可用不同线型（如粗实线、细实线、虚线等）区分主要流程与次要流程。

3）必要的文字标注，如污染物名称、处理手段、污染物流向等。

【例 3-3】某雨水净化系统采用加药、消毒等净化措施，将收集到的地面雨水净化达标后利用，其净化处理工艺流程框图见图 3-4。

（3）工艺流程简图

工艺流程简图则用图例表示主要的工艺设备及辅助设备，用箭头表示物流方向，并简单标注工艺设备名称，其绘制步骤为：

1）根据流程，用细实线画出设备示意图。

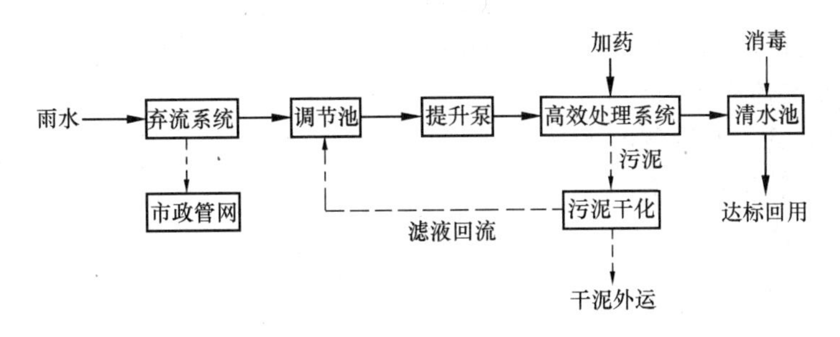

图 3-4　某雨水净化处理工艺流程框图

2）用粗实线画出主要流程，并标配流向箭头。绘制彩图时，可用颜色鲜艳的粗实线画出主要流程。

3）用中实线（必要时也可用虚线加以区别）画出非主要流程线，表明介质。绘制彩图时，可用不同颜色中实线对各种非主要流程进行区别。

4）必要的文字标注，如设备名称、污染物名称、污染物流向等。环境工程治理工艺较复杂时，工艺方案流程图可通过图例、设备简表等表示。

【例 3-4】图 3-5 为某锅炉烟气除尘脱硫净化处理工艺流程简图。锅炉烟气经过一级除尘器除去部分烟尘后，进入脱硫塔与消石灰粉接触混合，其中的二氧化硫与碳酸钙以及氧气生成石膏被分离。脱硫后的烟气经过二级除尘器进一步除去烟尘后，由引风机送入烟囱排放。该净化工艺即为石灰石—石膏湿法烟气净化工艺，是目前应用广泛的成熟工艺。

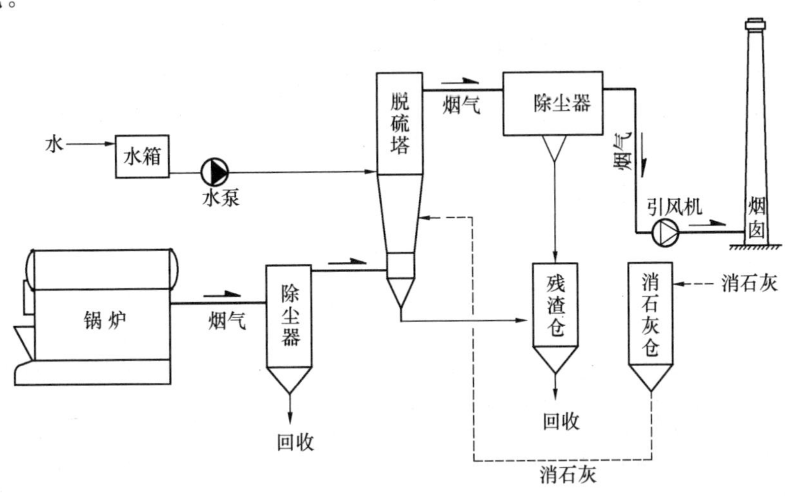

图 3-5　某锅炉烟气净化处理工艺方案流程简图

2. 工艺安装流程图

工艺安装流程图又名带控制点工艺流程图、工艺施工流程图或管道及仪表流程图等。工艺安装流程图应表示出管道内的介质流经的设备、管道、附件、管件等连接和配置情况。同样，工艺安装流程图可不受比例和投影法则的限制，在不同设计阶段，其表达的深度也有所不同。在初步设计阶段，一般采用带控制点工艺流程图，污染物处理过程中的主要设备与管道的设计较为详细，而次要的设备及控制点则仅作粗略考虑。在施工图设计阶段，则采用管道及仪表流程图表达，详细绘制污染物处理的全过程，重点表达全部设备与管道连接关系、处理工艺的监控与调节手段。

（1）工艺安装流程图内容

1）带编号和管口的设备示意图。

2）带标注的管道示意图。

3）带编号的阀门、附件和控制点。

4）图例、设备表。

（2）设备绘制

1）按细实线绘制设备图形，也可画出具有工艺特征的内件示意结构。

2）相对位置尽量符合实际情况。

3）标注设备序号或名称。

（3）管道绘制

1）主工艺管道及大管道采用粗实线，辅助管道用中实线，仪表管线用细虚线。

2）管道交叉时，辅让主，细让粗。

3）管道上的阀门、附件、仪器仪表以细实线绘制。

4）管道标注：流向、编号、规格、尺寸等。

工艺安装流程图中，在管道上需要用细实线绘出全部的阀门和部分管件（如变径管、盲板等）的符号，相关规定可参阅国家标准《技术制图　管路系统的图形符号、阀门和控制元件》。但是，管道系统中的一般连接（如三通、弯头等）没有特殊要求时均不绘制。管路系统中常用阀门图形符号见表 3-3。

管路系统中常用阀门图形符号　　表 3-3

名称	符号	名称		符号	名称	符号
截止阀		隔膜阀			减压阀	
闸阀		旋塞阀			疏水阀	
节流阀		止回阀			角阀	
球阀		安全阀	弹簧式		三通阀	
碟阀			重锤式		四通阀	

【例 3-5】某洗浴中心以水源热泵为热源，其循环热水通过板式换热器将热量交换给洗浴热水进行淋浴和池浴，其主要设备详见表 3-4，图例详见表 3-5，工艺安装流程图详见图 3-6（注：受图幅限制，原图中部分设备的数量被适当精简）。

洗浴供水设备表　　表 3-4

设备序号	设备名称	规格及型号	单位	数量	备注
1	洗浴水板式换热器	LFBR0.6—100—1.6	台	1	
2	电子水处理器	LF—300—1.0	台	1	

续表

设备序号	设备名称	规格及型号	单位	数量	备注
3	洗浴水加热循环泵	KQL200/250—30/4	台	2	
4	不锈钢洗浴水箱	200m³	台	1	
5	洗浴水水泵	KQL125/185—30/2	台	2	
6	池浴水循环加热换热器	LFBR0.6—100—1.6	台	1	
7	池浴水循环泵	KQL80/160—7.5/2	台	2	一运一备

图　例　　　　**表 3-5**

名　称	符　号	名　称	符　号	名　称	符　号
法兰闸阀		法兰碟阀		Y形过滤器	
电动碟阀		止回阀		橡胶软接头	
水箱加热供水管	—— SG ——	水箱加热回水管	—— SH ——	池浴水循环加热供水管	—— XG ——
洗浴供水管	—— YG ——	洗浴回水管	—— YH ——	池浴水循环加热回水管	—— XH ——
池浴供水管	—— CG ——	淋浴供水管	—— LG ——	温度计	
温度、压力变送器		压力表			

3. 工艺流程断面图

包括给水、污水、中水在内的水处理厂（站），在施工图阶段尚应绘制工艺流程断面

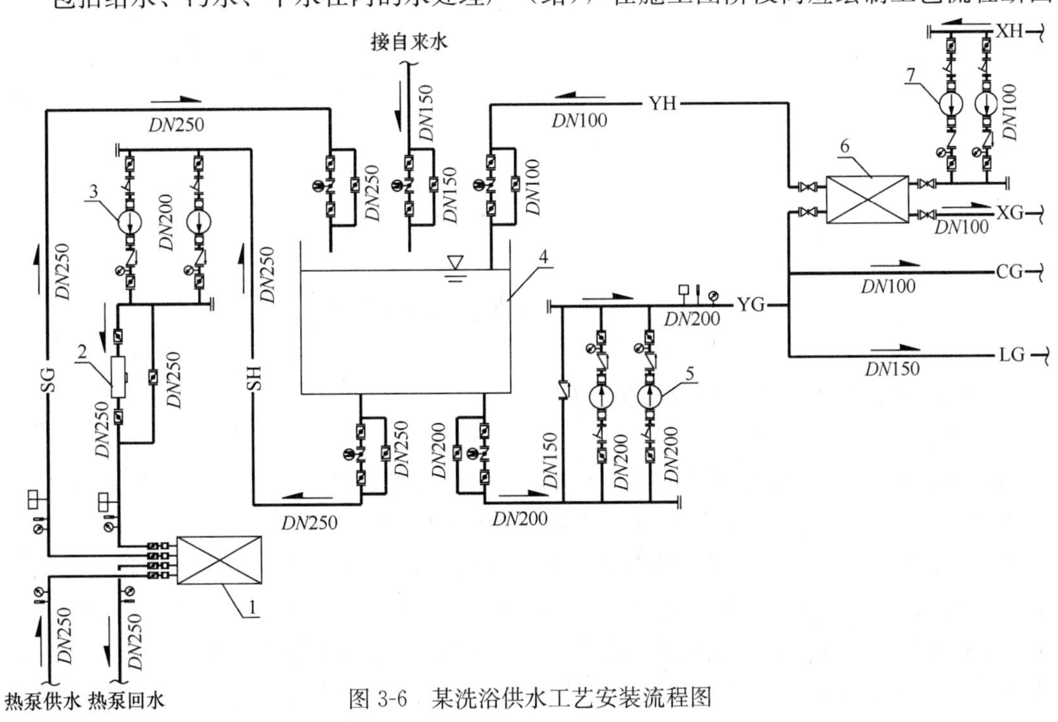

图 3-6　某洗浴供水工艺安装流程图
（图中序号见表 3-4）

图。工艺流程断面图的绘制步骤为：

（1）按照治理污染物的流向，将各处理单元的设备、设施、管道连接方式按设计数量全部对应绘制。

（2）将全部设备及相关设施按设备形状、实际数量用细实线绘制。

（3）相关设备、设施之间的连接管道以中粗实线（或粗实线）绘制，设备和管道上的阀门、附件、仪器仪表以细实线绘制。

（4）对设备、设施、附件、仪器仪表进行编号标注，标注管道标高。

（5）与工艺流程断面图相对应，绘制设备材料表。

【例 3-6】某园区采用自备井为生产楼卫生间供应生活用水。该生产楼地上共 12 层，其卫生间生活用水采用水泵和水箱联合供水方式，其工艺流程断面图详见图 3-7。

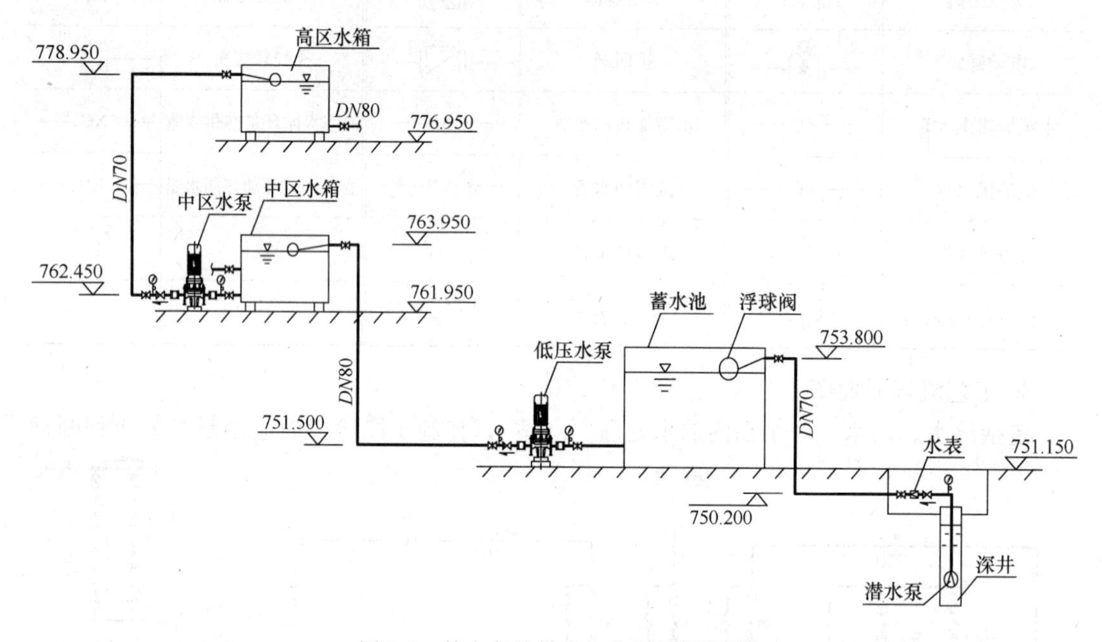

图 3-7　某自备井供水工艺流程断面图

3.4　环境工程总平面设计

3.4.1　环境工程总平面设计相关要求

1. 总平面设计内容

总平面设计是表示整个场地的总体布局，具体表达新建的建（构）筑物位置、朝向以及周围环境（原有建筑、道路、绿化、地形）基本情况的图样。

环境工程总平面设计应在总体规划的基础上，根据工业企业的性质、规模、工艺流程、交通运输、环境保护，以及防火、安全、卫生、施工及检修要求，结合场地自然条件，并通过经济技术比较与优化进行设计。总平面设计是由建筑学专业牵头，由各专业（如环境专业等）的设计项目组成的有机综合体。总平面图设计内容包括：

（1）保留的地形和地物。

（2）坐标网，建筑红线。

（3）场地四邻的主要建（构）筑物、道路、绿化带位置。

（4）场地内建（构）筑物位置、总尺寸、间距等。

（5）场地内道路、广场、停车场的布置。

（6）场地内绿化、景观的布置。

（7）指北针或风玫瑰图。

（8）主要经济技术指标（建筑密度，容积率，绿地率，绿化覆盖率）等。

2. 环境工程总平面设计要求

（1）总平面设计必须贯彻执行“珍惜与合理利用土地”的方针，因地制宜，合理布置，节约用地，提高土地利用率。

（2）总平面设计，必须满足生产工艺流程、操作和使用功能，以及环境工程工艺流程等要求。

（3）按功能分区，合理布置道路，使运输畅通、线路短捷、管理方便。

（4）符合国家现行的防火、安全、卫生和环保等相关标准和规定，并适当考虑民俗文化。

3.4.2 功能分区与道路布置

1. 场地内外关系协调

环境工程总平面设计时，首先应根据自然条件和场区外部条件，确定场地纵横轴的方向、外形、以及场地人流、货流的主次出入口。

主要出入口的定位是和场地外边的道路相关的，与场地内建（构）筑物的主入口也有很大的关系，这就需要内外综合考虑，选择合理的方向和位置。次要出入口的选择和建筑的布置相关，其灵活度更大，但要符合相关的要求。

2. 功能分区

环境工程功能分区往往以生产系统、道路甚至铁路作为主要骨架和界限。生产区一般由各种生产系统组成，通常位于场地中间地带。辅助生产区的大部建（构）筑物则与铁路、道路有一定关系。场前区行政公共建筑主要为职工使用，与生产系统关系不大。做好功能分区可避免道路、人流、货流之间的交叉干扰。

环境工程可根据气象、日照、水文、地质资料以及工艺流程，按照人流、货流路径短，互不交叉的原则，进行功能分区。一般在最大风向频率的上风区，布置职工住宅区、生活区、行政区以及公共建筑等，在最小风向频率上风区布置产生污染源的生产区和需装卸材料的堆场区，一般在上述二区之间可布置环保车间等。根据来货方式、货流入口布置仓库、机修厂等辅助生产区，并用绿化带作适当隔离。这样，各个分区在任何外形的场地，一般都可能做到分区明确，互不干扰，并为生产发展留有扩建的余地，各区可分别向场区四周或各区条带向两端任意方向发展，不打乱原来分区，也能节省初期占地。

3. 道路布置

道路布置的主要任务是确定道路的各项技术要求，包括道路的位置、宽度以及转弯半径的控制等。

（1）道路设计的一般原则

1）道路布置必须满足各种使用功能的要求：满足各种交通运输的要求，满足车行和人行安全的要求，满足建筑布置有较好朝向的要求，满足道路与绿化、道路与工程设施等统一协调的要求。

2）道路布置应做到既适用又节约用地，留有良好的建筑条件。

3）道路布置要利用好自然地形。

（2）道路平面设计

在场地中，人车通道经常与小广场、庭院等复合在一起，所以道路设计既要考虑人车通行，也要考虑人流的集散和车辆进出转折等方面的要求。对于单纯的道路，宽度不应过大，否则造成浪费。通常情况下，道路布置宜与景园等相结合，因地制宜地进行，一举多得。

《民用建筑设计通则》GB 50352—2013 规定，基地内车行通路宽度不应小于 4m，双车通路宽度不应小于 7.0m，人行通路宽度不应小于 1.5m。长度超过 35m 的尽端式车行路应设回车场。供消防车使用的回车场不应小于 15m×15m，大型消防车的回车场不应小于 18m×18m。

《建筑设计防火规范》GB 50016—2014 规定，消防车道的净宽度和净空高度均不应小于 4.0m；消防车道靠建筑外墙一侧的边缘距离建筑外墙不宜小于 5m。

道路边缘距离相邻建（构）筑物的最小安全距离详见表 3-6。

道路边缘距离相邻建（构）筑物的最小安全距离　　表 3-6

相邻建筑物、构筑物名称	最小距离（m）
（1）建筑物外墙面 a. 当建筑物面向道路一侧无出入口时 b. 当建筑物面向道路一侧有出入口，但出入口不通行汽车 c. 当建筑物面向道路有汽车出入时	 2.0～5.0 2.5～5.0 6.0～8.0
（2）各类管道支架	1.0
（3）围墙	1.0

3.4.3　建（构）筑物布置

1. 生产车间及环保车间布置

（1）按工艺流程布置生产车间

按照工艺流程的顺序进行生产车间总平面布置。生产线路尽可能做到直线而无返回流动。功能和工艺相似的车间和工段尽可能布置在一起，原料和成品尽量接近仓库和运输线路，同时考虑辅助车间的配置距离和管理上的方便。

按照环保标准要求，清洁车间布置在上风位，生产有害气体的车间应布置在下风方向。

（2）按污染源性质布置环保车间

根据污染源的不同，环保车间室外布置的方式有分散式和集中式两种。分散式布置是将环保车间靠近各污染源分散布置，集中式则是将环保车间集中在厂区一侧。在车间内部布置时，应按处理流程的顺序进行，处理路线尽可能做到直线而无返回流动。

2. 辅助车间布置

辅助车间包括：锅炉房、配电房、水泵站、机修车间、实验室、仓库及仪表修理间等。由于辅助车间的性质和用途差别较大，布置时应区别对待。

锅炉房尽可能靠近热用户布置，远离易燃易爆车间和仓库，位于厂区的下风位。配电室布置上风位置，靠近用电大户，并兼顾外电引入。机修车间应布置在与各生产车间联系方便的位置。中心实验室和仪表修理车间应布置在清洁卫生的上风位置。仓库应与生产车间联系方便，并靠近运输干线布置。消防站应设置在交通要道附近以及能顺利到达场地的有利地点。

3. 行政管理部门及住宅区的布置

行政管理部门包括：办公室，会议室，礼堂，托儿所，医院等。行政管理部门一般布置在厂区边缘或外部，位于上风位置。住宅区应布置在厂区外围，位于上风位置，进行分区管理。

4. 建筑物间距

建（构）筑物之间的间距首先应满足防火规范要求，同时应满足工业卫生、天然采光、自然通风等方面的要求。

（1）防火间距

防火间距是指防止着火建筑在一定时间内引燃相邻建筑的间隔距离，也就是指在一定时间内没有任何保护措施情况下，不会引燃的最小安全距离。

火灾无情，历史上曾给人类带来了巨大的灾难，造成过巨大的损失。因此，对防火间距的要求，在国家规范中也是越来越严，划分得越来越细。《建筑设计防火规范》GB 50016—2014 中，规定了建筑物的防火间距，规定了厂房的防火间距，规定了仓库的防火间距，规定了甲、乙、丙类液体储罐（区）的防火间距，规定了可燃、助燃气体储罐（区）的防火间距，规定了液化石油气储罐（区）的防火间距，规定了可燃材料堆场的防火间距等。《建筑设计防火规范》GB 50016—2014 规定，耐火等级为一、二级的高层建筑物的防火间距为 13m，同时规定了高层建筑与其他民用建筑之间的防火间距、其他民用建筑之间的防火间距等。

（2）采光间距

为了保证充分的自然采光和通风，平行布置的南北朝向的多层住宅间距应大于南侧建筑物高度的 1.5 倍，其他方向平行布置的多层住宅间距按方向角进行折减，垂直布置的建筑物间距按平行布置的标准的（1/2）加 4m 进行控制，其最小值为 9m。

3.4.4 竖向设计

竖向设计也叫竖向布置，是为了满足道路交通、场地排水、建筑布置和维护、改善环境景观等方面的综合要求，为了自然地形进行利用和改造，以确定场地坡度和控制高程、平衡土石方等内容为主的专项技术设计。竖向布置其基本内容包括：确定场地的整平方式和设计地面的连接形式，确定场地中各建（构）筑物的地坪标高和广场、停车场、活动场等设施的整平标高，确定场地中道路的标高和坡度，组织场地的雨水排除系统等。

1. 道路断面设计

道路的断面设计分为横断面设计和纵断面设计。场地道路一般设置保护路面的路缘石，采用暗排雨水形式。所以，场地道路在横向和纵向均应设置坡度，有利于排水。

道路横坡的坡度可根据路面类型、行车方便、有利排水以及当地气候条件确定。《室外排水设计规范》GB 50014—2006（2014 年版）4.7.2A 条规定，道路横坡坡度不应小于 1.5%。《民用建筑设计通则》规定，基地机动车道、非机动车道以及步行道的横坡宜为

1.5～2.5%。

道路纵断面设计，应使车辆具有较好的行驶条件及有利的排水条件。道路的变坡点距离一般大于50m，最大坡度不宜大于11%，最小坡度不宜小于0.3%，相邻的坡差也不宜太大。路拱纵坡与限制长度详见表3-7。

《民用建筑设计通则》规定，基地机动车道的纵坡不应小于0.3%，亦不应大于8%（坡长≤200m），在多雪严寒地区不应大于5%（坡长≤600m）。非机动车道的纵坡不应小于0.3%，亦不应大于3%（坡长≤50m），在多雪严寒地区不应大于2%（坡长≤100m）。基地步行道的纵坡不应小于0.5%，亦不应大于8%，多雪严寒地区不应大于4%。

《建筑设计防火规范》GB 50016—2014规定，消防车道的坡度不宜大于8%。

路拱纵坡与限制长度 **表3-7**

道路纵坡（%）	5～6	6～7	7～8	8～9	9～10	10～11
限制长度（m）	800	500	300	150	100	80

2. 场地排水

场地雨水排除的基本方式有地表的自然排水方式、地下的管道排水方式以及明沟排水方式等三种。

地表的自然排水方式不设任何排水设施，利用地形坡度及地质、气象上的特点排除雨水。它适用于雨量较小的情况及局部小面积的地段。为了保证雨水排除畅通，避免积水，场地的地表应设置一定的排水坡度，其坡度值视降雨强度及地面的构造形式确定。一般情况下，场地的地表坡度宜采用0.5%～2%，下限值为0.2%，上限值为8%。建筑物周围的雨水排除一般是雨水向四边自然排除，再汇入场地的主要排水线路。建筑物至周围地面、道路等的排水坡度范围为0.5%～6%，最佳值为1%～3%。《民用建筑设计通则》规定，场地地面坡度不宜小于0.2%，地面坡度大于8%时宜分成台地，台地连接处应设挡墙或护坡。

采用暗管排除场地雨水时，其雨水口应布置在方便集水且易与管道连接的位置。一般情况下，一个雨水口可负担的汇水面积，应根据降雨强度、场地地表的铺砌情况、场地土体性质以及雨水口的形式等因素决定。《室外排水设计规范》GB 50014—2006（2014年版）规定，平箅式雨水口的箅面标高应比周围路面标高低3～5cm，立箅式雨水口进水处路面标高应比周围路面标高低5cm。

明沟排水多用于建筑物、构筑物比较分散的场地，或场地高差变化较多、泥土容易堵塞管道、或暗管排水不经济等地段。明沟断面尺寸应根据汇水面积确定，坡度一般为0.3%～0.5%，特殊情况下也可采用0.2%。

3.4.5 园林绿化设计

园林绿化设计是环境工程总平面布置与设计中的有机组成部分，对场地的环境效益和社会效益有着举足轻重的作用。环境工程园林绿化的主要功能包括：滤尘与降噪功能，去碳与供氧功能，隔离与防护功能，庇荫与降温功能，净化与美化功能等。

1. 园林绿化设计原则

环境工程园林绿化应在深入研究生产性质、工艺流程、污染物治理的基础上，因地制宜地进行园林绿化的设计与研究，将植物的绿化作用与其环境功能相结合，形式与内容相统一，取得一举多得的效果。环境工程中园林绿化原则包括以下几个方面：

(1) 满足生产和工艺要求的原则。根据生产性质、生产规模以及污染状况等，选择植物种类、绿化方式等，使园林绿化适应生产，有利于生产，保护和改善场地环境。

1) 根据生产性质，配置适应性强、具有抵抗污染性能的植物。精密电子企业场地不应采用盛产花絮的树种；产生自聚现象的化工污染物场地不应种植绿篱及茂密的灌木，避免相对密度较大的可燃气体聚集。

2) 不同的环境工程对绿化功能的要求各有侧重，选择绿化方式时，重点考虑其主要功能，同时兼顾其他功能的要求，因地制宜，对症下药。对于噪声（如车间中的空气压缩机、汽锤等）、粉尘（如水泥厂）、风沙污染严重的场地，宜利用不同植物高度差进行多排密植，形成错落有致的绿色屏障，进行有效遮蔽。

3) 根据生产对采光、通风、隔热等方面的要求确定绿化植物高度特征，避免树影阻碍采光，避免植物过于茂密而影响厂房通风。

(2) 保证安全生产的原则。

1) 架空线下宜种植低矮灌木和草本植物，甚至不进行绿化。

2) 场地绿化不应影响地下管线的敷设与正常运行。

3) 膨胀土场地，距离建（构）筑物外墙 5m 以内的空地上，不应种植吸水量大、蒸腾量大的树木。

(3) 适地适树，易于管理的原则。环境污染会影响到植物的生长发育，植物生长受抑制时，抗病虫害的能力就有所削弱，于是就易感染各种病虫害。所以，环境工程场地绿化应选择生长良好、发病率低、易于管理的植物。

(4) 与区域环境相协调的原则。场地绿化设计应与建（构）筑物相协调，与周边的总体绿化布局相适宜，用园林、造景、绿地等形式丰富景观，起到烘托主体的作用。园林绿化应全面规划，合理布局，形成点、线、面相结合，自成系统的绿化布局，从厂前区到生产区，从作业场到仓库堆场，将建（构）筑物掩映于绿茵之中。园林绿化设计应在丰富内涵、循序渐进、推陈出新的基础上，融场地的园林绿化、景观观赏和生态保护于一体，追求良好的环境效益与和谐的艺术效果。

2. 园林绿化形式与注意事项

(1) 园林绿化形式

一般说来，环境工程场地布置比较紧凑，要达到理想的绿化效果则需要进行立体园林绿化。场地立体园林绿化是在围墙、厂区、建（构）筑物等处，采用地面绿化、屋面绿化、垂直绿化以及棚架绿化等立体方式进行绿化，形成全方位的园林植物体。场地立体园林绿化是解决绿化率、容积率、舒适度以及建设成本之间一系列矛盾的重要措施。

1) 地面绿化。地面绿化是园林绿化的主要方式，主要包括道路绿化，屋旁绿化、绿地布设等。道路绿化是场地绿化的重要组成部分，在绿化覆盖率中占较大比例。以乔木为主，乔木、灌木、地被植物相结合的道路绿化，防护效果佳，地面覆盖好，景观层次丰富，能更好地发挥其功能作用。道路绿化分为道路绿带、交通岛绿地、广场绿地和停车场绿地等。道路绿化应远近期结合，互不影响。即，道路绿化设计要有长远观点，绿化树木不应经常更换、移植。同时，道路绿化建设的近期效果也应重视，使其尽快发挥功能作用。

2) 屋面绿化。在较宽阔的厂区建筑屋顶布置植物、建筑小品等园林要素，构成屋顶花园。屋顶花园不仅丰富了视觉效果，而且在调节气温、防止污染，提高建筑隔热保温性能和改善生态环境方面效果较好。但是，对于一些受工艺条件限制的生产性建筑，不具备屋顶绿化的条件时，不可强求。

3）垂直绿化。环境工程建筑密度大，绿化用地有限，因此应发展垂直绿化，多布置藤蔓植物，扩大立体覆盖面积，丰富绿化的层次和景观。垂直绿化应在充分考虑墙面和厂区建筑的造型、色彩、门窗结构的前提下，结合备选植物的生活特性，作好造型的设计与控制。

4）棚架绿化。在一些不宜直接攀缘生长植物的建筑物、构筑物空间，搭设一定结构的棚架进行绿化，从而形成厂区绿色的视觉走廊。这种绿化方式一般在成片的、靠近职工宿舍附近的集中绿地内，结合小游园建设进行布设。

(2) 道路绿化注意事项

道路绿化设计时，绿化植物与架空线、地下管线、建筑物、构筑物以及其他设施之间的空间关系，应符合《城市道路绿化规划与设计规范》的相关规定。

1）道路绿化与架空线的关系

在分车绿带和行道树绿带上方不宜设置架空线。必须设置时应保证架空线下有不小于9m的树木生长空间，架空线下配置的乔木应选择开放型树冠或耐修剪的树种。树木与架空电力线路导线的最小垂直距离应符合表3-8的规定。

树木与架空电力线路导线的最小垂直距离 **表3-8**

电压（kV）	1～10	35～110	154～220	330
最小垂直距离（m）	1.5	3.0	3.5	4.5

2）道路绿化与地下管线的关系

新建道路或经改建后达到规划红线宽度的道路，其绿化树木与地下管线外缘的最小水平距离宜符合表3-9的规定，行道树绿带下方不得敷设管线。

树木与地下管线外缘最小水平距离 **表3-9**

管线名称	距乔木中心距离（m）	距灌木中心距离（m）
电力电缆	1.0	1.0
电信电缆（直埋）	1.0	1.0
电信电缆（管道）	1.5	1.0
给水管道	1.5	—
雨水管道	1.5	—
污水管道	1.5	—
燃气管道	1.2	1.2
热力管道	1.5	1.5
排水盲沟	1.0	—

3）道路绿化与其他设施的关系

树木与其他设施的最小水平距离应符合表3-10的规定。

树木与其他设施最小水平距离 **表 3-10**

设施名称	距乔木中心距离（m）	距灌木中心距离（m）
低于 2m 的围墙	1.0	—
挡土墙	1.0	—
路灯杆柱	2.0	—
电力、电信杆柱	1.5	—
消防龙头	1.5	2.0
测量水准点	2.0	2.0

3.4.6 环境工程管网设计

环境工程场地中的主要工程管线包括生产给水管道、生活给水管道、消防给水管道、排水管道、雨水管道、蒸汽管道、热力管道、煤气管道、天然气管道、电力线路、弱电线路、其他管线等。场地中管线敷设方式主要有架空敷设（高支架敷设，中支架敷设，低支架敷设）、地下敷设（通行地沟敷设，半通行地沟敷设，不通行地沟敷设，无沟敷设）。

1. 管线布置规定

《民用建筑设计通则》对场地中的管线布置作出相关规定：

（1）各种工程管线宜在地下敷设，确需架空敷设的工程管线不得妨碍车辆、行人的正常活动、并应防止对建筑物及景观的不利影响。

（2）与市政管网衔接的工程管线，其平面位置和竖向标高均应采用城市统一的坐标系统和高程系统。

（3）工程管线的敷设不应影响建筑物的安全，并应防止工程管线受腐蚀、沉陷、振动、荷载等影响而损坏。

（4）工程管线应根据其不同特性和要求综合布置。对安全、卫生、防干扰等有影响的工程管线不应共沟或靠近敷设。利用综合管沟敷设的工程管线若互有干扰的，则应设置在综合管沟的不同沟（室）内。

（5）地下工程管线的走向宜与道路或建筑主体相平行或垂直。工程管线应从建筑物向道路方向由浅至深敷设。工程管线布置应短捷，减少转弯。管线与管线、管线与道路应减少交叉。

（6）与道路平行的工程管线不宜设于车行道下，当确有需要时，可将埋深较大、翻修较少的工程管线布置在车行道下。

（7）工程管线之间的水平、垂直净距及埋深，工程管线与建筑物、构筑物、绿化树种之间的水平净距应符合有关规范的规定。

（8）七度以上地震区、多年冻土区、严寒地区、湿陷性黄土地区及膨胀土地区的室外工程管线，应符合有关规范的规定。

2. 管线布置间距

各类管线应根据其特性及其敷设方式进行综合布置。为了避免相互之间的干扰，各种管线之间、管线与建（构）筑物之间应保证一定间距，详见表 3-11。

各类地下管线最小水平净距（m） **表 3-11**

管线名称		给水管	排水管	燃气管			热力管	电力电缆	电信电缆
				低压	中压	高压			
排水管		1.5	1.5						
燃气管	低压	1.0	1.0						
	中压	1.5	1.5						
	高压	2.0	2.0						
热力管		1.5	1.5	1.0	1.5	2.0			
电力电缆		1.0	1.0	1.0	1.0	1.0	2.0		
电信电缆		1.0	1.0	1.0	1.0	2.0	1.0	0.5	
电信管道		1.0	1.0	1.0	1.0	2.0	1.0	1.2	0.2

注：1. 表中给水管与排水管之间的净距适用于管径小于或等于 200mm，当管径大于 200mm 时，其净距应大于或等于 3.0m；

2. 大于或等于 10kV 的电力电缆与其他任何电力电线之间应大于或等于 0.25m，若加套管，其净距可减至 0.1m；小于 10kV 的电力电缆之间应大于或等于 0.1m；

3. 低压燃气管道的压力为小于或等于 0.005MPa、中压为 0.005～0.3MPa、高压为 0.3～0.8MPa。

【例 3-7】某煤矿工业场地于华北某地定址，其西北侧紧邻一条大河，东南侧与某公路相接，交通比较发达，满足水源、能源等要求。该地区最大频率风向为东南风。该工业场地总平面设计，首先根据场地外部的条件（河流、公路等），确定了场地的纵横轴方向，确定了人流主出入口（即图中的正大门）为东南方向的公路一侧，煤流主出入口（即图中的运煤门）为西北方向的河流一侧。功能分区设计，将行政中心（办公楼、培训中心等）、公建群（食堂、洗浴中心、福利设施等）以及单身公寓布置在最大风向频率的上风区（即东偏南方向），且面向正大门；在最小风向频率的上风区（即北偏西方向）布置站场、贮煤、装煤设施等产生污染源的场区以及装卸材料的场区，且紧邻运煤门。主井与生产系统以及副井等生产区，则布置在上述两区中间，且副井靠近洗浴中心。最后再按照工艺流程、货流情况布置辅助生产区，如仓库、变电所、水源热泵机房等。该矿区主要的环保车间有矿井涌水处理站、进风机房和排风机房等。根据环保功能与工艺流程，进风机房采用分散式，布置在副井井口房的两侧；排风机房采用集中式，布置在主井附近；矿井涌水处理站（包括滤池、澄清器、沉淀池、水池、泵房等）就近布置在主井附近，并相邻布置水源热泵机房，为水源热泵提供水源。该工业场地四个分区功能分明，互不干扰，详见图 3-8 总平面布置。

该工业场地总平面设计的技术经济指标为：围墙内占地面积 14.036hm^2，建构筑物占地面积 4.20hm^2，专用场地占地面积 2.25hm^2，道路、广场及人行道占地面积 1.46hm^2，绿地面积 2.07hm^2，建筑密度 29.92％，专用场地占地系数 16.03％，道路、广场及人行道占地系数 10.4％，绿化率 14.75％。

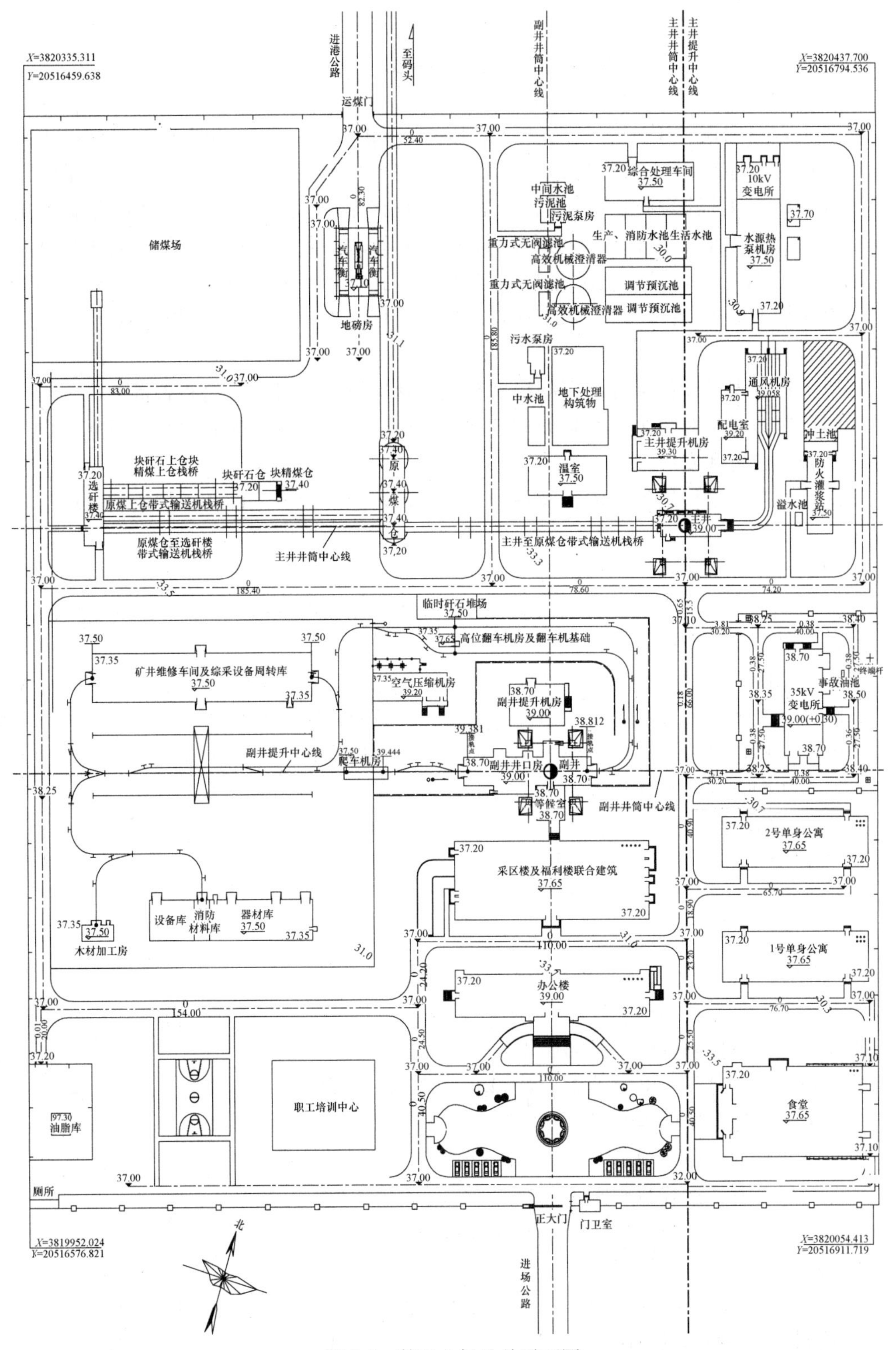

图 3-8 某工业场地总平面图

3.5 环境工程室内设计

环境工程室内设计工作主要是对环境工程厂房的配置、设备及管道的排列做出合理安排。环境工程室内设计是在完成工艺流程和设备定型后的重要设计项目。环境工程室内设计对环保工程影响重大。设计是否合理直接影响到基建投资，对系统能否正常安全运行，设备安装、维修是否方便，以及车间管理、能源利用、运行效益也都产生很大的影响。因此，车间布置设计要遵守设计程序，全面掌握有关生产、安全、卫生、建设等有关资料，按照布置设计的基本原则，严格执行有关标准、规定规范，实现最佳布置与设计。

环境工程室内设计包括环保车间厂房布置、环保设备布置及管道布置等。

车间厂房布置是对整个车间各处理工序、各设施，按照在处理和生活中所起的次序和作用进行合理布置和安排。

车间设备布置是根据处理流程及各种有关因素，把各种工艺设备在规定的区域进行合理排列。

车间布置设计中的以上两项内容是相互关联的。在进行车间布置时，必须以设备布置草案为依据，对车间内生产厂房、辅助厂房及其所需面积进行估算；在车间布置图的基础上才能进行详细具体的设备布置。

在进行车间布置设计时，各专业人员需分工协作。工艺专业设计人员进行车间布置设计时，除了要考虑工艺设计要求，还要考虑土建、给水排水、暖通、电气、仪表等专业及机修、安装、操作等各方面的需要。因此，车间布置设计是以环境工程工艺设计为主，在其他专业密切配合下集中各方面意见完成的。

3.5.1 环保车间布置与设计

1. 车间布置设计的依据和原则

(1) 车间布置设计所需的资料

1) 常用的设计规范和标准

建筑设计防火规范 GB 50016—2014

工业企业厂界噪声标准 GB 12348—2008

工业企业噪声控制设计规范 GB/T 50087—2013

爆炸和火灾危险环境电力装置设计规范 GB 50058—2014

工业企业设计卫生标准 GBZ 1—2010

工业企业总平面设计规范 GB 50187—2012

工业金属管道设计规范 GB 50316—2008

民用建筑供暖通风与空气调节设计规范 GB 50736—2012

2) 基础资料，包括：

① 工艺流程图，包括车间组成、工段划分、物料输送关系、主要设备特征；

② 物料流程图和动力消耗；

③ 设备一览表、设备规格（形状及尺寸）、操作条件；

④ 公用系统耗用量，给水排水、供电、供热、制冷、压缩空气、蒸汽、外部管道资

料等；

⑤ 车间定员表，包括技术人员、管理人员、操作人员和检测人员，最大班人数和男女比例等资料；

⑥ 厂区总平面布置图，包括车间与其他处理车间、辅助车间、生活设施的相互关系，厂内人员和物流的情况与数量等；

⑦ 地形、地质和气象等资料。

（2）环保车间布置的原则

1）最大限度满足处理工艺流程要求。

2）有效利用车间建筑面积（包括空间）和土地。

3）劳动保护、防火、防爆、防毒及安全卫生、防腐蚀措施符合相关标准、规范要求。

4）满足安全生产、施工、设备维修的要求。

5）考虑车间的发展和厂房的扩建，留有余地。

6）设置安全通道，人流、物流方向错开。

2. 厂房布置

（1）厂房的整体布置

厂房的整体布置方式有分散式和集中式两种。一般地说，凡生产或处理规模较大，车间各工段生产或处理特点有显著差异（如防火等级等），厂区面积较大，山区等情况下，可适当考虑分散布置。对于生产或处理规模较小，车间各工段联系频繁，生产或处理特点无显著差异，厂区面积较小，厂区地势平坦者，可适当采用集中式。

在考虑厂房的整体布置时，还要考虑设备的露天布置问题。根据气候气象资料，结合工艺要求与操作情况，确定能否露天布置。露天布置的优点是建筑投资小、用地少，有利于安装检修，有利于通风、防火、防毒、防爆；缺点是受气候条件影响大，操作条件差。必须根据车间内部、外部条件，全面考虑车间各厂房、露天场地和各建筑物的相对位置，做出整体布局。

自动控制室、机器动力间、变电和配电室、机修间、材料仓库等辅助房间，必须和其他专业人员取得密切联系，做出合理布置。一般情况下，自动控制室可设在生产厂房内；为了安全，甲类防爆车间必须单独设置。行政管理-生活福利设施包括车间办公室、化验室、工人休息室、更衣室、沐浴室、厕所等，可采用单独式、毗连式或插入式布置，而以毗连式最为普遍，机器动力间可设在厂房内或行政-福利楼的底层。变电和配电间、机修间、通风室可分设在厂房中单独房间内，也可设在行政-福利楼内。

（2）厂房的平面布置

厂房的平面形式有长方形、L形、T形等多种，其中以长方形最常采用。长方形厂房便于总平面图的布置，节约用地，便于设备布置和管理，缩短管道，便于安排交通和出入口，有较多可供自然采光和通风的墙面。长方形厂房一般适用于中小型车间。在厂房总长度较长，在总图布置有困难时，也可采用L形、T形平面布置，适用于比较复杂的车间。

厂房的柱网布置根据厂房结构确定，必须与工艺设备布置相协调，常用的柱网间距为6m，也有采用9m、12m等。一般在同一厂房中不宜采用多种柱距，柱距尽可能符合建筑模数要求，否则会增加建筑结构的复杂性和造价。

厂房的跨度主要根据工艺、设备、自然采光、自然通风以及建筑造价来选择。一般单层厂房的跨度不超过 30m，多层厂房的跨度不超过 24m，常用的厂房跨度一般有 6m、9m、12m、15m、18m、21m 等。厂房中柱子布置既要便于设备排列和工人操作，又要便于交通运输。

一个工厂中，各个生产厂房的跨度和柱网所采用的类型不宜过多，以便有利于建筑预制件的制造和机械化施工，有利于节约材料、减少投资、加快建筑施工进度。

(3) 厂房的立面布置

厂房的立面布置主要是确定厂房的层数和高度，应在满足生产或"三废"处理工艺、设备布置的前提下，充分利用厂房的空间，做到既经济合理、方便施工，又能充分满足采光、通风等要求。厂房的立面布置主要考虑以下几点：

1) 厂房的层数和高度主要取决于工艺流程、设备高度、安装位置、检修要求及安全卫生要求，可以选择单层、多层和单层与多层相结合等几种形式。一般厂房在无特殊要求时，层高不宜低于 3.3m，最常用的层高为 4～6m。厂房的净空高度一般不得低于 2.6m，每层高度尽量相同，符合建筑模数要求。走道、操作台等通行部分的最小净空高度不应小于 2m，即使是不经常通行的地方，其净空高度也不得低于 1.9m。

2) 在设计厂房空间高度时，除了设备的本身高度外，还要考虑设备顶部凸出部分，如仪表、阀门和管路的附属物，以及设备安装和检修高度。有时还要考虑设备内取出物的高度。

3) 在设计有高温和有毒气体泄漏的厂房时，应适当加高建筑物的层高或设置避风式气楼，有利于通风散热。

4) 有爆炸危险的车间宜采用单层，厂房内设置多层操作台以满足工艺设备位差的要求。如必须设在多层厂房内，则应布置在厂房顶层。如整个厂房均有爆炸危险，则在每层楼板上设置一定面积的泄爆孔。这类厂房还应设计必要的轻质屋面和外墙及门窗的泄压面积。车间内防爆区与非防爆区（生活、辅助及控制室等）间应设置防爆墙分隔。上下层防火墙应设在同一轴线处，防爆区上层不应布置非防爆区。有爆炸危险车间的楼梯间宜采用封闭式楼梯间。

5) 厂房内起重设备一般按以下原则设置：当吊点固定，只有上下方向运动时，可用吊钩或导轮等起重工具；当起重运输活动在一条直线上时，即只有上下前后方向运动时，且起重量在 2t 以下的，采用捯链比较方便合适；由于工艺需要，或是由于运输吨位较大时，采用桥式吊车。

在决定厂房高度时也要注意尽量符合建筑模数要求。

3. 车间布置设计程序

(1) 车间布置的初步设计

一般根据带有控制点的处理工艺流程图，设备一览表、辅助生产及生活行政等要求，结合相关规范、总图设计资料、车间防火防爆等级、建筑结构类型、其他专业的设计要求等进行初步设计，其主要设计内容有：污染物处理、处理辅助、生活行政设施的空间布置；确定车间宽度、长度和柱网尺寸；设备空间的布置（水平和垂直方向）；通道和运输设计；确定安装、操作、维修所需要的空间；绘制车间初步设计的平面图和剖面图。

(2) 车间布置的施工图设计

在车间布置的初步设计和管道流程设计基础上，与其他专业协商，确定最终的车间布置，该阶段主要工作内容有：落实车间初步设计布置的内容；绘制设备（带管口）及仪器仪表的位置详图；进行运输设计；确定与设备、构筑物有关的建筑与结构尺寸；确定设备安装方案；设计安排管道、电气管线的走向。最终绘制车间布置的平面图、立面图、剖面图等。

车间平面图包括标注有厂房边墙及隔墙轮廓线，门及开向，墙和楼梯位置，柱子间距、编号、尺寸及各层相对高度的厂房建筑平面图；安装孔洞、地沟、地坑、管沟的位置及尺寸，相对标高；设备外形平面图、设备位号、设备定位尺寸和管口方位等。

车间剖面图是在厂房建筑的适当位置垂直剖切后绘出的立面剖视图，表现高度方向上的布置情况，包括厂房边墙轮廓线，门及楼梯位置，柱间距离、编号及各层相对标高，标示外形尺寸、设备位号、设备高度定位尺寸和设备支撑形式，地坑、地沟的位置及深度等。

车间布置图的表达详略程度随设计阶段有较大差异。初步设计阶段的平面和剖面图表示设备的定位尺寸，管口位置不表示，厂房建筑一般只表示相对基本结构的要求，设备安装孔、操作台只需简单表示；施工图阶段的平面和剖面图，设备的主要管口方位、操作平台和安装孔都要详细表示。

3.5.2 环保设备布置与设计

车间内设备布置就是要具体确定各个设备在车间的空间位置，决定设备露天与否，确定场地与建筑物、构筑物之间的尺寸。当厂房的整体布置及厂房的轮廓设计有一个初步意见后，即可进行设备的排列及布置。

1. 环保设备布置的原则

设备布置应该符合有关国家标准和设计规范，同时做到节约投资，操作维修方便、安全，设备布置有序、合理、整齐美观。设备布置要考虑以下原则：

（1）设备露天化

设备露天化的优点是节约建筑面积和土建工程量，节约基建投资，有利于安装和检修，有利于通风、防火、防爆，厂房改建和扩建灵活性较大；缺点是受气候影响较大，操作条件较差，有时还要考虑气象条件。生产中不需要经常操作的设备、自动化程度较高的设备或受气候影响不大的设备，如塔器、冷凝器、液体原料贮罐、气柜、空气冷却器等可以露天布置。不允许放在室外的设备包括不能受大气影响、不允许有显著的温度变化的设备，如反应器，各种有机械传动的设备和机器（压缩机、冷冻机、往复泵等）、生产控制和操纵台等。

（2）满足生产工艺要求

在布置设备时，首先要满足处理工艺的要求，一般按工艺流程顺序布置，保证水平和垂直方向的连续性；相同或同类型的设备，或性质相似及操作有关的设备，应尽可能布置在一起，便于管理与操作，还可以减少备用设备数量；充分利用位能，尽量使物料自动流送；要考虑设备的空间位置，包括设备本身所占位置、设备附属装置所占位置、操作位置、设备检修拆卸位置、设备与设备、设备与建筑物间的安全距离等。设备要排列整齐，避免过挤或过松。

设备间的距离要充分考虑工人操作的要求和交通的便利，具有运动机械的设备，要考虑设置安全防护装置的位置。设备与设备之间，设备与建筑物之间常用的安全距离目前无统一规定，可以参见表 3-12。在布置设备时，要考虑到设备间的管线应尽可能短，管线和物料的输送尽量避免交错，管道一般应沿墙敷设。

安全距离 表 3-12

序号	项目	安全距离/m
1	泵与泵的间距	不小于 0.7
2	泵与墙的距离	不小于 1.2
3	泵列与泵列间的距离	不小于 2.0
4	往复运动的机械，其运动部分离墙	不小于 1.5
5	回转机械与墙之间距离	0.8～1.0
6	回转机械相互间距离	0.8～1.2
7	贮槽与贮槽之间距离	0.4～0.6
8	计量槽与计量槽之间距离	0.4～0.6
9	塔与塔的间距	1.0～2.0
10	换热器与换热器间距离	不小于 1.0
11	反应设备盖上传动装置离天花板距离（如搅拌轴拆装有困难时，距离还需加大）	不小于 0.8
12	通道、操作台通行部分的最小净空高度，不小于	2.0～2.5
13	不常通行的地方，净高不小于	1.9
14	一人操作时设备与墙面的距离	不小于 1.0
15	无人操作时设备与墙面的距离	不小于 0.5
16	有两人背对背操作并有小车通过时两设备间的距离	不小于 3.1
17	有一人操作并有小车通过时两设备间的距离	不小于 1.9
18	有两人背对背操作并偶然有人通过时两设备间的距离	不小于 1.8
19	有两人背对背操作并经常有人通过时两设备间的距离	不小于 2.4
20	有一人操作并偶然有人通过时两设备间的距离	不小于 1.2
21	操作台楼梯坡度	
	一般情况	不大于 45°
22	特殊情况	不大于 60°
23	被吊车吊动的物品与设备最高点的间隙，不小于	0.4
24	工艺设备和通道间距离	不小于 1.0

（3）满足设备安装检修要求

在进行车间布置时，必须考虑到设备的运入、安装、检修和拆卸的方式方法和经过的通道。

设备运入或搬出次数较多时，宜设大门。一般厂房大门宽度要比所需通过的设备宽度大 0.2m 左右。当设备运入厂房后，很少再需整体搬出时，则可设置安装洞，待设备运入后，再行砌封。

根据设备大小及结构，考虑在厂房中应有一定的面积和空间供设备检修及拆卸使用，同类设备集中布置可统一留出检修场地；塔和立式设备的人孔应对着空场地或检修通道，并尽量布置在同一方向；列管式换热器应在可拆的一端留出一定空间以便抽出管子检修，应防止检修孔、仪表管口及其他管口碰梁。

应考虑设置供拆卸、检修用的起吊运输设备。设备的起吊运输高度，应大于在运输线路上最高设备高度的 0.4m。

（4）符合安全卫生条件

在布置设备时，应保证车间有足够的采光条件，避免妨碍门窗的开启、采光和通风，尽量做到工人背光操作，高大的设备应避免靠窗布置，以免影响门窗的开启。

有爆炸危险的设备应露天布置，室内布置时要加强通风，防止爆炸气体及粉尘的聚集；加热炉、明火设备与产生易燃易爆气体的设备应保持一定的间距（一般不小于18m），易燃易爆车间要采取防止引起静电和着火的措施。一般防火、防爆厂房应该独立设置，如果这类厂房必须和其他厂房连接时，必须用防爆墙（防火墙）隔开；车间内的防爆墙上的门窗应向外开。

热源尽量放置在车间外，如在车间内则要有降温设备。车间内工作地点的夏季空气温度规定见表3-13。

车间内夏季空气温度规定 **表3-13**

室外温度	＜22℃	23～28℃	29～32℃	＞33℃
工作地点与室外温差	10℃	9～4℃	3℃	2℃

冬季工作地点的温度要求，轻作业的不低于15℃，中作业的不低于12℃，重作业的不低于10℃。

要保证人员呼吸到足够的新鲜空气，每人每小时不少于$30m^3$的新鲜空气。通入风先经过人体，后通过污染源；通风的气量可按工业通风规定计算；处理过程中如有产生热量和毒物的设备应布置在多层厂房的上层。

如果设备产生较大的噪声就必须有降噪措施，如果不能很好地降噪，就必须有较好的个人防护，或减少人员接触噪声的时间。接触噪声的时间规定详见表3-14。

接触噪声的时间规定 **表3-14**

接触噪声值（dB）	85	88	91	94
允许接触时间（t/h）	8	4	2	1

具有尘、酸、碱性介质的车间应布置冲洗水源，应设置排水；人行道不应敷设有毒气体、液体管道；车间内有害物质不应超过最高容许浓度，如CO的浓度要求小于$30mg/m^3$，金属汞浓度要求小于$0.01mg/m^3$，甲醛的浓度要求小于$3mg/m^3$。

（5）满足建筑要求

凡是笨重的设备或运转时能产生很大振动的设备（如压缩机、离心机、大型通风机、破碎机等），尽可能布置在厂房的底层，并和其他生产部分分开，以减少楼面的荷重和振动，当不能布置在低层时，应由土建专业设计人员在建筑上采取有效的防振措施。

有剧烈振动的设备，其操作台和基础等不得和建筑物的柱、墙连在一起，以免影响建筑物的安全。

凡是产生腐蚀性介质的设备，除设备本身的基础需加防护外，还需考虑腐蚀介质对设备附近墙、柱等建筑构件的影响，必要时需加大设备与墙、柱间的距离。

设备布置时，应考虑到建筑物的柱子、主梁及次梁的位置，设备穿孔必须避开主梁。

厂房内所有操作台，必须统一考虑，避免平台支柱重复，影响整齐美观，影响生产操作及检修。

设备不应布置在建筑物的沉降缝或伸缩缝上，在厂房出入口、楼梯旁布置设备时，不得影响门的开启和行人的出入畅通。

在不严重影响工艺流程的原则下，较高设备尽量集中布置，这样可以简化厂房体形，节约厂房空间。另外，还可以利用建筑上的天窗等有利条件安装较高的设备。

2. 设备布置图的绘制

(1) 设备布置图的内容

设备布置图是指导设备布置与安装的主要图样，按正投影原理绘制，在项目工程的初步设计阶段和施工图设计阶段都要进行绘制。

设备布置图的图样包括平面图、立面图、剖视图、设备安装详图及管口方位图等，通常包括如下几个方面的内容：表示厂房建筑的基本结构和设备在厂房内外布置情况的平面和剖面视图；与设备布置有关的尺寸和建筑轴线的编号、设备的位号、名称等文字标注；指示设备安装方位基准的安装方位标；填写有设备位号、名称、规格型号、图号或标准号、数量等的设备一览表；注有图名、图号、比例、设计阶段与设计单位等的标题栏。

平面图反映设备平面的相互位置，当厂房为多层建筑时，应按楼层或不同的标高分别绘制平面图。各层平面图是以上一层的楼板底面水平剖切的俯视图。

设备布置立面图（或剖面图）是用来表达设备沿高度方向的布置安装情况，规定设备按不剖绘制，剖切位置及投影方向应按《房屋建筑制图统一标准》或《机械制图》国家标准在平面图上标注清楚。确定剖面图的数目，以完全、清楚地反映出设备与厂房高度方向的位置关系为准，剖面图下注明剖切的位置，及相应的剖视名称。

(2) 不同设计阶段的设备布置图

在项目设计的各个阶段，都需要绘制设备布置图，以便提供给有关部门讨论审查或作为进一步设计的依据。在施工图阶段绘制的设备布置图，不仅是项目施工设备安装就位的依据，同时也是设计部门各专业工程技术人员作为设计条件进行交流和联系的载体。在不同的设计阶段绘制的设备布置图表达的深度不同，表达的要求也不一样。

初步设计阶段只需绘制表达车间内设备布置情况的设备布置平面图，而设备的管口方位因尚未最后确定一般不予画出。厂房建筑一般也只表示出对基本结构的要求，而其他要求如设备安装孔洞、操作平台、基础等，则可不画，或简要表示。

施工图阶段需详细表达设备确定的安装位置，以及主要的设备管口位置与安装方向。厂房建筑除要求表达建筑物、构筑物的基本结构外，还需详细表达与设备安装定位有关的设备基础、操作平台、需预留的孔、洞、坑、沟等与设备安装相关的细部结构。同时还应给出安装方位标、设备一览表和设备安装详图等。

3.5.3 管道布置与设计

1. 管道简介

环境工程中常用的管道包括钢管（含无缝钢管、焊接钢管）、有色金属管（铜管、铝管）、不锈钢管、塑料管、复合管、铸铁管、混凝土管、陶瓷管以及钢板管道等。

(1) 工业管道分类与分级

目前国内的规范中，工业管道级别划分可分为两个体系。一是压力管道划分体系，主要涉及的规定有《压力管道安全技术监察规程　工业管道》TSG D0001—2009、《压力容器压力管道设计许可规则》TSG R1001—2008 等。另一个是工业管道的设计、施工及验收规范，主要涉及的规范有《工业金属管道设计规范》GB 50316—2000、《石油化工金属管道工程施工质量验收规范》GB 50517—2010、《石油化工剧毒、可燃介质管道工程施工及验收规范》SH 3501—2011、《工业金属管道工程施工质量验收规范》GB 50184—2011。两个体系中对流体类别的划分，以及管道级别的划分不尽相同，前者用于压力管道的设计、制造、安装、使用、维修、改造、检验等；后者主要用于工业金属管道的施工、检验和验收。但总的来说，上述规范对管道的划分非常详细，设计与施工时可具体查阅相关规范。

按照传统，根据输送介质的压力的不同，工业管道分为：低压管道、中压管道、高压管道和超高压管道，详见表 3-15。

管道按介质压力分类 **表 3-15**

序号	分类名称	公称压力 P_N（MPa）	序号	分类名称	公称压力 P_N（MPa）
1	低压管道	＜2.5	3	高压管道	10～100
2	中压管道	4～6.4	4	超高压管道	＞100

根据管道工作温度的不同，分为常温、低温、中温及高温管道等，详见表 3-16。

管道按介质温度分类 **表 3-16**

序号	分类名称	介质温度 T（℃）	序号	分类名称	介质温度 T（℃）
1	低温管道	T≤−40℃	3	中温管道	121℃＜T≤450℃
2	常温管道	−40℃＜T≤120℃	4	高温管道	450℃＜T

《通风与空调工程施工质量验收规范》GB 50243—2002 规定，通风管道系统按其系统的工作压力划分为低压系统、中压系统和高压系统三个类别，详见表 3-17。

风管系统类别划分 **表 3-17**

系统类别	系统工作压力 P（Pa）	密封要求
低压系统	P≤500	接缝和接管连接处严密
中压系统	500＜P≤1500	接缝和接管连接处增加密封措施
高压系统	P＞1500	所有的拼接缝和接管连接处，均应采取密封措施

（2）管径表示方法

《建筑给水排水制图标准》GB/T 50106—2010 规定，管径的单位应为“mm”，管径的表示方法应符合下列规定：

1）水煤气输送钢管（镀锌或非镀锌）、铸铁管等管材，管径宜以公称直径 DN 表示。

2）无缝钢管、焊接钢管（直缝或螺旋缝）等管材，管径宜以外径 D×壁厚表示。

3）铜管、薄壁不锈钢管等管材，管径宜以公称外径 Dw 表示。

4）建筑给水排水塑料管材，管径宜以公称外径 dn 表示。

5）钢筋混凝土（或混凝土）管，管径宜以内径 d 表示。

6）复合管、结构壁塑料管等管材，管径应按产品标准的方法表示。

7）当设计中均采用公称直径 DN 表示管径时，应有公称直径 DN 与相应产品规格对照表。

另外，空调管道、通风及除尘管道多采用薄钢板制作，其断面形状多为矩形、圆形等。矩形风管的管径采用外边长 $A \times B$ 表示，圆形风管直径采用外径 D 表示。

（3）常用管道简介

1）钢管

① 无缝钢管：无缝钢管是用钢锭或实心管坯经穿孔制成毛管，再经热轧制成热轧无缝钢管，或冷拔制成冷拔无缝钢管，其表面没有接缝。无缝钢管的规格通常用外径 $D\times$ 壁厚表示，如 $D108\times4$ 等。无缝钢管工作压力大（<20MPa），极限温度高，价格也较高。

② 焊接钢管：焊接钢管是由钢板或带钢等卷成筒状经焊接而成的钢管，按其焊缝的形式可分为直缝焊管和螺旋焊管，详见图 3-9 和图 3-10。普通焊接钢管工作压力比较小（<1MPa），价格较低。

图 3-9　直缝焊管

图 3-10　螺旋焊管

③ 镀锌钢管：热镀锌钢管是为了增强钢管的抗腐蚀能力，将钢管除锈后，放进热浸渡槽中，在钢管的内外表面上形成一层结构紧密的锌--铁合金层。镀锌钢管规格通常用公称直径 DN 表示，如 $DN80$ 等。另一种镀锌钢管称之为冷镀锌钢管，又名电镀锌钢管，其锌层是电镀层，锌层与钢管基体独立分层，锌层较薄，容易脱落，耐腐蚀性能差。目前，冷镀锌钢管已被淘汰。

④（镀锌）钢板管道：（镀锌）钢板通风管道是空调工程、通风、排烟系统中应用广泛的传统产品，采用（镀锌）钢板加工而成。（镀锌）钢板风管内壁光滑，阻力小，气密性好，承压强度高。

2）铸铁管

铸铁管是用铸铁浇铸成型的管道，分为给水铸铁管（球墨铸铁管，详见图 3-11）、排水铸铁管（灰口铸铁浇筑）等。其中，排水铸铁管又分为砂型铸铁管（老式砂型铸铁管，即人工翻砂铸铁管）和金属型离心铸铁管，其压力一般小于 0.3MPa。铸铁管抗腐蚀能力强，规格通常用公称直径 DN 表示，如 $DN150$ 等。

3）有色金属管

① 铜管：铜管分为黄铜管和紫铜管两种，是压制或拉制的无缝管，其规格通常用公称外径 Dw 表示，如 $Dw67$ 等。铜管耐腐蚀，导热性好。紫铜为纯铜，价格贵，硬度小，导热性能好。黄铜管含有其他合金，价格相对便宜，硬度大，但导热性能稍差。

② 铝管：铝管是指用纯铝或铝合金经挤压加工成型的管子，分为无缝铝管、普通挤压管。铝管耐腐蚀，重量轻，广泛应用于各行各业。

4）非金属管

① 塑料管：塑料管是以塑料树脂为原料，加入稳定剂等，在制管机内经挤压加工而成的管道，其规格通常用公称外径 dn 表示，如 $dn110$ 等。塑料管质轻，美观，耐腐蚀，易加工，施工方便。

② 陶土管：陶土管是由塑性耐火黏土上釉烧制而成，多为承插连接施工，早期做为小型排水管使用。陶土管具有水流阻力小、不透水、耐磨损、耐腐蚀等特点，适用于输送酸碱性较强的工业废水。陶土管主要缺点是管节较短，施工不方便，质脆易碎，抗压、抗弯、抗拉强度低。随着科技发展，我国在传统陶瓷管的基础上，发展了应用广泛的耐磨陶瓷管、陶瓷复合管、陶瓷内衬复合钢管、陶瓷贴片管等新产品。

③ 混凝土管：分为素混凝土管、钢筋混凝土管、自应力混凝土管和预应力混凝土管等，其规格通常用内径 d 表示，如 $d230$、$d380$。混凝土管节约钢材，使用寿命长。

④ 双壁波纹管：高密度聚乙烯（HDPE）双壁波纹管（详见图 3-12），是一种具有环状结构外壁和平滑内壁的新型管材，20 世纪 80 年代初在德国首先研制成功。双壁波纹管结构合理外形美观，摩阻系数小，强度高，抗振性能强，耐酸碱，抗腐蚀，阻燃能力强，综合造价低，使用寿命长，安装运输方便，主要应用于 0.6MPa 压力以下的供水、排水、排气、农田灌溉等领域。

图 3-11　球墨铸铁管

图 3-12　双壁波纹管

2. 常用管件简介

管道系统中起连接、控制、变向、分流、密封、支撑等作用的零件统称为管件。管件包括：管箍，内管箍，三通，四通，弯头，丝堵，法兰（盘），活接头等，详见图 3-13。

3. 常用阀门简介

（1）阀门型号

阀门型号由 7 个单元组成，用来表明阀门的类别、驱动方式、连接形式、结构形式、密封圈或衬里材料、公称压力、阀体材料等。

1）阀门类别：Z—闸阀，J—截止阀，Q—球阀，D—蝶阀，X—旋塞，H—止回阀，A—安全阀。

图 3-13　管件图

2）驱动方式：0—电磁动，1—电磁液动，2—电液动，3—涡轮，4—正齿动，5—伞齿动，6—气动，9—电动，手动则省略。

3）连接形式：1—内螺纹，2—外螺纹，4—法兰，6—焊接，7—对夹，8—卡箍。

4）结构形式：

① 闸阀：1—明杆楔式单闸，2—明杆楔式双闸，3—明杆平行单闸，4—明杆平行双闸，5—暗杆楔式单闸，6—暗杆楔式双闸；

② 截止阀：1—直通式，4—角式，5—直流式，6—平衡直通式，7—平衡角式。

5）密封圈或衬里材料：T—铜合金，X—橡胶，N—尼龙塑料，F—氟塑料，H—不锈钢，W—由阀体直接加工的阀座密封面。

6）公称压力（MPa）。

7）阀体材料：Z—灰铸铁，K—可锻铸铁，C—碳素钢，T—铜合金。

（2）常用阀门

常用的阀门详见图 3-14。

4. 室内管道布置原则

（1）管道系统划分

1）污染物混合可能引起燃烧、爆炸，或生成毒害更大，或腐蚀性的混合物（或化合物）时，不能合为一个系统。

2）不同温度气体混合引起管道内结露或积聚粉尘时，不能合为一个系统。

3）不同污染物混合影响回收利用时，不能合为一个系统。

Z15W（内螺纹闸阀）　Z941H（电动法兰闸阀）　J11W（内螺纹截止阀）

J41H（法兰截止阀）　H41T（水平止回阀）　H42W（升降止回阀）

D71X（手动对夹软密封蝶阀）　D343H（涡轮法兰硬密封蝶阀）

图 3-14　常用阀门插图

（2）管道布置要求

1）符合工艺流程要求，满足处理需要。

2）系统简洁、灵活、可靠，保证安全运行。

3）便于管道的安装、调控、维护与管理。

4）管道断面形状应与建筑结构相配合，整齐美观，节约材料。

5. 管道布置注意事项

（1）物料特性

1）输送易燃易爆物料时，管道应设安全阀、防爆阀、阻火器、水封等，且远离工作区和生活区。

2）腐蚀性物料的管道不能安装在通道上方，在管束中应设置在下方或外侧。

3）冷热管道尽量分开，一般热管在上，冷管在下。

4）流量大的排放点应靠近流体机械布置。

（2）管道布置应力求顺直，避免复杂的局部管件等，以减少阻力和噪声。

（3）管道与道路的关系：人行横道上方的管道与地面的净距＞2m，公路上方的管道与地面的净距＞4.5m，通过铁路的管道与铁路的净距＞6m，高压电线下不宜架设管道。

(4) 管材、管件选择与管道维护

1) 采用的管材和管件，应符合国家现行有关产品标准的要求。

2) 调节水量和水压时，宜采用调节阀、截止阀；安装空间小的场所，宜采用蝶阀、球阀；要求阻力小的部位，宜采用闸板阀、球阀等。

3) 管道断面形状要与建筑结构相配合，断面尺寸尽量标准化。

(5) 与工艺配合，注意敷设坡度的要求。需要泄空的水管，其横管宜设有 0.002～0.005 的坡度，并坡向泄水装置。

6. 管道系统设计计算

根据工艺流程设计、车间布置设计、设备布置设计和处理工艺操作要求等进行环境工程管道系统设计，其主要内容是进行处理工艺系统的计算及设计，绘制管道布置图，确定仪器仪表等。

环境工程管道系统的计算分为设计计算和校核计算两大类。

环境工程管道系统的设计计算又分为两种情况，一种情况是在系统布置、流量均已确定的基础上进行的，主要任务是在保证要求的流量分配前提下，确定系统的管径（或断面尺寸）和管道系统的压力损失，其程序一般由 5 个方面组成，即：绘制管道系统图，初选管内流速，确定管径，计算压力损失，选择动力设备等。另一种情况是在系统的流量、压力已经确定的情况下，计算管道的断面尺寸。下面以第一种情况为例介绍管道系统设计计算的步骤：

(1) 绘制管道系统图（又称轴测图、计算简图），对设计管段（两节点之间，没有流量变化且采用相同管径和坡度的一段管道）进行编号，标注其长度（管段长度按中心线长度计算，一般不扣除管件本身的长度）和流量。

(2) 选择合理的管内流速。当流量一定时，管内流速较大，则计算的管径较小，管道投资较省。但是，由于管内流速较高，压力损失也较大，流体机械的型号增大，流体机械的动力消耗增加，设备投资与运行费用都会增大，同时，管道与设备的磨损加大，噪声增加。反之，选择较小的流速时，管径增大，管道投资增加，压力损失减小，设备投资减小。所以，流速的选择原则是从技术与经济两个方面进行比较确定的。表 3-18 为液体流速经验参考值。

液体流速经验参考值 **表 3-18**

适用条件	管径（mm）	流速（m/s）	适用条件	管径（mm）	流速（m/s）
水泵吸水管	<200	1.0～1.2	室外长距离	<500	0.5～1.0
	>200	1.2～1.5		>500	1.0～1.5
水泵出水管	<200	1.5～2.0	泥浆		0.5～0.7
	>200	2.0～2.5	石灰乳		<1.0
一般管线		1.5～2.0			

《采暖通风与空气调节设计规范》GB 50019—2003 规定，一般工业建筑的机械通风系统，其风管（道）内的风速宜按表 3-19 采用。《水利水电工程采暖通风与空气调节设计规范》SL 490—2010 对风管（道）内的风速规定与此相同。

风管（道）内的风速（m/s）　　表 3-19

风管（道）类别	钢管及非金属风管	砖及混凝土风道
干管	6～14	4～12
支管	2～8	2～6

《采暖通风与空气调节设计规范》GB 50019—2003 还规定了除尘风管的最小风速，表 3-20 选择了规范中常见的粉尘形式。

除尘风管的最小风速（m/s）　　表 3-20

风管	粉尘类别								
	纺织	黏土	水泥	沙尘	钢铁	烟草灰	煤尘	焦炭	谷物
垂直	10	13	12	16	13	8	11	14	10
水平	12	16	18	18	15	10	13	18	12

（3）确定管径。根据所处理的流体流量和所选择的管内流速计算管径，即：

$$A = \frac{Q}{v} \tag{3-3}$$

式中　A——管道横截面积，m^2；

Q——流体体积流量，m^3/s；

v——流体平均流速，m/s。

如果管道为圆形截面，则有：

$$d = \sqrt{\frac{4Q}{\pi v}} \tag{3-4}$$

如果管道为矩形截面，则有：

$$a \times b = \frac{Q}{v} \tag{3-5}$$

式中　d——圆形管道直径，m；

a，b——矩形管道的两个边长，m。

一般说来，上述计算出来的管径不一定符合标准尺寸，所以，要根据实际情况进行适当调整，变成标准化管径。对于加工制作的通风管道，宜参考《通风与空调工程施工质量验收规范》GB 50243—2002，采用标准规格，且优先采用基本系列。

（4）计算压力损失

系统压力损失的计算步骤一般为：

1）确定最不利管路：最不利管路是指压力损失最大的管路，一般情况下多为距离最长的管路。

2）计算管路的摩擦压力损失：摩擦压力损失为管道单位长度摩擦阻力（详见相关规范、设计手册等）与计算管段长度的乘积。

3）计算管路的局部压力损失：局部压力损失计算方法有：局部阻力系数法，当量长度法，百分数估算法等，其具体数据详见相关规范、设计手册等。

4）进行并联管路阻力平衡：为了保证并联的各个管路能正常运行（保证各管路的设计计算流量），并联的各个管路的压力损失应尽可能相等或尽可能相接近。《采暖通风与空气调节设计规范》GB 50019—2003 规定，通风、除尘、空气调节系统各环路的压力损失应进行压力平衡计算。各并联环路压力损失的相对差额不宜超过下列数值：一般送、排风系统为 15%，除尘系统为 10%。并联管路阻力平衡的方法有：调整支管管径，调节支管阻力（设置阀门调节）等。

（5）选择动力设备

根据上述计算的最不利管路压力损失和系统流量，选择系统的动力设备（即流体机械，如风机、水泵等），一般有：

$$Q=(1+k_1)Q_{\max} \tag{3-6}$$

$$\Delta P=(1+k_2)\Delta P_{\max} \tag{3-7}$$

式中　Q，$Q_{\max}$——设备流量、系统最大的计算流量，m^3/h；

ΔP，$\Delta P_{\max}$——设备压力、系统最大压力损失，Pa，m；

k_1，k_2——流量增加系数、压力增加系数。

对于通风系统，风机流量安全系数主要考虑的是风管漏风量，应根据管道长短及其气密程度，按系统风量的百分率计算：一般送、排风系统 $k_1=5\%\sim10\%$，除尘系统 $k_1=10\%\sim15\%$；通风系统的计算压力损失也应进行附加，即一般送、排风系统 $k_2=10\%\sim15\%$，除尘系统 $k_2=15\%\sim20\%$。

选择水泵时，也应考虑到实际运行中可能出现的流量波动、管道结垢、设备老化以及一些其他特殊情况，水泵的流量与扬程均应比系统计算值适当增大，即：$k_1=10\%$，$k_2=10\%\sim20\%$。

【例 3-8】某实验室通风系统如图 3-15 所示，试通过对该通风系统的压力损失计算，确定风管规格尺寸，并选择风机。

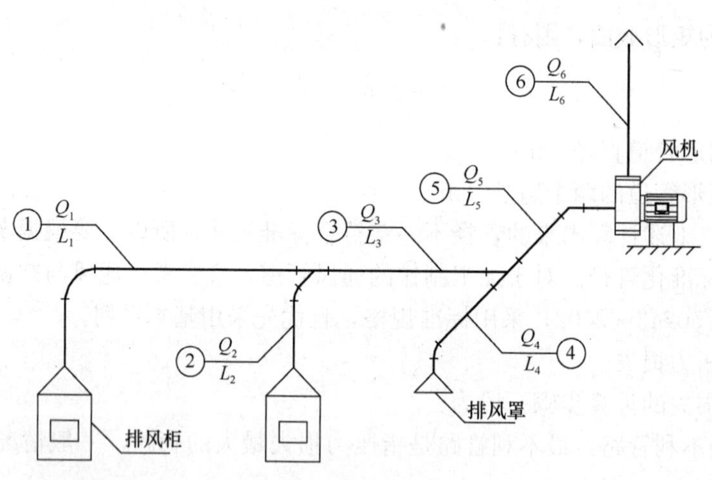

图 3-15　某排风系统计算简图

解：（1）各管段进行编号ⓘ（$i=1，2，3\cdots$），标注其长度 L_i 和流量 Q_i。

（2）参考表 3-19，初选管内风速 v_i。

（3）与实验室的建筑结构相配合，通风管道通常选择矩形断面。根据各管段的流量 Q_i 和风速 v_i 确定风管的横截面积 Ai，并参考《通风与空调工程施工质量验收规范》GB 50243—2002 的标准规格，确定矩形风管的两个边长 a_i 和 b_i。

（4）确定最不利管路为①—③—⑤—⑥。

（5）对应于①～⑥管段，其摩擦压力损失计算分别为 Δp_1、Δp_2、Δp_3、Δp_4、Δp_5、Δp_6。

（6）对应于①～⑥管段，其局部压力损失计算分别为 Δp_{m1}（包括排风柜、弯头和三通局部压力损失）、Δp_{m2}（排风柜、弯头和三通局部压力损失）、Δp_{m3}（两个三通局部压力损失）、Δp_{m4}（排风罩、弯头和三通局部压力损失）、Δp_{m5}（三通、弯头和变径管局部压力损失）、Δp_{m6}（变径管和风帽局部压力损失）。

（7）各并联环路压力损失的相对差额不宜超过15%，即：

$$\frac{\Delta p_1 + \Delta p_{m1} - \Delta p_2 - \Delta p_{m2}}{\Delta p_1 + \Delta p_{m1}} < 15\%$$

$$\frac{\Delta p_1 + \Delta p_{m1} + \Delta p_3 + \Delta p_{m3} - \Delta p_4 - \Delta p_{m4}}{\Delta p_1 + \Delta p_{m1} + \Delta p_3 + \Delta p_{m3}} < 15\%$$

（8）排风机参数计算：

排风机的排风量：$Q \geqslant (1+10\%)(Q_1 + Q_2 + Q_4)$

排风机压力：$\Delta P \geqslant (1+15\%)\ (\Delta P_1 + \Delta P_{m1} + \Delta P_3 + \Delta P_{m3} + \Delta P_5 + \Delta P_{m5} + \Delta P_6 + \Delta P_{m6})$

（9）选择风机：

根据排风机的排风量和压力以及机房的布置情况选择风机。

7. 管道布置图绘制

（1）图线及管道连接画法

环境工程专业涉及的专业较多，而不同专业对图线的规定有所不同，《建筑给水排水制图标准》GB/T 50106—2010可作为参考。该标准规定，图线的宽度 b 应根据图纸的类型、比例和复杂程度选用，一般宜为0.7mm或1.0mm，常用的各种线型宜符合表3-21规定。

线　型　　　　**表3-21**

名　称	线　宽	用　途
粗实线	b	新设计的各种排水和其他重力流管线
粗虚线	b	新设计的各种排水和其他重力流管线的不可见轮廓线
中粗实线	0.7b	新设计的各种给水和其他压力流管线；原有的各种排水和其他重力流管线
中粗虚线	0.7b	新设计的各种给水和其他压力流管线及原有的各种排水和其他重力流管线的不可见轮廓线
中实线	0.5b	给水排水设备、零（附）件的可见轮廓线；总图中新建的建筑物和构筑物的可见轮廓线；原有的各种给水和其他压力流管线
中虚线	0.5b	给水排水设备、零（附）件的不可见轮廓线；总图中新建的建筑物和构筑物的不可见轮廓线；原有的各种给水和其他压力流管线的不可见轮廓线
细实线	0.25b	建筑的可见轮廓线；总图中原有的建（构）筑物的可见轮廓线；制图中的各种标注线
细虚线	0.25b	建筑的不可见轮廓线；总图中原有的建筑物和构筑物的不可见轮廓线
单点长画线	0.25b	中心线、定位轴线
折断线	0.25b	断开界线
波浪线	0.25b	平面图中水面线；局部构造层次范围线；保温范围示意线等

《建筑给水排水制图标准》GB/T 50106—2010 规定了管道连接图例，详见表 3-22。

管道连接图例 **表 3-22**

名称	图例	名称	图例
法兰连接		盲板	
承插连接		弯折管	高 低 低 高
活接头		管道丁字上接	高 低
管堵		管道丁字下接	高 低
法兰堵盖		管道交叉	低 高

(2) 相关标注

1) 建（构）筑物

一般说来，环境工程管道的布置与建（构）筑物的联系较为紧密，所以，建（构）筑物的结构与构件常被作为管道布置的定位基准。管道布置平面图、剖面图均应标注建（构）筑物的定位轴线编号、定位轴线之间的分尺寸和总尺寸、地面标高、楼板标高、屋顶标高等。

2) 管道

在管道平面图和剖面图上标注管道的定位尺寸、标高、管道编号、管道规格以及物料的流向等。定位尺寸以“mm”为单位，标高单位以“m”表示，图中可不再注明。

设计图中在下列部位应标注标高：建（构）筑物内管道的起点、变坡点、变径点及交叉点；压力流管道中的标高控制点；管道穿外墙、剪力墙和构筑物的壁及底板等处。

室内工程应标注相对标高；室外工程宜标注绝对标高，当无绝对标高资料时，可标注相对标高，但应与总图专业一致。压力管道应标注管中心标高，重力流管道和沟渠宜标注管（沟）内底标高。

建筑内管道也可按本层地面标高加管道安装高度的方式标注管道标高，如 H+×.×××，其中 H 表示本层建筑地面标高。零点标高为±0.000，正数标高不注“+”，负数标高应注“-”。平面图中管道标高标注详见图 3-16，剖面图中管道标高标注详见图 3-17。

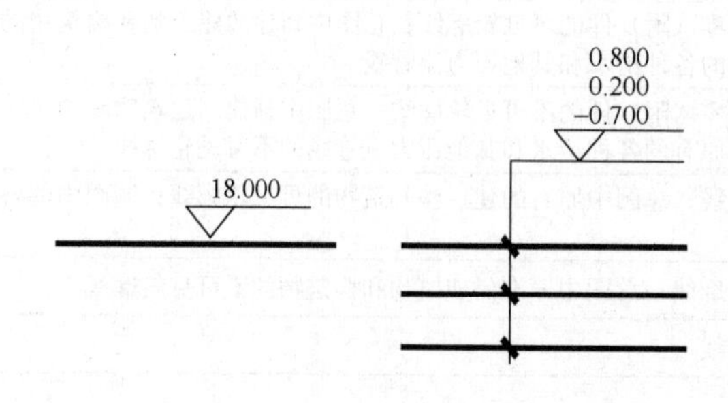

图 3-16 平面图中管道标高标注法

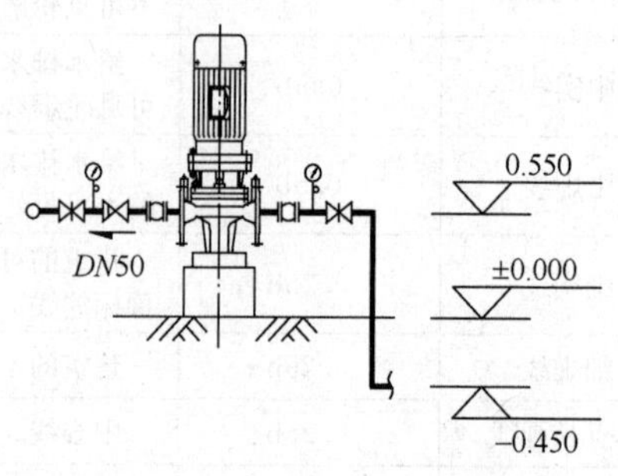

图 3-17 剖面图中管道标高标注法

(3) 管道布置图绘制

管道布置图可分为管道布置平面图、管道布置剖面图、系统图（包括轴测系统图）、管道加工大样图等。

1) 管道布置平面图绘制

管道布置平面图一般应与设备布置平面图相一致，按建筑标高平面分层绘制。管道布置平面图反映管道在平面上的相关位置，通常的比例为1∶50，1∶100，1∶200，1∶500等。平面图绘制时注意以下一些问题：

① 为突出平面图中的管道，首先清理建筑物平面图。将建（构）筑物的墙体线、轮廓线等改为细实线，保留轴线编号和轴线尺寸，并删除不必要的部分。

② 用中线绘出设备基础，用细线绘制设备轮廓、操作台轮廓、管道接口等，并用细实线标注设备编号（或名称）等。

③ 用粗线（中粗线）绘制管线，并用细实线标注管道编号、管道规格等。

④ 用规定或常用的符号，绘制管道上的阀门等。

⑤ 建筑物定位轴线、设备中心线为单点长画线，尺寸线、标注线均采用细实线。

⑥ 平面图尺寸单位（包括管径）一般不标注，均以“mm”表示，标高单位以“m”表示。

2) 管道布置剖面图绘制

当管道的空间走向较为复杂时，可采用管道布置剖面图（又称管道布置立面图）反映管道的空间位置，通常的比例为1∶50，1∶100，1∶200等。管道布置剖面图绘制时应注意以下几个方面的问题：

① 确定剖面图的数量，以完全、清楚反映出管道与厂房高度方向的空间关系为准，剖面图的剖切位置应选在能反映管道、设备、设施全貌的部位。

② 剖切线、投影方向等执行《房屋建筑制图统一标准》的规定，剖面图下注明剖切位置。

③ 用细实（虚）线绘出厂房（或局部厂房）的剖面图，用细线绘制设备外形及其管口，用中线绘制设备基础，用粗线（中粗线）绘制管道，用细实线标注管道编号、管道规格等。

④ 用规定或常用的符号，绘制管道上的阀门和仪表等。

⑤ 建筑物定位轴线、设备中心线为单点长画线，尺寸线、标注线均采用细实线。

⑥ 标高单位以“m”表示，其余尺寸单位以“mm”表示，一般不标注单位。

思考题与习题

1. 简述环境工程设计的步骤。

2. 简述环境工程设计的主要内容。

3. 简述环境工程设计的主要原则。

4. 简述场地选择步骤。

5. 简述工艺路线选择原则。

6. 某煤矿的矿井涌水依次经过无阀过滤池净化、澄清池净化、沉淀池净化后，一部分进入清水池供防尘使用，另一部分进入深度过滤池净化后供热泵机组使用，试绘制该矿井涌水净化处理的工艺方案流程框图。

7. 简述环境工程总平面设计要求以及园林绿化的主要功能。

8. 厂房布置设计需要哪些技术资料?

9. 简述厂房布置设计的原则和需要注意的事项。

10. 简述设备布置设计的原则和需要注意的事项。

11. 简述管道布置的注意事项。

12. 简述管道系统水力计算要点。

第4章　环境工程技术经济

4.1　环境工程项目投资

4.1.1　环境工程项目划分

按照不同的要素、不同的划分标准，环境工程项目可分为不同的类型。

（1）根据组成内容分类

根据组成内容，环境工程从大到小可划分为建设项目、单项工程、单位工程、分部工程和分项工程等。

1）建设项目

建设项目指具有设计任务书和总体设计，经济上实行独立核算，管理上具有独立组织形式的工程建设项目，如一个污水处理厂、一个学校、一个工厂等。一个建设项目往往由一个或几个单项工程组成。

2）单项工程

单项工程是指在一个建设项目中具有独立的设计文件，建成后能够独立发挥生产能力或工程效益的工程。它是工程建设项目的组成部分，应单独编制工程概预算。如：工厂中的生产车间、办公楼、住宅；学校中的教学楼、食堂、宿舍等。

3）单位工程

单位工程是指具有独立设计，可以独立组织施工，但建成后一般不能单独进行生产或发挥效益的工程。它是单项工程的组成部分。环境工程通常分为以下单位工程：土建工程（又可分为一般土建工程、构筑物和特殊构筑物工程）、水暖通风空调工程（给水排水、采暖、通风、空调工程）、工业管道工程（蒸汽、压缩空气、煤气管道）、电气工程（又可分为照明工程和弱电工程）等。

4）分部工程

分部工程是单位工程的组成部分，它是按单位工程部位、使用材料和工种的不同进一步划分出来的工程，是主要用于计算工程量和套用定额时的分类。例如，一般土建工程中的分部工程有：基础工程、墙体工程、钢筋混凝土工程、钢结构工程、木结构工程、门窗工程、楼地面工程、屋面工程、装饰工程等。

5）分项工程

通过较为简单的施工过程就可以生产出来，以适当的计量单位就可以进行工程量及其单价计算的建筑工程或安装工程称为分项工程。例如，基础工程中的分项工程一般有：土石方工程、降水工程、钢筋混凝土基础工程、砖石基础工程、桩基础工程、基础垫层工程等。图4-1为某污水处理厂工程按组成内容分类举例。

（2）根据是否形成生产产品能力分类

根据是否形成生产产品能力，可以把工程项目分为生产性工程项目和非生产性工程项

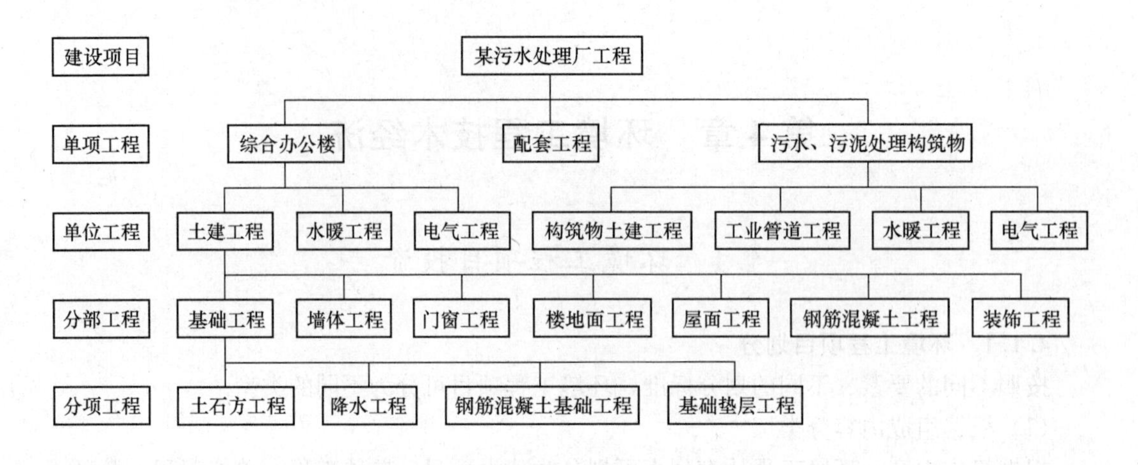

图 4-1 某污水处理厂工程分类

目。生产性工程项目是指形成物质产品生产能力的工程项目，例如工业、农业、交通运输、建筑业、邮电通信等产业部门的工程项目；非生产性工程项目是指不形成物质产品生产能力的工程项目，例如公用事业、文化教育、卫生体育、科学研究、社会福利事业、金融保险等部门的工程项目。

（3）根据建设目的分类

根据工程项目的建设目的，可以把工程项目分为基本建设工程项目（简称建设项目）、设备更新和技术改造工程项目。基本建设工程项目是指以扩大生产能力或新增工程效益为主要目的新建、扩建工程及有关方面的工作。建设项目一般在一个或几个建设场地上，并在同一总体设计或初步设计范围内，由一个或几个有内存联系的单项工程所组成，经济上实行统一核算，行政上有独立的组织形式，实行统一管理。通常是以企业、事业、行政单位或独立工程作为一个建设单位。更新改造项目是指对原有设施进行固定资产更新和技术改造相应配套的工程以及有关工作。更新改造项目一般以提高现有固定资产的生产效率为目的，土建工程量的投资占整个项目投资的比例按现行管理规定应在30%以下。

（4）根据建设性质分类

根据工程项目建设性质，可以把工程项目分为新建、扩建、改建、恢复和迁建项目。新建项目一般是指为经济、科学技术和社会发展而进行的投资项目。有的单位原有基础很小，经过建设后其新增的固定资产价值超过原有固定资产原值三倍以上的也算新建。扩建项目一般是指为扩大生产能力或新增效益而增建的分厂、主要车间、矿井、铁路干线、码头泊位等工程项目。改建项目一般是指为技术进步，提高产品质量，增加新式品种，促进产品升级换代，降低消耗和成本，加强资源综合利用、三废治理和劳动安全等，采用新技术、新工艺、新设备、新材料等而对现有工艺条件进行技术改造和更新的项目。迁建工程项目一般是指为改变生产力布局而将企业或事业单位搬迁到其他地点建设的项目。恢复项目一般是指因遭受各种灾害而使原有固定资产全部或部分报废，以后又恢复建设的项目。

（5）按建设总规模或总投资额分类

除此之外，还可以根据项目的建设规模或投资总额以及资本金的来源进行分类：

按项目的建设总规模或总投资额来划分，项目可分为大型项目、中型项目和小型项目等。生产单一产品的工业项目按产品的设计能力划分；生产多种产品的工业项目按其主要产品的设计能力来划分；生产品种繁多、难以按生产能力划分的按投资额划分。划分标准以国家颁布的《大中小型建设项目划分标准》为依据。

（6）按项目资本金的来源分类

按项目的资本金的来源为标准进行划分，项目可分为内资项目、外资项目和中外合资项目，其中内资项目是指运用国内资金作为资本金进行投资的工程项目；外资项目是指利用外国资金作为资本金进行投资的工程项目；中外合资项目是指运用国内和国外资金作为资本金进行投资的工程项目。

4.1.2　环境工程项目总投资构成

同我国的其他建设工程相同，环境工程项目的总投资是环境项目从建设前期准备工作开始到项目全部建成投资为止发生的全部费用，其总投资是由建设投资、建设期利息（建设期利息形成固定资产）、流动资金（流动资产投资）组成，详见图 4-2。

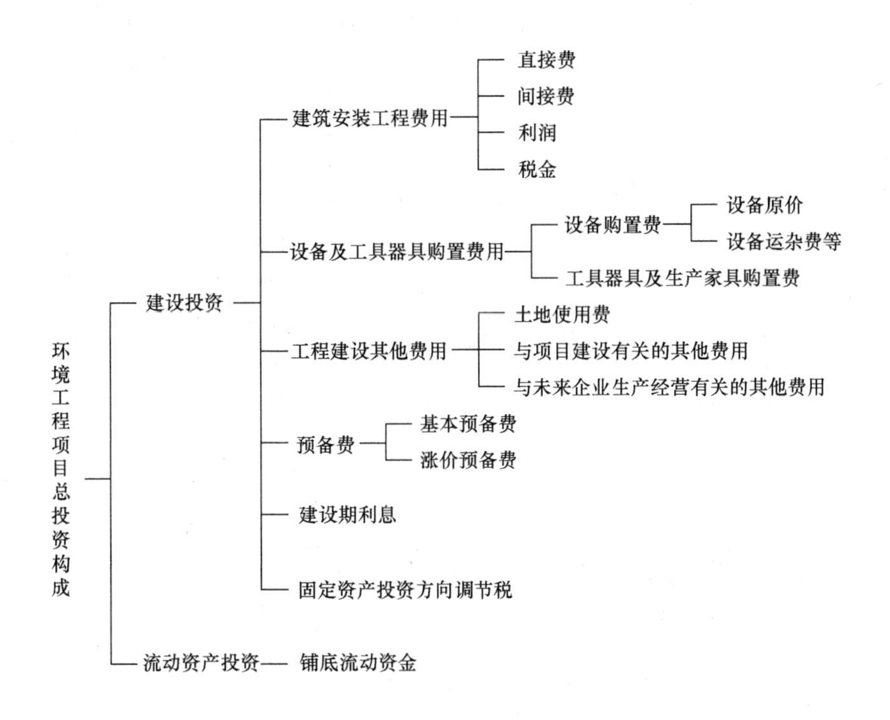

图 4-2　建设工程项目总投资构成

根据《建筑安装工程费用项目组成》（建标［2013］44 号文件），建筑安装工程费用项目按费用构成要素组成划分为人工费、材料费、施工机具使用费、企业管理费、利润、规费和税金。按工程造价形成顺序划分为分部分项工程费、措施项目费、其他项目费、规费和税金，详见图 4-3。

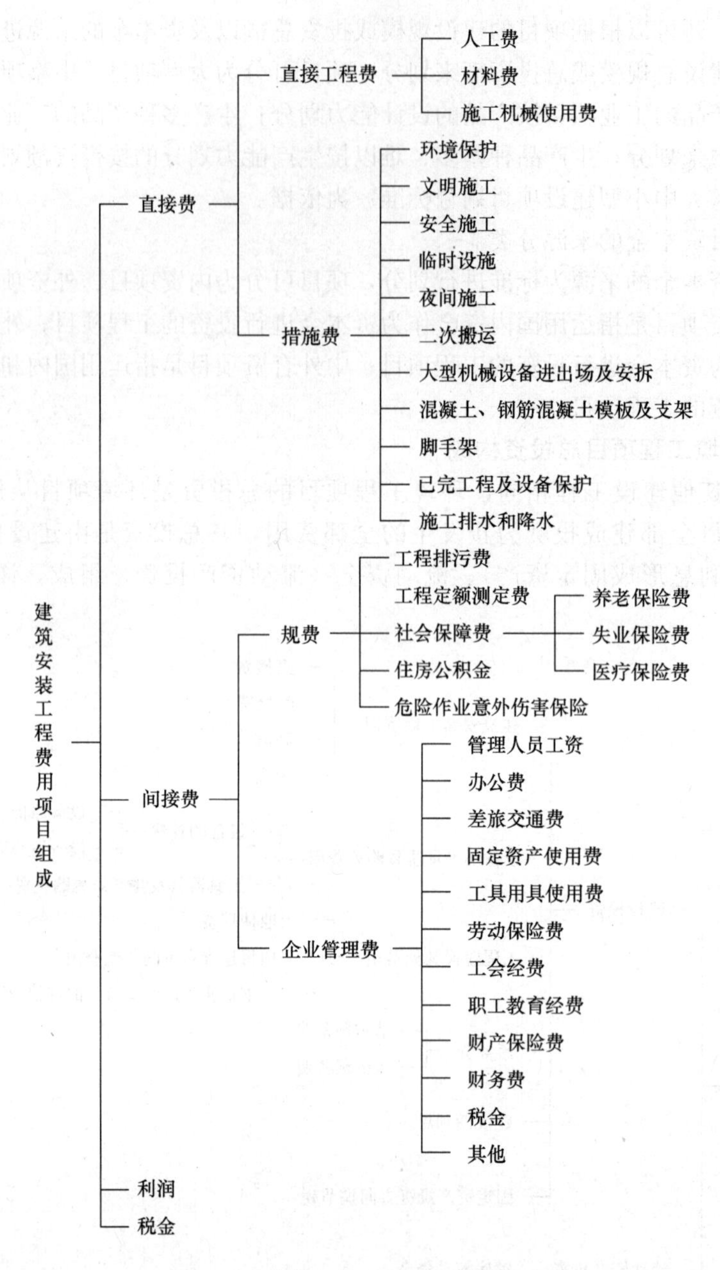

图 4-3　建筑安装工程费用项目组成

4.2　环境工程定额简介

工程定额是指在正常的施工条件下，完成规定计量单位的合格产品所必须消耗的人工、材料、机械设备及其资金的数量标准，即生产单位合格产品所耗费资材的标准。工程定额是一个综合概念，是建设工程计价和管理中各类定额的总称，反映了一定社会条件下的产品和生产消费之间的数量关系。工程定额的内容不仅规定了某些数据，还规定了主要的施工工序和工作内容，对全部施工过程都做了综合性考虑。

工程定额具有科学性、先进性、法令性、群众性、指导性、稳定性和发展性。工程定额的科学性和先进性表现为定额的编制是在认真研究客观规律的基础上，自觉遵循客观规律的要求，用科学方法确定各项消耗量标准。定额水平是大多数企业和职工经过努力能够达到的平均先进水平。工程定额的法令性是指定额一经国家、地方主管部门或授权单位颁发，有关施工企业单位都必须严格遵守和执行，不得随意变更定额的内容和水平。定额的法令性保证了工程统一的造价与核算尺度。工程定额的群众性是指定额的拟定和执行，都要有广泛的群众基础。定额的拟定通常采取工人、技术人员和专职定额人员三结合方式，反映工人的实际水平，并保持一定的先进性，使定额容易为广大职工所掌握。工程定额稳定性和发展性是指定额在一段时期内都表现出稳定的状态，一般在5～10年之间。但是，任何一种工程定额都只能反映一定时期的生产力水平，当生产力向前发展了，工程定额就要重新修订。

工程定额的作用：工程定额是组织施工并不断提高劳动生产率的依据和标准，是计划施工、合理安排劳动力的依据，是编制概预算的依据，也是根据按劳分配原则计算工资与奖金的依据。

工程定额可按照不同的原则和方法进行分类。按照定额反映的生产要素消耗内容分类，工程定额可划分为劳动消耗定额、材料消耗定额和机械消耗定额等三种。按照用途、编制程序和使用阶段分类，工程定额可划分为施工定额、预算定额、概算定额、概算指标和投资估算指标等五种。按照专业分类，工程定额可划分为建筑及安装工程定额（包括建筑及装饰工程定额、房屋修缮工程定额、市政工程定额、铁路工程定额、公路工程定额、矿山井巷工程定额等)、设备及安装工程定额（包括电气设备安装工程定额、机械设备安装工程定额、热力设备安装工程定额、通信设备安装工程定额、化学工业设备安装工程定额、工业管道安装工程定额、工艺金属结构安装工程定额等）两种。按照管理权限和主编单位分类，工程定额可划分为全国统一定额、行业统一定额、地区统一定额、企业定额、补充定额等五种。

环境工程涉及建设领域的方方面面，相关的工程定额适用于相应的环境工程项目。各种定额的相互关系详见表4-1。

各种定额相互关系 **表4-1**

	施工定额	预算定额	概算定额	概算指标	投资估算指标
对象	施工过程	分项工程	扩大分项工程	单位工程	建设项目 单项工程 单位工程
用途	编制施工预算	编制施工图预算	编制设计概算	编制初步设计概算	编制投资估算
项目划分	最细	细	较粗	粗	很粗
定额水平	平均先进	平均	平均	平均	平均
定额性质	生产性定额	计价性定额	计价性定额	计价性定额	计价性定额

4.2.1 环境工程施工定额简介

施工定额是指在正常施工组织条件下，企业班组或个人完成单位合格施工产品所消耗人工、材料和机械台班的数量标准。

施工定额是施工企业内部进行工程管理（即编制施工计划，编制人工、材料、机械需要计划，签发工程任务单，进行经济核算等）的一种定额，也是预算定额的基础。施工定额一般由劳动消耗定额、材料消耗定额和机械台班使用定额（简称人、材、机，或工、料、机）三部分组成。

1. 劳动消耗定额

劳动消耗定额又称劳动定额，或人工定额，是规定工人在正常施工组织条件下劳动生产率的平均合理定额，其表现形式有时间定额和产量定额两种。

（1）时间定额

时间定额是指某专业等级工人或生产班组，在正常的施工组织和合理使用材料的条件下，完成单位合格产品所必需的工作时间，包括基本工作时间、辅助工作时间、准备和结束工作时间、不可避免的中断时间以及必要的休息时间等。时间定额以工日或工时为计量单位，一个工人工作 8 小时为一个标准工日。常见的时间定额的计量单位为：工日/m^3、工日/10m、工日/t、工日/座等。定额中的人工工日多采用综合工日，即不分工种和技术等级，包含了完成该子项内容的所有用工，其内容包括基本用工、超运距用工、和人工幅度差等。单位产品时间定额的计算公式为：

$$单位产品时间定额=\frac{1}{每工产量} \tag{4-1}$$

或

$$单位产品时间定额=\frac{班组成员工日数总和}{班组产量} \tag{4-2}$$

（2）产量定额

产量定额是指某专业等级工人或生产班组，在正常的施工组织和合理使用材料的条件下，在单位工日里完成合格产品数量的标准。产量定额的计量单位通常为：m/工日、10m/工日、kg/工日、t/工日等。产量定额的计算公式为：

$$每工产量=\frac{1}{单位产品时间定额} \tag{4-3}$$

或

$$班组产量=\frac{班组成员工日数总和}{单位产品时间定额} \tag{4-4}$$

由此可见，产量定额与时间定额互为倒数关系，即：

$$时间定额\times 产量定额=1 \tag{4-5}$$

中华人民共和国劳动和劳动安全行业标准《建设工程劳动定额》LD/T 74—2008 于 2009 年 1 月 8 日经中华人民共和国人力资源和社会保障部、住房和城乡建设部审查批准并联合发布。该劳动定额分五个专业（共 30 项标准），分别是建筑工程、装饰工程、安装工程、市政工程、园林绿化工程。其中，安装工程设 4 项标准，分别是管道安装工程、电气安装工程、刷油防腐保温工程、通风空调工程等。该劳动定额为单式表格形式，采用 6 位码标识，劳动消耗量均以“时间定额”表示，以“工日”为单位，其定额水平为社会平均水平。表 4-2 是从《建设工程劳动定额》节选的安装工程中室内钢管安装（螺纹连接，手工套丝）时间定额，单位为“工日”（即工日/10m）。

工作内容：预留管洞、检查及清扫管材、修洞堵洞、切管、套丝、上管件、调直、栽钩钉及卡子、一次性水压试验等操作过程。

室内钢管安装螺纹连接时间定额　单位为工日/10m　　**表 4-2**

定额编号	CA0001	CA0002	CA0003	CA0004	CA0005	CA0006	CA0007	CA0008
项目	公称直径（≤mm）							
	20	32	50	70	80	100	125	150
综合	1.58	1.91	2.41	2.58	2.73	3.09	3.43	3.93

注：本标准以手工操作为准，若采用机械套丝乘以系数 0.8

【例 4-1】 钢管加工时，某工人班组在 1 小时内对 *DN*25 的钢管能切断 18 个口，或能套 15 个丝头，或能安装 25 个零件。若以切断一个口并套丝和组装好 1 个零件算完成 1 件产品，试求小时产量定额是多少？

解：先求时间定额：(1/18)＋(1/15)＋(1/25)＝0.163 工时

小时产量定额则为：1/0.163＝6.135 件/h

2. 材料消耗定额

材料消耗定额，简称材料定额，是指在节约与合理使用材料条件下，生产单位合格产品所必须消耗一定规格的材料、半成品、配件等的数量标准，包括材料的净用量和必要的施工损耗量。

确定材料净用量和材料损耗量定额的方法通常分为现场技术测定、实验室试验、现场统计和理论计算等。

3. 机械消耗定额

机械消耗定额又称机械台班使用定额，简称机械台班定额，是指在正常施工组织条件下，生产单位合格产品所必须消耗的机械台班数量标准，其基本表现形式有：机械时间定额和机械产量定额。机械消耗定额反映了在合理组织作业和使用机械时，该机械在单位时间内的生产效率。

机械时间定额是指在正常施工组织条件下，某种施工机械完成单位合格产品所必须消耗的机械工作时间。所谓一个台班，是指（工人使用）1 台机械工作 8 小时，它既包括机械的运行，又包括工人的劳动。

机械产量定额则是指在单位时间内，班组工人操作机械完成合格产品的数量。机械产量定额用单位时间的产品计量单位表示，如“m/台班”、“kg/台班”、“t/台班”等。与劳动定额中的关系相似，机械时间定额与机械产量定额也互为倒数关系，即：

$$\text{机械时间定额} \times \text{机械产量定额} = 1 \tag{4-6}$$

4.2.2 环境工程预算定额简介

预算定额，是指在正常的施工组织条件下，完成单位合格分项工程或构件所需消耗人工、材料和机械台班数量及相应费用的标准。预算定额是在施工定额的基础上综合扩大编制，由国家或授权机关组织编写、审批并颁布执行，是基本建设预算制度中重要的技术经济法规。

1. 预算定额的作用

(1) 预算定额是编制施工图预算、确定工程预算造价的基本依据。施工图设计完成后，工程预算造价便取决于预算定额的水平和人工、材料及机械台班的价格。预算定额起着控制工程产品价格的作用。

（2）预算定额是国家对基本建设进行经济管理的重要工具之一。通过预算定额，国家将全国基本建设投资和资源消耗量控制在一个合理的水平上，制定基本建设计划。

（3）预算定额是对设计方案进行技术经济分析比较的工具。工程设计应遵循安全适用、技术先进、经济合理、确保质量、保护环境的原则，即要从安全、技术和经济等方面优化方案，取得较好的经济效益。

（4）预算定额是合理编制招标控制价和投标报价的基础。随着市场经济的发展，预算定额的指令性作用被削弱，但其作为编制招标控制价的依据和施工企业报价的基础性作用依然存在，这是预算定额本身的科学性和指导性所决定的。

（5）预算定额是施工企业进行经济核算和编制施工计划的依据。预算定额消耗量指标是施工过程中的最高标准，它为施工单位的施工组织设计提供了控制依据。

（6）预算定额是编制概算定额和概算指标的基础资料。概算定额是在预算定额基础上综合扩大编制的，使两种定额的水平保持一致。

2. 预算定额的编制依据和编制程序

（1）预算定额的编制原则

为了保证预算定额的质量，充分发挥预算定额的作用，在编制工作中应遵循以下原则：

1）按社会平均水平确定预算定额的原则。预算定额是确定和控制工程造价的主要依据，它必须遵照价值规律的客观要求，即按生产过程中所消耗的社会必要劳动时间确定定额水平。

2）简明适用原则。预算定额的项目应齐全，并注意补充新技术、新工艺、新材料的定额项目。分项工程划分应适宜，主要的、常用的、价值量大的项目划分宜细，次要的、不常用的、价值量较小的项目划分可粗一些。

（2）预算定额的编制依据

1）国家和有关部委颁发的全国通用的设计规范、施工与验收规范、操作规程、质量评定标准、安全操作规程等。

2）现行的全国统一劳动定额、施工材料消耗定额和机械台班使用定额。

3）通用的标准图集、定型设计图纸和有代表性的设计图纸或图集。

4）技术成熟并推广使用的新技术、新材料和先进的施工方法，保证预算定额的先进合理性。

5）有关可靠的科学实验、统计资料、经验分析资料，提高预算定额的准确性。

6）现行的预算定额、材料预算价格及有关文件规定等，保证预算定额的延续性。

（3）预算定额编制程序

预算定额的编制，可分为准备工作、收集资料、编制定额、报批和修改定稿等5个阶段，其中定额编制阶段的主要工作为：

1）确定完成各分项工程所包括的工作内容、施工方法和质量标准等。

2）根据劳动定额的分项、计量单位等来考虑划分预算定额的分项和计量单位，使两套定额的口径尽量一致。

3）根据测算取定的各种工程量和施工定额，来确定各分项工程的劳动力、材料和施工机械台班消耗量。

3. 预算定额编制方法

(1) 预算定额消耗量编制

确定预算定额人工、材料、机械台班消耗指标时，先按施工定额的分项逐项计算出消耗指标，然后再按预算定额的项目加以综合，并适当增加两种定额之间的水平差。

1) 人工工日消耗量

人工的工日数一般是以劳动定额为基础确定。当劳动定额缺项时，可采用以现场观察测定资料为基础进行计算。

预算定额中人工工日消耗量是由分项工程所综合的各个工序的劳动定额所包括的基本用工和其他用工两部分组成。其中，基本用工是指完成一定计量单位的分项工程或构件的各项工作的施工任务所必须消耗的技术工种用工，按技术工种相应劳动定额的工时定额计算，以不同工种列出定额工日，即：

基本用工＝∑（综合取定的工程量×劳动定额） (4-7)

其他用工是辅助基本用工消耗的工日，包括超运距用工、辅助用工和人工幅度差用工等。

2) 材料消耗量

材料消耗量的计算方法有：

① 对于标准规格的材料，按规范要求计算定额计量单位的耗用量，如砖等；

② 对设计图纸上标注尺寸及下料要求的材料，按图纸计算材料净用量，如管道等；

③ 对于各种胶结、涂料等材料的配合比用料，可根据要求进行换算，得出材料用量，即换算法；

④ 对于需要试配的混合料，采用实验室试验法和现场观察法进行测定，即测定法。

材料消耗量与材料净用量的关系为：

材料消耗量＝材料净用量×[1＋损耗率(%)] (4-8)

3) 机械台班消耗量

预算定额中机械台班消耗量通常是用施工定额中机械台班产量加上机械台班幅度差进行计算。机械台班幅度差是指在施工定额中所规定的范围内没有包括，但在实际施工中又不可避免产生的影响机械或使机械停歇的时间，即：

预算定额机械台班＝施工定额机械台班× [1＋机械台班幅度差系数 (%)] (4-9)

(2) 预算定额基价编制

预算定额基价就是预算定额分项工程或构件的单价，包括人工费、材料费和机械（台班使用）费，也称人材机单价、或工料机单价，其编制方法为各自的消耗量与之单价乘积，其计算公式为：

分项工程预算定额基价＝人工费＋材料费＋机械费 (4-10)

人工费＝∑（现行预算定额中人工工日消耗量×人工日工资单价） (4-11)

材料费＝∑（现行预算定额中各种材料消耗量×相应材料单价） (4-12)

$$机械费=\sum（现行预算定额中机械台班消耗量\times机械台班单价） \qquad (4\text{-}13)$$

预算定额基价是根据现行定额和当地的价格水平编制的，具有相对的稳定性。但是，为了适应市场价格的变动，在编制预算时，则应根据工程造价管理部门发布的调价文件对预算单价进行修正。

表 4-3 是从 2001 版北京市建设工程预算定额（第五册　给水排水、采暖、燃气工程）（上侧）节选的室内低压镀锌钢管（螺纹连接）安装预算定额。其计算规则为：*DN*32 以内丝接钢管安装定额中已综合了管卡，*DN*32 以外管道的支吊架另行计算。管道工程量按图示管道中心线长度以米计算，不扣除阀门、管件及其附件等所占的长度。

室内低压镀锌钢管（螺纹连接）安装预算定额（节选）　　表 4-3

工作内容：预留管洞，场内搬运，检查及清扫管材，修洞堵洞，切管、套丝、上管件、调直，栽管卡，管卡刷漆，一次水压试验。　　单位：m

定额编号					1-1	1-2	1-3	1-4
项　目					公称直径（mm 以内）			
					15	20	25	32
基　价（元）					11.59	22.03	28.28	32.74
其中	人工费（元）				5.74	9.36	10.82	10.93
	材料费（元）				5.62	12.17	16.78	21.14
	机械费（元）				0.23	0.50	0.68	0.67
名　称			单位	单价（元）	数　量			
人工	82011	综合工日	工日	32.530	0.147	0.258	0.298	0.301
	82013	其他人工费	元	—	0.080	0.130	0.160	0.160
材料	01053	镀锌钢管 *DN*15	m	3.990	1.020	—	—	—
	01054	镀锌钢管 *DN*20	m	5.190	—	1.020	—	—
	01055	镀锌钢管 *DN*25	m	7.450	—	—	1.020	—
	01056	镀锌钢管 *DN*32	m	9.630	—	—	—	1.020
	18207	镀锌钢管接头零件 *DN*15	个	0.520	1.637	—	—	—
	18208	镀锌钢管接头零件 *DN*20	个	0.790	—	1.152	—	—
	18209	镀锌钢管接头零件 *DN*25	个	1.190	—	—	0.978	—
	18210	镀锌钢管接头零件 *DN*32	个	1.850	—	—	—	0.803
	09001	管卡综合 *DN*25 以内	个	0.450	0.310	0.273	0.322	—
	09002	管卡综合 *DN*50 以内	个	0.640	—	—	—	0.322
	09233	镀锌铜丝 8 号～12 号	kg	3.850	0.014	0.039	0.044	0.015
	02001	水泥（综合）	kg	0.366	0.134	0.371	0.420	0.450
	04025	砂子	kg	0.036	0.808	2.237	2.533	2.714
	11165	机油	kg	4.670	0.023	0.017	0.017	0.016
	11063	铅油	kg	7.300	0.014	0.012	0.013	0.012
	84004	其他材料费	元	—	0.220	0.250	0.330	0.380
机械	84023	其他机具费	元	—	0.230	0.230	0.390	0.380

4.2.3 环境工程概算定额简介

概算定额，是在预算定额的基础上，合并相关的分项工程，进行综合、扩大而成。原国家计划委员会、建设银行总行在计标（1985）352号文件中指出，概算定额和概算指标由省、市、自治区在预算定额基础上组织编写，分别由主管部门审批，报国家计划委员会备案。所以，没有全国统一的概算定额，只有各地区的概算定额。

概算定额与预算定额的相同之处在于，两者都是以建（构）筑物各个结构部分和分部分项工程为单位表示的，内容也都包括人工定额、材料定额和机械台班使用定额三个基本部分。两者表达的主要内容、主要方式及基本使用方法均相近。概算定额与预算定额的不同之处在于项目划分和综合扩大程度上的差异，概算定额比预算定额更简化一些。另外，两者的使用阶段也不一样。

1. 概算定额的作用

概算定额的主要作用有以下几个方面：

（1）概算定额是编制初步设计概算和扩大初步设计修正概算的主要依据。

（2）概算定额是主管部门确定基本建设项目投资额，编制基本建设计划，实行基建包干，控制基建拨款以及考核工程设计是否经济合理的依据。

（3）概算定额是控制施工图预算的依据。

（4）概算定额是编制概算指标的依据。

（5）概算定额还可以作为向基本建设计划提供主要材料的参考。

2. 概算定额的编制原则和编制依据

（1）概算定额编制原则

概算定额编制应贯彻社会平均水平和简明适用的原则。概算定额的内容和深度是以预算定额为基础的综合和扩大，所以，在合并中不得遗漏或增设项目，以保证其严密性和正确性。同时，概算定额水平与预算定额水平之间应保留必要的幅度差（幅度差一般在5%以内）。

（2）概算定额编制依据

1）国家和有关部委颁发的全国通用的设计规范、施工与验收规范、操作规程、质量评定标准、安全操作规程等。

2）通用的标准图集、定型设计图纸和有代表性的设计图纸或图集；

3）现行的预算定额、人工工资标准、材料价格、机械台班单价及相关价格资料等。

3. 概算定额编制方法

概算定额基价和预算定额基价一样，都只包括人工费、材料费和机械费，是通过编制扩大单位估价表确定单价。概算定额基价和预算定额基价的编制方法基本相同，详见下列公式：

$$\text{概算定额基价}=\text{人工费}+\text{材料费}+\text{机械费} \tag{4-14}$$

$$\text{人工费}=\text{现行概算定额中人工工日消耗量}\times\text{人工单价} \tag{4-15}$$

$$\text{材料费}=\sum(\text{现行概算定额中各种材料消耗量}\times\text{相应材料单价}) \tag{4-16}$$

$$\text{机械费}=\sum(\text{现行概算定额中机械台班消耗量}\times\text{相应机械台班单价}) \tag{4-17}$$

表4-4是从2004版北京市建设工程概算定额（第六册 给水排水、采暖、燃气工程）节选的室内给水钢管安装概算定额。其计算规则为：所有给水排水管道安装，不分地上安装与埋设均执行同一定额，焊接钢管不分丝接和焊接均执行同一定额。建筑物外墙轴线1.5m以内的管道工程量，已综合在管道安装相应子目中。

室内给水钢管安装概算定额（节选） **表4-4**

工作内容：管道安装，管架、填料套管制作安装，管道水压试验、消毒冲洗及刷漆等。 单位：m

定额编号					3-1	3-2	3-3	3-4
项　目					镀锌钢管			
					公称直径（mm以内）			
					15	20	25	32
概算基价（元）					20.15	22.03	28.28	32.74
其中	人工费（元）				9.54	9.36	10.82	10.93
	材料费（元）				10.10	12.17	16.78	21.14
	机械费（元）				0.51	0.50	0.68	0.67
名　称			单位	单价（元）	消耗量			
人工	82000	综合工日	工日	—	0.263	0.258	0.298	0.301
	82013	其他人工费	元	—	0.130	0.130	0.160	0.160
材料	01362	镀锌钢管（综合）	kg	4.200	1.437	1.869	2.776	3.586
	01361	焊接钢管（综合）	kg	3.600	0.324	0.323	0.394	0.504
	01014	圆钢Φ10以内	kg	3.400	0.067	0.052	0.052	0.053
	01033	普通钢板δ=16～20	kg	4.600	0.025	0.025	0.025	0.025
	02001	水泥综合	kg	0.350	0.452	0.622	0.658	0.660
	84004	其他材料费	元	—	2.400	2.650	3.180	3.740
机械	84023	其他机具费	元	—	0.510	0.500	0.680	0.670

4.2.4 环境工程概算指标简介

概算指标是一种以单位工程为对象，以建筑面积(m^2、$100m^2$)、体积(m^3、$100m^3$)、一座构(建)筑物或者成套设备装置(台、组、套)为计量单位，规定的人工、材料、机械台班的消耗量标准和造价指标。概算指标比概算定额更进一步扩大和综合，更加简化。

概算指标在表现形式上分为综合指标（按建筑及其结构类型制定的概算指标）和单项指标（为某种构筑物或建筑物编制的概算指标）两种形式。综合概算指标的概括性较大，而单项概算指标的针对性则更强。

1. 概算指标的作用

（1）概算指标是编制概算书、确定工程概算造价的依据。

（2）概算指标是设计方案比较和技术经济分析的依据。

（3）概算指标是编制固定资产投资计划，确定投资额和主要材料计划的主要依据。

（4）概算指标可以作为编制项目建议书、可行性研究报告等前期工作阶段投资估算的参考。

2. 概算指标的编制依据与编制步骤

(1) 概算指标编制依据

1) 国家和有关部委颁发的全国通用的设计规范、施工与验收规范、操作规程、质量评定标准、安全操作规程等。

2) 通用的标准图集、定型设计图纸和有代表性的设计图纸或图集。

3) 现行的概算定额、预算定额及补充定额。

4) 人工工资标准、材料预算价格、机械台班预算价格及相关价格资料等。

5) 各类工程造价资料。

(2) 概算指标的编制步骤

概算指标的编制包括准备阶段、收集资料阶段、编制阶段和审核定稿阶段。其中，编制阶段的主要工作为：选定图纸，根据图纸资料计算工程量，编制单位工程预算书，确定单位工程预算造价，确定人工、材料、机械消耗指标以及单位造价的经济指标。

4.2.5 环境工程投资估算指标简介

投资估算指标是以独立的建设项目、单项工程或单位工程为计算对象，综合了项目全过程投资和建设中的各类成本与费用，是一种扩大的技术经济指标。

投资估算指标是编制项目建议书、可行性研究报告等前期工作阶段投资估算的依据，也可以作为编制固定资产长远规划投资额的参考。投资估算指标在固定资产的形成过程中起着投资预测、投资控制、投资效益分析的作用，是合理确定项目投资的基础。投资估算指标中的主要材料消耗量也是一种扩大的材料消耗量指标，可以作为计算建设项目主要材料消耗量的基础。

1. 投资估算指标的编制原则

作为项目建设前期估算投资的技术经济指标，投资估算指标不但要反映实施阶段的静态投资，还必须反映项目建设前期和交付使用期内发生的动态投资。以投资估算指标为依据编制的投资估算，包含了项目建设的全部投资额。所以，投资估算指标比其他各种计价定额具有更大的综合性和概括性。投资估算指标的编制工作除应遵循一般定额的编制原则外，还必须坚持下述原则：

(1) 投资估算指标项目的确定，应考虑以后几年编制建设项目建议书和可行性研究报告投资估算的情况。

(2) 投资估算指标的分类、项目划分、项目内容、表现形式等要结合各专业的特点，并且要与项目建议书、可行性研究报告的编制深度相适应。

(3) 投资估算指标的编制内容、典型工程的选择等，必须遵循国家的有关建设方针政策，符合国家技术发展方向，贯彻国家高科技政策和发展方向，使指标的编制既能反映正常建设条件下的造价水平，也能适应今后若干年的科技发展水平。

(4) 投资估算指标的编制要反映不同行业、不同项目和不同工程的特点，在内容上既要贯彻指导性、准确性和可调性的原则，又要有一定的深度和广度。

(5) 投资估算指标的编制要贯彻静态和动态相结合的原则，既要考虑到在市场经济中建设条件、实施时间、建设期限等因素的不同，又要考虑到建设期的动态因素，即价格、建设期利息、涉外工程的汇率等因素等“动态”因素对投资估算的影响，并对动态因素给出必要的调整办法和调整参数，使指标具有较强的实用性和可操作性。

2. 投资估算指标的编制

（1）投资估算指标的内容

投资估算指标一般可分为建设项目综合指标、单项工程指标和单位工程指标三个层次。建设项目综合指标一般以项目的综合生产能力为单位的投资进行表示，如“元/t”、“元/kW”，或以使用功能表示，如在医院的建设工程中，以“元/床位”进行表示。单项工程指标一般以单项工程生产能力单位投资表示，如锅炉房：“元/蒸汽吨”，供水站：“元/m^3”。单位工程指标按建筑安装工程费表示，如水塔工程，区别不同结构层及容积，以“元/座”表示；管道工程，区别不同材质及管径，以“元/m”表示。

（2）投资估算指标的编制方法

投资估算指标的编制一般分为三个阶段，即收集整理资料阶段、平衡调整阶段和测算审查阶段。

4.3 环境工程项目概预算编制

按照建设程序，环境工程计价工作包括投资估算、设计概算（三阶段设计时增加修正概算）、施工图预算、施工预算、竣工结算与竣工决算等。

4.3.1 环境工程投资估算编制

投资估算一般是指在建设项目前期的工作阶段，建设单位向国家申请拟建项目或国家对拟建项目进行决策时，确定建设项目在规划、项目建议书、可行性研究、设计任务书等不同阶段的相应投资总额而编制的经济文件。它是在投资决策阶段，以方案设计或可行性研究文件为依据，按照规定的程序和方法，对拟建项目所需总投资及其构成进行的预测和估计。

1. 投资估算的作用

投资估算既是建设项目技术经济评价和投资决策的重要依据，也是该项目实施阶段投资控制的目标，在环境工程项目建设的投资决策、造价控制及资金筹措等方面都起着重要作用，具体表现为：

（1）它是决定拟建项目是否需要继续进行研究的依据。

（2）它是审批项目建议书、可行性研究报告的依据。

（3）它是审批设计任务书的重要依据。

（4）它是环境工程设计招标、优选设计方案、优选设计单位的重要依据。

（5）它是国家编制中长期规划、保持合理比例和投资结构的重要依据。

2. 投资估算内容

目前，我国建设项目的投资估算可分为项目规划阶段的投资估算、项目建议书阶段的投资估算、初步可行性研究阶段的投资估算和可行性研究阶段的投资估算等四个阶段。

根据《建设项目投资估算编审规程》CECA/GC1—2007规定，按照编制估算的工程对象划分，投资估算分为建设项目投资估算、单项工程投资估算和单位工程投资估算等。投资估算文件一般由封面、签署页、编制说明（包括工程概况，编制范围，编制方法，编制依据，主要技术经济指标，有关参数与率值选用说明，特殊问题说明等）、投资估算分析（包括工程投资比例分析，各种费用比例，影响投资因素，与类似工程项目的比较等）、总投资估算（包括各单项工程估算汇总，工程建设其他费，基本预备费，价差预备费，建设期利息等）、单项工程投资估算（包括各单项工程的建筑安装工程费，设备及工器具购置费）、工程建设其他费用估算、主要技术经济指标等内容组成。

3. 投资估算编制

（1）投资估算编制依据

1）国家、行业和地方政府的相关规定。

2）拟建项目建设方案确定的各项工程建设内容。

3）工程勘察与设计文件。

4）行业部门、当地（项目所在地）工程造价管理机构编制的投资估算办法、投资估算指标、概算指标（定额）、工程建设其他费用定额（规定）、综合单价、价格指数及相关造价文件等。

5）类似工程的各种技术经济指标与参数。

6）当地人工、材料、设备市场价格等。

7）相关的工程地质资料、设计文件等。

8）其他技术经济资料等。

（2）投资估算编制步骤

根据阶段的不同，投资估算主要包括项目建议书阶段的投资估算和可行性研究阶段的投资估算。可行性研究阶段的投资估算编制一般包含静态投资部分、动态投资部分和流动资金估算三个部分。投资估算的编制步骤主要为：

1）分别估算各单项工程的建筑工程费、安装工程费、设备及工器具购置费。在汇总各单项工程费用的基础上，估算工程建设其他费用和基本预备费，完成工程项目静态投资部分的估算。

2）估算价差预备费和建设期利息，完成工程项目动态投资部分的估算。

3）估算流动资金。

4）估算建设项目总投资。

（3）静态投资部分的估算方法

静态投资部分估算的方法较多，各有其适用的条件和范围，且误差也不相同。在项目规划和建议书阶段，投资估算的精度较低，可采用简单的匡算法，如单位生产能力估算法、生产能力指数法、系数估算法、比例估算法或混合法等。在可行性研究阶段，投资估算精度要求高，采用指标估算法。

指标估算法是依据投资估算指标，对各单位工程或单项工程费用进行估算，进而估算建设项目总投资的方法，是投资估算的主要方法。首先把拟建的建设项目以单项工程或单位工程按建设内容纵向划分为各个主要生产设施、辅助设施、公用设施、行政及福利设施以及各项其他基本建设费用，再按费用性质横向划分为建筑工程、安装工程、设备及工器具购置等费用。然后，根据各种具体的投资估算指标，进行各单位工程或单项工程投资的估算，汇编成拟建项目的各个单项工程费用和工程费用投资估算，进而估算工程建设其他费、基本预备费等，形成拟建建设项目静态投资。

1）建筑工程费估算

建筑工程费用的估算方法有单位建筑工程投资估算法、单位实物工程量投资估算法和概算指标投资估算法等。其中，前两种方法适用在有适当估算指标或类似工程造价资料时使用。

① 单位建筑工程投资估算法。单位建筑工程投资估算法是以单位建筑工程费用乘以建筑工程总量来估算建筑工程费的方法。根据所选择建筑单位的不同，该方法又可分为单位长度价格法、单位面积价格法、单位容积价格法和单位功能价格法等，其计算规则大同小异。单位容积价格法，是先用已竣工项目的建筑工程费用除以该建筑容积，得到单位容积价格，然后将此结果应用到拟建项目中，估算拟建项目的建筑工程费，其公式见式（4-18）。环境工程中的化粪池、隔油池、沉淀池等构筑物项目，多套用规模相当、结构形式相近、建筑标准相适应的投资估算指标或类似工程造价资料，采用单位容积价格法进行估算。

$$\text{建筑工程费}=\text{单位容积建筑工程费指标}\times\text{建筑工程容积} \tag{4-18}$$

② 单位实物工程量投资估算法。单位实物工程量投资估算法是以单位实物工程量的建筑工程费乘以实物工程量来估算建筑工程费的方法，其公式详见式（4-19）。环境工程中的总平面竖向布置、厂区管网挖填土方等项目，通常分别以立方米、平方米、延长米、座为单位，套用技术标准、结构形式相适应的投资估算指标或类似工程造价资料，采用单位实物工程量投资估算法进行估算。

$$\text{建筑工程费}=\text{单位实物工程量建筑工程费指标}\times\text{实物工程总量} \tag{4-19}$$

③ 概算指标投资估算法。概算指标投资估算法是把整个建设项目依次分解为单项工程、单位工程、分部工程和分项工程，分别套用有关概算指标和定额编制投资估算，是较为详细的估算投资方法，其公式详见式（4-20）。

$$\text{建筑工程费}=\sum\text{分部分项实物工程量}\times\text{概算指标} \tag{4-20}$$

2）安装工程费估算

① 工艺设备安装费估算。以单项工程为单元，根据其专业特点和各种具体的估算指标，按设备费百分比指标进行估算；或根据单项工程设备总重，采用单位重量指标进行估算（环境工程中各种泵类多采用单位重量指标进行估算），即：

$$\text{安装工程费}=\text{设备原价}\times\text{设备安装费率}（\%） \tag{4-21}$$

$$\text{安装工程费}=\text{设备重量}\times\text{单位重量安装费指标} \tag{4-22}$$

② 工艺金属结构、工艺管道费用估算。以单项工程为单元，根据设计选用的材质、规格等，套用技术标准、施工方法相适应的投资估算指标或类似工程造价资料进行估算，即：

$$\text{安装工程费}=（\text{面积、体积、重量}）\text{总量}\times\text{单位量}（\text{面积、体积、重量}）\text{安装费指标} \tag{4-23}$$

③ 变配电、自控仪表安装工程费估算。一般以单项工程为单元，先按材料费占设备费百分比投资估算指标计算出安装材料费，再分别根据相适应的占设备百分比或占材料百分比的投资估算指标或类似工程造价资料估算设备安装费和材料安装费，即：

$$材料费=设备原价\times材料费占设备费百分比 \tag{4-24}$$

$$材料安装费=材料费\times材料安装费率(\%) \tag{4-25}$$

3）设备及工器具购置费估算

设备购置费根据项目主要设备表及价格、费用资料进行编制。工器具购置费则按设备费的一定比例计取。对于价值高的设备应按单台（套）估算购置费，价值较小的设备可按类别估算，国内设备与进口设备应分别估算。

4）工程建设其他费用估算

工程建设其他费用的计算应结合拟建项目的具体情况，有合同或协议明确的费用按合同或协议列入，否则应根据国家和行业部门、当地政府的有关规定和计算办法进行估算。

5）基本预备费估算

基本预备费的估算一般是以建设项目的工程费用和工程建设其他费用之和为基础，乘以基本预备费率进行计算，即：

$$基本预备费=(工程费用+工程建设其他费用)\times基本预备费率(\%) \tag{4-26}$$

（4）动态投资部分的估算方法

动态投资部分包括价差预备费和建设期利息两部分。动态投资部分的估算应以基准年静态投资的资金使用计划为基础进行计算。

1）价差预备费

价差预备费是指为在建设期内利率、汇率或价格等因素的变化而预留的可能增加的费用，也称为价格变动不可预见费。估算汇率变化对项目投资的影响，是通过预测汇率在建设期内的变动程度，以估算年份的投资额为基数，相乘求得。

2）建设期利息

建设期利息主要是指在建设期内发生的为工程项目筹措资金的融资费用及债务资金利息。建设期利息包括银行借款和其他债务资金的利息以及其他融资费用等。在项目前期阶段，可粗略估算并计入建设投资。

（5）流动资金估算

流动资金是指生产经营性项目投产后，为进行正常生产运营，用于购买原材料、燃料、支付工资及其他经营费用等所需的周转资金。流动资金估算一般采用分项详细估算法，小型项目可采用扩大指标法。

分项详细估算法是根据项目的流动资产和流动负债，估算项目所占用流动资金的方法。进行流动资金估算时，首先计算各类流动资产和流动负债的年周转次数，然后再分项估算占用资金额（如应收账款，预付账款，存货，现金等）。

扩大指标估算法是根据现有同类企业的实际资料，求得各种流动资金率指标，也可以依据行业或部门给定的参考值或经验确定比率，将各类流动资金率乘以相对应的费用基数来估算流动资金。扩大指标估算法简便易行，准确度不高，适用于项目建议书阶段的估算。

表 4-5 为单项工程投资估算汇总表的编制格式，表 4-6 为项目总投资估算汇总表的编制格式。

单项工程投资估算汇总表 **表 4-5**

工程名称： 第　页　共　页

序号	工程和费用名称	估算价值（万元）				技术经济指标				
		建筑工程费	设备及工器具购置费	安装工程费	工程建设其他费用	合计	单位	数量	单位价值	比例（%）
一	工程费用									
（一）	主要生产系统									
1	××车间									
	土建工程									
	给水排水工程									
	通风工程									
	管道工程									
	设备安装									
	…									
	小计									
2	××车间									
	…									

编制人： 审核人：

项目总投资估算汇总表 **表 4-6**

工程名称： 第　页　共　页

序号	工程和费用名称	估算价值（万元）				技术经济指标				
		建筑工程费	设备及工器具购置费	安装工程费	工程建设其他费用	合计	单位	数量	单位价值	比例（%）
一	工程费用									
（一）	主要生产系统									
1	××车间									
2	××车间									
（二）	辅助生产系统									
1	××车间									
2	××车间									
（三）	公用及福利设施									
1	锅炉房									
2	水泵房									
3	变电所									
（四）	外部工程									
1	××工程									
2	××工程									
	小计									
二	工程建设其他费用									
1	×费									
2	×费									
	小计									
三	预备费									
1	基本预备费									
2	价差预备费									
	小计									
四	建设期利息									
五	流动资金									
	投资估算合计（万元）									
	比例（%）									

编制人： 审核人：

4.3.2 环境工程设计概算编制

设计概算是用来确定建设项目总造价的文件，是在初步设计或扩大初步设计阶段（又称技术设计），根据初步设计，结合概算定额或概算指标进行的概略计算，是设计文件的组成部分。采用两阶段设计的建设项目，初步设计阶段应编制设计概算。采用三阶段设计时，扩大初步设计阶段应编制修正概算。

1. 设计概算作用

设计概算是工程造价在设计阶段的表现形式，其主要作用是控制以后各阶段的投资，具体表现为：

（1）设计概算是确定和控制建设投资额的依据，是编制固定资产投资计划的依据。设计概算投资应包括建设项目从立项、可行性研究、设计、施工、试运行到竣工验收等全部建设资金。设计概算一经批准，将作为控制建设项目投资的最高限额。

（2）设计概算是控制施工图设计和施工图预算的依据，也是实行建设项目投资大包干的依据。设计概算批准后不得任意修改和调整，如确有必要，必须经原批准部门重新审批。竣工结算不能突破施工图预算，施工图预算不能突破设计概算。

（3）设计概算是衡量设计方案的经济合理性和优选设计方案的依据。

（4）设计概算是编制招标控制价（招标标底）和投标报价的依据。以设计概算进行招投标的工程，招标单位以设计概算作为编制标底及评标定标的依据。

（5）设计概算是签订建设工程合同和贷款合同的依据，也是制订工程计划的依据。合同法规定，建设工程合同价款是以设计概、预算价为依据，且总承包合同不得超过设计总概算的投资额。银行贷款或各单项工程拨款的累计总额不能超过设计概算。

（6）设计概算是基本核算工作的重要依据，是考核建设项目投资效果的依据。通过设计概算、施工图预算和竣工结算对比，可验证设计概算的准确性，有利于加强建设项目的造价管理工作。

2. 设计概算的编制内容与编制依据

（1）设计概算编制内容

设计概算文件的编制应采用单位工程概算、单项工程综合概算、建设项目总概算三级概算编制形式。当建设项目为一个单项工程时，可采用单位工程概算、总概算两级概算编制形式。

单位工程概算是以初步设计文件为依据，按照规定的程序、方法和依据，计算单位工程费用的成果文件，是编制单项工程综合概算或项目总概算的依据，是单项工程综合概算的组成部分。单位工程概算按其工程性质可分为建筑（及安装）工程概算、设备及安装工程概算两大类。建筑（及安装）工程概算包括土建工程概算，给水排水、采暖工程概算，通风、空调工程概算，电气照明工程概算，弱电工程概算，特殊构筑物工程概算等；设备及安装工程概算包括机械设备及安装工程概算，电气设备及安装工程概算，热力设备及安装工程概算，工器具及生产家具购置费概算等，详见图 4-4。

单项工程概算是以初步设计文件为依据，在单位工程概算的基础上汇总单项工程费用的成果文件，是建设项目总概算的组成部分。

建设项目总概算则是在单项工程综合概算的基础上计算建设项目概算总投资的成果文件，由各单项工程综合概算、工程建设其他费用、预备费、建设期利息和铺底流动资金汇总编制而成。

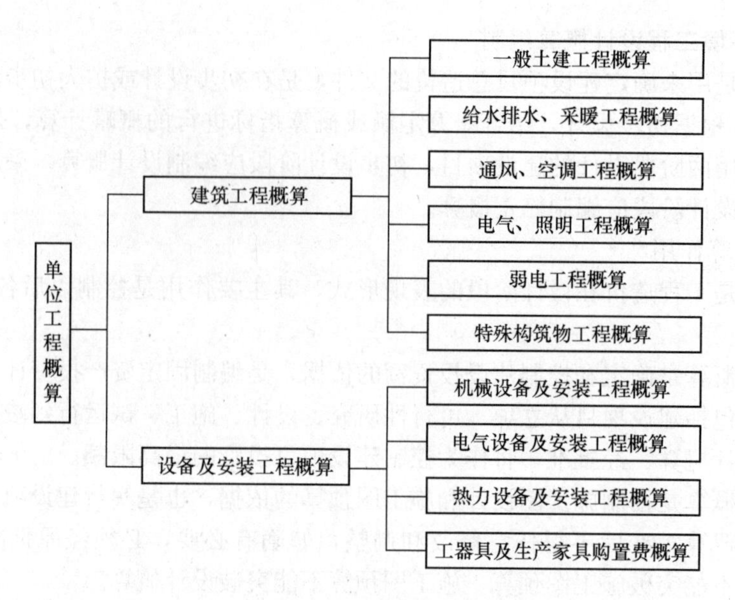

图 4-4　单位工程概算的组成内容

（2）设计概算编制依据

1）国家、行业和地方政府有关建设和造价管理的法律、法规、规章、规程、标准等。

2）相关文件和费用资料：包括批准的建设项目设计任务书，勘察资料，初步设计或扩大初步设计文件，设计概算定额、类似工程概预算及技术经济指标，当地人工工资标准、材料预算价格、施工机械台班预算价格，设备价格资料，各类造价信息和指数，费用标准，资金筹措方式或资金来源，与项目相关的文件、合同、协议等。

3）施工现场资料：包括建设场地资料，当地的自然条件、经济条件、社会条件，项目的技术复杂程度，建设项目的准备情况等。

3. 单位工程概算编制

单位工程概算由单位建筑（及安装）工程概算、单位设备及安装工程概算两大类组成。建筑（及安装）工程概算的编制方法有概算定额法、概算指标法、类似工程预算法等；设备及安装工程概算的编制方法有预算单价法、扩大单价法、设备价值百分比法和综合吨位指标法等。

（1）建筑（及安装）工程概算

1）概算定额法

概算定额法又称扩大单价法，是当初步设计或扩大初步设计较深化，各种设计要求较为明确时，套用概算定额编制建筑（及安装）工程概算的方法。其步骤为：

① 收集资料。收集相关资料，熟悉相关定额和设计文件，了解现场情况、相关的施工条件和施工方法等。

② 计算工程量。按照概算定额所规定的工程量计算标准，根据设计图纸计算工程量，并将各分项工程量按概算定额编号顺序，填入工程概算表内。

③ 确定概算定额单价。对应于各分项工程量计算，逐项套用相应概算定额基价、单位人工费、单位材料费和单位机械费，分别将其填入工程概算表内。

④ 计算直接工程费和措施费。分别将各分项工程量与相应的定额基价以及单位人工费、

材料费、机械费相乘，得出各分项工程的直接工程费、人工费、材料费和机械费。汇总各分项工程后，即可得到单位工程的直接工程费以及单位工程的人工费、材料费和机械费。

依据当地的相关规定和取费标准，计算措施费。直接工程费与措施费汇总，即成直接费。

如果需要人工、材料和机械消耗量，则可将各分项工程量与概算定额中相应的单位人工、材料、机械消耗量分别相乘，得出各分项工程的人工、材料、机械消耗量，汇总后便得到单位工程的工料机总消耗量。

⑤ 计算间接费、利润和税金。根据直接费，按照各项取费标准分别计算间接费、利润和税金。一般地，建筑部分间接费的计算基数为直接费，建筑部分利润的计算基数为直接费与间接费之和。而安装部分的间接费基数与利润基数均为人工费。即：

$$间接费=直接费(或人工费)\times间接费费率(\%) \tag{4-27}$$

$$利润=(直接费+间接费，或人工费)\times利润率(\%) \tag{4-28}$$

$$税金=(直接工程费+间接费+利润)\times综合税率(\%) \tag{4-29}$$

⑥ 计算单位工程概算造价（即建筑及安装工程费用）：

$$单位工程概算造价=直接费+间接费+利润+税金 \tag{4-30}$$

⑦ 编写概算编制说明。

2）概算指标法

概算指标法是用拟建建（构）筑物的面积（或体积）乘以技术条件基本相同的概算指标而得出直接工程费，然后按规定计算措施费、间接费、利润和税金等，得出单位工程概算的方法。在初步设计深度较浅、尚无法准确估算工程量时，或设计方案急需造价估算而又有类似工程概算指标时，可采用概算指标法编制设计概算。

利用概算指标编制设计概算，可选用两种方法：

① 以指标中所规定的每平方米、立方米造价，乘以拟建单位工程的建筑面积或建筑体积，得出直接工程费，再计算其他费用，求出单位工程概算造价，即：

$$直接工程费=概算指标每\ m^2(或\ m^3)工程造价\times拟建工程面积(体积) \tag{4-31}$$

② 以概算指标中规定的每 $100m^2$ 建筑物面积（或 $1000m^3$ 体积）所消耗人工工日数、主要材料数量为依据，首先计算拟建工程人工、主要材料消耗量，再计算直接工程费，并取费。该方法通过套用概算指标中的工日消耗量和主要材料消耗量，再套用拟建地区的人工费单价和主材预算单价，便可得到每 $100m^2$（或 $1000m^3$）建（构）筑物的人工费和主材费，而无须再做价差调整。

如果拟建工程结构特征与概算指标有局部差异时，则应对概算指标进行调整后方可套用。调整方法见相关资料，在此不作介绍。

3）类似工程预算法

类似工程预算法是利用类似既有工程（在结构、层次、构造特征、面积、层高等方面均类似）的造价资料来编制拟建工程设计概算的方法。当拟建工程初步设计与已竣工工程或在建工程的设计相类似，而又没有可用的概算指标时可采用类似工程预算法。

类似工程预算法对条件有所要求，即有可比性。当所选择的类似工程与拟建工程基本类似时，采用类似工程预算法时尚应对结构差异和价差进行调整。

（2）设备及安装工程概算

单位设备及安装工程概算包括单位设备及工器具购置费概算、单位设备安装工程费概算两大部分。

1）设备及工器具购置费概算

设备及工器具购置费是根据初步设计的设备清单计算出设备原价，汇总出设备总原价，然后按有关规定的设备运杂费率乘以设备总原价，两项相加后再考虑工器具及生产家具购置费，即为设备及工器具购置费概算。

2）设备安装工程费概算

① 预算单价法。当初步设计设备清单较详细时，可直接根据安装工程预算定额单价编制安装工程概算，其程序与安装工程施工图预算基本相同。

② 扩大单价法。当初步设计较浅，设备清单不详细，只有主体设备或仅有成套设备重量时，可采用主体设备、成套设备的综合扩大安装单价编制概算。

③ 设备价值百分比法，又称安装设备百分比法。当初步设计深度不足，只有设备出厂价而无详细规格、重量时，安装费可按占设备费的百分比来计算。该方法常用于价格波动不大的定型产品或通用设备产品，其计算公式为：

$$设备安装费=设备原价\times安装费率（\%） \tag{4-32}$$

④ 综合吨位指标法。当初步设计提供的设备清单有规格和设备重量时，可根据相关主管部门制定（或既有类似工程）的综合吨位指标编制概算。该方法常用于价格波动较大的非标设备或引进设备的安装工程概算，其计算公式为：

$$设备安装费=设备吨位\times每吨设备安装费指标（元/t） \tag{4-33}$$

单位设备及安装工程概算的表格形式见表 4-7。

设备及安装工程概算表 **表 4-7**

工程名称： 第 页 共 页

序号	定额编号	工程项目或费用名称	单位	数量	单价（元）					合价（元）				
					设备费	主材费	定额基价	其中		设备费	主材费	定额费	其中	
								人工费	机械费				人工费	机械费
一		设备安装												
1	××	××												
2	××	××												
二		管道安装												
1	××	××												
2	××	××												
三		防腐保温												
1	××	××												
2	××	××												
		小计												
		工程综合取费												
		合计（单位工程概算费用）												

编制人： 审核人：

4. 单项工程综合概算编制

单项工程综合概算是确定单项工程建设费用的综合性文件，由该单项工程的各专业单位工程概算汇总而成，是建设项目总概算的组成部分。单项工程综合概算文件一般由编制说明（不编制总概算时列入）、综合概算表（含其所附的单位工程概算表和建筑材料表）两部分组成。当建设项目只有一个单项工程，此时的综合概算文件（实为总概算）尚应包括工程建设其他费用、建设期利息、预备费的概算。

编制说明的内容包括：工程概况，编制依据，编制方法，主要设备及材料的数量，主要技术经济指标，工程费用计算表，引进设备材料有关费率取定及依据，引进设备材料从属费用计算表，其他说明等。

综合概算表是根据单项工程所辖范围内的各单位工程概算等基础资料，按国家或部委所规定统一表格进行编制，其格式详见表 4-8。

单项工程综合概算表 **表 4-8**

建设项目名称： 单项工程名称： 单位：万元 第 页 共 页

序号	概算编号	工程项目和费用名称	概算价值							其中：引进部分	
			设计规模和主要工程量	建筑工程	安装工程	设备购置	工器具及生产家具购置	其他	总价	美元	折合人民币
一		主要工程									
1	×	××××									
2	×	××××									
二		辅助工程									
1	×	××××									
2	×	××××									
三		配套工程									
1	×	××××									
2	×	××××									
		单项工程概算费用合计									

编制人： 审核人：

5. 建设项目总概算编制

建设项目总概算是整个建设项目从筹建到竣工交付使用所花费的全部费用的文件，由各单项工程综合概算、工程建设其他费用、建设期利息、预备费和经营性项目的铺底流动资金概算组成。

设计总概算文件应包括：编制说明、总概算表、各单项工程综合概算书、工程建设其他费用概算表、主要材料汇总表等。独立装订成册的总概算文件尚应加封面、签署页（扉页）和目录。总概算表格式详见表 4-9。

总概算表 **表 4-9**

总概算编号： 工程名称： 单位：万元 第 页 共 页

序号	概算编号	工程项目和费用名称	概算价值						其中：引进部分		占总投资比例（%）
			建筑工程	安装工程	设备购置	工器具及生产家具购置	其他费用	合计	美元	折合人民币	
1	2	3	4	5	6	7	8	9	10	11	12
		第一部分　工程费用									
		一、主要生产和辅助生产项目									
1		××厂房									
2		××车间									
3		仓库									
		…									
		小计									
		二、公用设施项目									
4		锅炉房									
5		水泵房									
6		变电所									
7		室外管道									
		…									
		小计									
		三、服务项目									
8		职工住宅									
9		医院									
10		食堂									
11		公共浴室									
		…									
		小计									
		第一部分　工程费用合计									
		第二部分　其他费用项目									
12		土地征用费						√			
13		建设管理费					√	√			
14		研究试验费					√	√			
15		生产工人培训费					√	√			
16		办公和生活用具购置费					√	√			
17		联合试车费						√			
18		勘察设计费						√			
		…									
		第二部分其他费用项目合计					√	√			
		第一部分、第二部分费用项目						√			
		预备费									
		建设期利息									
		铺底流动资金									
		建设项目概算总投资									
		其中回收金额									
		投资比例									

编制人： 审核人：

【例 4-2】某生产楼位于山西省某地，其室外给水排水及消防工程概算包括构筑物建筑工程概算、给水排水及消防安装工程概算两部分（即土建部分和安装部分）。该室外给水排水及消防工程概算采用概算定额法，详见表 4-10～表 4-16，其编制依据为：设计说明书及初步设计图纸，国家和地方政府有关建设和造价管理的法律、法规和规程，批准的建设项目设计任务书、可行性研究报告及主管部门的有关规定，山西省建筑安装工程概算定额（2003 版），山西省工程建设其他费用标准（2009 版），山西省建设工程费用定额（2011 版）和有关费用规定的文件，现行的当地人工、设备、材料、机械台班价格，建设单位提供的有关概算的其他资料、文件、合同、协议等。

建筑工程概算表 **表 4-10**

单位工程名称：某生产楼室外给水排水及消防工程（土建部分） 第 1 页 共 1 页

序号	定额编号	工程或费用名称	单位	数量	单价（元）				合价（元）			
					定额基价	人工费	材料费	机械费	金额	人工费	材料费	机械费
1	10-118	地下式钢筋混凝土水池 250m^3	座	1	92310.00				92310.00			
2	12-173	地下式钢筋混凝土化粪池 3 号	座	1	15499.02				15499.02			
3	12-204	圆形阀门井	座	6	782.52				4695.12			
4	12-226	污水检查井	座	5	1140.09				5700.45			
5	12-234	雨水井	座	5	620.69				3103.45			
6	12-236	矩形水表井	座	2	1557.89				3115.78			
7	12-261	消火栓井	座	2	997.09				1994.18			
8	12-263	消防水泵接合器井	座	1	944.26				944.26			
		小计							127362.26			
		零星工程费（5%）							6368.11			
		合计							133730.37			

编制人：牛健 审核人：李启民

安装工程概算表 **表 4-11**

单位工程名称：某生产楼室外给水排水及消防工程（安装部分） 第 1 页 共 1 页

序号	定额编号	工程或费用名称	单位	数量	单价（元）					合价（元）				
					设备及主材	安装工程费				设备及主材	安装工程费			
						定额基价	人工费	材料费	机械费		定额费	人工费	材料费	机械费
1	668	埋地 PP-R 给水管 *dn*63	10m	1.5		361.84	160.45				542.76	240.68		
2	671	埋地 PP-R 给水管 *dn*110	10m	10		663.74	172.06				6637.40	1720.60		
3	678	承插铸铁排水管 *dn*150	10m	10		1017.66	359.77				10176.60	3597.70		

续表

序号	定额编号	工程或费用名称	单位	数量	单价（元）					合价（元）				
					设备及主材	安装工程费				设备及主材	安装工程费			
						定额基价	人工费	材料费	机械费		定额费	人工费	材料费	机械费
4	679	承插铸铁排水管 *DN*200	10m	12		1407.78	429.68				16893.36	5156.16		
5	1318	地下式消火栓	套	2	666.00	1571.75	428.97			1332.00	3143.50	857.94		
6	1319	消防水泵接合器 *DN*100	套	1	506.20	666.49	214.49			506.20	666.49	214.49		
7	1774	水表 *DN*100	组	2		2079.62	119.69				4159.24	239.38		
8	1944	闸阀 *DN*100	个	6		325.35	22.28				1952.10	133.68		
		小计								1838.20	44171.45	12160.63		
		零星工程费（3.5%）									1546.00			
		合计									45717.45			

编制人：牛健　　　　审核人：李启民

措施项目计价表　　　　**表 4-12**

单位工程名称：某生产楼室外给水排水及消防工程（土建部分）　　　　第 1 页　共 1 页

序号	项目名称	费率	费用金额（元）
1	建筑工程		5509.69
1.1	安全施工费	0.67	895.99
1.2	文明施工费	0.53	708.77
1.3	生活性临时设施费	0.64	855.87
1.4	生产性临时设施费	0.41	548.29
1.5	夜间施工增加费	0.15	200.6
1.6	冬雨期施工增加费	0.55	735.52
1.7	材料二次搬运费	0.15	200.6
1.8	停水停电增加费	0.02	26.75
1.9	工程定位复测、工程点交、场地清理	0.1	133.73
1.10	室内环境污染物检测费	0.47	628.53
1.11	检测试验费	0.22	294.21
1.12	生产工具用具使用费	0.21	280.83
1.13	环境保护费		
1.14	大型机械设备进出场及安拆		

续表

序号	项目名称	费率	费用金额（元）
1.15	脚手架		
1.16	混凝土、钢筋混凝土模板及支架		
1.17	施工排水		
1.18	施工降水		
1.19	已完工程及设备保护		
1.20	地上、地下设施及建筑物的临时保护设施		
1.21	垂直运输机械费		
	合计		5509.69

编制人：牛健　　　　审核人：李启民

措施项目计价表　　　　**表 4-13**

单位工程名称：某生产楼室外给水排水及消防工程（安装部分）　　　　第1页　共1页

序号	项目名称	费率	费用金额（元）
1	通用项目		1437.37
1.1	安全施工费	1.54	187.27
1.2	文明施工费	2	243.21
1.3	生活性临时设施费	2.81	341.71
1.4	生产性临时设施费	1.92	233.48
1.5	夜间施工增加费	0.54	65.67
1.6	冬雨期施工增加费	0.6	72.96
1.7	材料二次搬运费	0.8	97.29
1.8	停水停电增加费	0.09	10.94
1.9	工程定位复测、工程点交、场地清理费	0.16	19.46
1.10	室内环境污染物检测费		
1.11	检测试验费	0.42	51.07
1.12	生产工具用具使用费	0.94	114.31
1.13	环境保护费		
1.14	大型机械设备进出场及安拆		
1.15	脚手架		
1.16	混凝土、钢筋混凝土模板及支架		
1.17	施工排水		
1.18	施工降水		
1.19	已完工程及设备保护费		
1.20	地上、地下设施及建筑物的临时保护设施		
	合计		1437.37

编制人：牛健　　　　审核人：李启民

单位工程费用表 **表 4-14**

单位工程名称：某生产楼室外给水排水及消防工程（土建部分） 第1页 共1页

序号	费用名称	取费说明	费率（%）	费用金额（元）
1	直接工程费	直接费只取税金项预算价直接费，不取费项预算价直接费		133730.37
2	施工技术措施费	技术措施项目合计		
3	施工组织措施费	组织措施项目合计		5509.69
4	直接费小计	直接工程费＋施工技术措施费＋施工组织措施费		139240.06
5	企业管理费	基数为：直接费小计	6.39	8897.44
6	规费	养老保险费＋失业保险费＋医疗保险费＋工伤保险费＋生育保险费＋住房公积金＋危险作业意外伤害保险＋工程排污费		13199.95
6.1	养老保险费	基数为：直接费小计	6.58	9162.00
6.2	失业保险费	基数为：直接费小计	0.32	445.57
6.3	医疗保险费	基数为：直接费小计	0.96	1336.70
6.4	工伤保险费	基数为：直接费小计	0.16	222.78
6.5	生育保险费	基数为：直接费小计	0.1	139.24
6.6	住房公积金	基数为：直接费小计	1.36	1893.66
6.7	危险作业意外伤害保险	基数为：直接费小计	0	
6.8	工程排污费	基数为：直接费小计	0	
7	间接费小计	企业管理费＋规费		22097.39
8	利润	基数为：直接费小计＋间接费小计	5.5	8873.56
9	动态调整	人材机价差－不取费项人材机价差		
10	主材费	主材费＋设备费		
11	税金	直接费小计＋间接费小计＋利润＋动态调整＋主材费	3.477	5918.24
12	工程造价	直接费小计＋间接费小计＋利润＋动态调整＋主材费＋税金		176129.25

编制人：牛健 审核人：李启民

单位工程费用表 **表 4-15**

单位工程名称：某生产楼室外给水排水及消防工程（安装部分） 第1页 共1页

序号	费用名称	取费说明	费率(%)	费用金额(元)
1	直接工程费	直接费只取税金项预算价直接费，不取费项预算价直接费		45717.45
1.1	其中：人工费	人工费只取税金项预算价人工费，不取费项预算价人工费		12160.63
2	施工技术措施费	技术措施项目合计		
2.1	其中：人工费	技术措施项目人工费		
3	施工组织措施费	组织措施项目合计		1437.37
3.1	其中：人工费	组织措施项目人工费(详见费用定额)		287.46
4	直接费小计	直接工程费＋施工技术措施费＋施工组织措施费		47154.82
5	企业管理费	基数为：人工费(1.1)＋人工费(2.1)＋人工费(3.1)	25	3112.02

续表

序号	费用名称	取费说明	费率(%)	费用金额(元)
6	规费	养老保险费＋失业保险费＋医疗保险费＋工伤保险费＋生育保险费＋住房公积金＋危险作业意外伤害保险＋工程排污费		6236.5
6.1	养老保险费	基数为：人工费(1.1)＋人工费(2.1)＋人工费(3.1)	32	3983.39
6.2	失业保险费	基数为：人工费(1.1)＋人工费(2.1)＋人工费(3.1)	2	248.96
6.3	医疗保险费	基数为：人工费(1.1)＋人工费(2.1)＋人工费(3.1)	6	746.89
6.4	工伤保险费	基数为：人工费(1.1)＋人工费(2.1)＋人工费(3.1)	1	124.48
6.5	生育保险费	基数为：人工费(1.1)＋人工费(2.1)＋人工费(3.1)	0.6	74.69
6.6	住房公积金	基数为：人工费(1.1)＋人工费(2.1)＋人工费(3.1)	8.5	1058.09
6.7	危险作业意外伤害保险	基数为：人工费(1.1)＋人工费(2.1)＋人工费(3.1)	0	
6.8	工程排污费	基数为：人工费(1.1)＋人工费(2.1)＋人工费(3.1)	0	
7	间接费小计	企业管理费＋规费		9348.52
8	利润	基数为：人工费(1.1)＋人工费(2.1)＋人工费(3.1)	24	2987.54
9	动态调整	人材机价差－不取费项人材机价差		
10	主材费	主材费＋设备费		1838.20
11	税金	直接费小计＋间接费小计＋利润＋动态调整＋主材费	3.477	2132.41
12	工程造价	直接费小计＋间接费小计＋利润＋动态调整＋主材费＋税金		63461.49

编制人：牛健　　　　审核人：李启民

总概算表　　　　**表 4-16**

单位工程名称：某生产楼室外给水排水及消防工程　　　　第 1 页　共 1 页

序号	工程或费用名称	概算价值（元）					技术经济指标			占总投资比例（%）
		建筑工程费	设备购置费	安装工程费	其他费用	合计	单位	数量	单位造价	
一	第一部分　工程费用	239591				239591				62.33
1	室外给水排水及消防工程（土建）	176129				176129				
2	室外给水排水及消防工程（安装）	63461				63461				
二	第二部分　其他费用					123042				32.01
1	土地及拆迁费用				—					
1.1	土地出让金				—					
1.2	拆迁费用				—					
2	建设管理费				18604	18604				
2.1	建设单位管理费	（一）×2.8%			6709					
2.2	工程监理费	2009《山西省工程建设其他费用标准》			7905					

续表

序号	工程或费用名称	概算价值（元）					技术经济指标			占总投资比例（%）
		建筑工程费	设备购置费	安装工程费	其他费用	合计	单位	数量	单位造价	
2.3	设计审查费	工程设计费×13%			1402					
2.4	工程勘察成果报告审查	工程勘察费×10%			192					
2.5	招标代理费	2009《山西省工程建设其他费用标准》			2396					
3	可行性研究费	2009《山西省工程建设其他费用标准》			30000	30000				
4	勘察设计费				12698	12698				
4.1	工程勘察费	建筑安装工程费×0.8%			1917					
4.2	工程设计费	2009《山西省工程建设其他费用标准》			10781					
5	环境影响评价费	2009《山西省工程建设其他费用标准》			50000	50000				
6	劳动安全卫生评价费	工程费用×0.1%			239	239				
7	场地准备及临时设施费	建筑安装工程费×1.2%			2875	2875				
8	工程保险费	建筑安装工程费×0.6%			1438	1438				
9	防空工程易地建设费				—					
10	城市消防设施配套费				—					
11	城市基础设施配套费	工程费用×3%			7188	7188				
三	第三部分　预备费	（一+二）′×6%				21758				5.66
四	第四部分　建设贷款期利息				—	—				
五	总投资	一+二+三+四				384391				

编制人：牛健　　　　审核人：李启民

4.3.3　环境工程施工图预算编制

施工图预算是以施工图设计文件为依据，按照国家或地区现行的统一预算价格、费用标准及有关规定，对各分项工程进行逐项计算并加以汇总的工程造价文件，是在施工图设计阶段对工程建设所需资金做出的比较精准计算的设计文件。施工图预算的成果文件称做施工图预算书，简称施工图预算。

施工图预算与设计概算相比较，相同点是，两者均属于设计概预算范畴，而且在费用的组成和编制方法上基本相似。不同点为两者在编制依据、所处设计阶段、所起作用、项目划分粗细程度上均不同，而且设计概算是最高投资额，施工图预算不得超过概算费用。总之，概算划分粗，算得大；预算划分细，算得准。

1. 施工图预算的作用与组成

（1）施工图预算作用

作为工程建设程序中的一个重要技术经济文件，施工图预算在建设工程中具有十分重要的作用，具体表现在以下几个方面：

1）对于投资方而言，施工图预算是设计阶段控制工程造价的重要环节，是控制施工图设计不突破设计概算的重要措施，是控制资金合理使用的依据，是确定工程招标控制价的依据，是确定合同价款、拨付工程进度款及办理工程结算的重要基础，也是落实或调整年度建设计划的依据。

2）对于施工企业来说，施工图预算是投标报价的基础，是工程预算包干和签订施工合同的主要内容，是编制施工计划、安排调配施工力量和组织材料供应的依据，也是控制工程成本、加强施工企业经济核算的依据。

3）另外，施工图预算是工程造价管理部门监督和检查定额标准、合理确定工程造价、测算造价指数、审定工程招标控制价的重要依据。当甲乙双方发生经济纠纷时，施工图预算还可以为仲裁、管理、司法机关按法律程序处理问题提供重要依据。

（2）施工图预算组成

施工图预算根据建设项目实际情况可采用三级预算编制或二级预算编制形式。当建设项目有多个单项工程时，应采用三级预算编制形式（建设项目总预算、单项工程综合预算、单位工程预算）。当建设项目只有一个单项工程时，应采用二级预算编制形式（建设项目总预算、单位工程预算）。

施工图预算文件包括：封面、签署页、目录、编制说明、总预算表、综合预算表（三级形式）、单位工程预算表、附件等内容。

2. 施工图预算的编制依据与编制原则

施工图预算的编制依据包括：国家、行业和地方政府有关工程建设和造价管理的法律、法规和规定；经过批准和会审的施工图设计文件；施工现场勘察资料、自然条件及社会条件；预算定额、工程造价信息、工程量清单计价规范、材料调价通知、取费调整通知、地区材料市场及预算价格等相关信息；施工组织设计或施工方案；工程量清单、招标文件、工程合同或协议书；项目相关的设备和材料供应合同、价格及相关说明书等。

施工图预算的编制原则主要包括：严格执行国家的建设方针和经济政策的原则，完整、准确地反映设计内容的原则，坚持结合实际，反映工程当时当地价格水平的原则。

3. 单位工程施工图预算编制

（1）建筑安装工程费计算

单位工程施工图预算包括建筑工程费、安装工程费、设备及工器具购置费。主要编制方法有单价法和实物量法，其中单价法分为定额单价法和工程量清单单价法。

1）定额单价法。定额单价法又称工料单价法或预算单价法，是以分部分项工程的单价为直接工程费单价，将分部分项工程量乘以对应分部分项工程单价后的合计作为单位直接工程费。直接工程费汇总后，再根据规定的计算方法计取措施费、间接费、利润和税金。将上述费用汇总后得到单位工程的施工图预算造价。定额单价法中的单价一般采用地区统一单位估价表中的各分项工程工料单价（即定额基价）。定额单价法计算公式如下：

$$\begin{aligned}\text{建筑安装工程预算造价} &= \Sigma(\text{分项工程量} \times \text{分项工程工料机单价}) \\ &\quad + \text{措施费} + \text{间接费} + \text{利润} + \text{税金}\end{aligned} \tag{4-34}$$

定额单价法编制施工图预算的基本步骤为：

① 准备工作：收集编制依据，熟悉相关定额和施工图文件，了解施工组织设计和施

工现场情况等。

② 列项并计算工程量：根据工程内容和定额项目，列出需要计算工程量的分部分项工程；根据一定的计算顺序和规则，列出分部分项工程量的计算式；根据施工图的设计尺寸和相关数据，进行工程量数值计算；对计算结果的计量单位进行调整，使之与定额保持一致。

③ 套用定额预算基价，计算直接工程费：将定额子项中的基价填写在预算表的单价栏内，并将单价乘以相应的工程量得出合价，将结果填写在合价栏，汇总求出单位工程直接工程费。

④ 编制工料分析表：根据定额或单位估价表，首先从定额项目表中分别将各分项工程的人工定额消耗量和每项材料定额消耗量查出，再分别乘以工程量，得到分项工程的工料消耗量，汇总后便得到单位工程人工、材料的消耗数量。即：

$$\text{人工消耗量}=\text{某工种定额用工量}\times\text{某分项工程量} \tag{4-35}$$

$$\text{材料消耗量}=\text{某种材料定额用量}\times\text{某分项工程量} \tag{4-36}$$

⑤ 计算主材费并调整直接工程费：如果某定额项目基价为不完全价格，即未包括主材费用在内，尚应单独计算出主材费，并将主材费的差价加入直接工程费。主材费的计算依据为当时当地的市场价格。

⑥ 按计价程序计取其他费用，并汇总造价：根据规定的税率、费率和相应的计取基础，分别计算措施费、间接费、利润和税金。将上述费用累计后与直接工程费进行汇总，求出单位工程预算造价，并计算技术经济指标。

⑦ 复核：全面复核，及时发现差错并进行修正，确保预算的准确性。

⑧ 填写封面（注明工程编号、工程名称、预算总造价、单方造价等）、编制说明等，最后装订成册。

2）实物法。用实物法编制单位工程施工图预算，就是根据施工图计算的各分项工程量分别乘以地区定额中人工、材料、机械台班的定额消耗量，分类汇总得出该单位工程所需的全部人工、材料、施工机械台班消耗数量，然后再乘以当时当地人工工日单价、各种材料单价、机械台班单价，求出相应的人工费、材料费、机械使用费，再加上措施费，就可以求出该工程的直接费。间接费、利润及税金等费用计取方法与定额单价法相同。实物法编制施工图预算的公式为：

$$\begin{aligned}\text{单位工程直接工程费} &= \text{人工费}+\text{材料费}+\text{机械费}\\ &= \text{综合工日消耗量}\times\text{综合工日单价}\\ &\quad +\Sigma(\text{各种材料消耗量}\times\text{相应材料单价})\\ &\quad +\Sigma(\text{各种机械消耗量}\times\text{相应机械台班单价})\end{aligned} \tag{4-37}$$

$$\begin{aligned}\text{建筑安装工程预算造价} &= \text{单位工程直接工程费}+\text{措施费}\\ &\quad +\text{间接费}+\text{利润}+\text{税金}\end{aligned} \tag{4-38}$$

实物法的优点是能较及时地将反映各种材料、人工、机械的当时当地市场单价计入预算价格，无须调价，时间性强。

(2) 设备及工器具购置费计算

设备购置费由设备原价和设备运杂费构成。未达到固定资产标准的工器具购置费一般以设备购置费为计算基数，按照规定的费率计算。设备及工器具购置费计算方法及内容可参照设计概算编制的相关内容。

(3) 单位工程施工图预算书编制

单位工程施工图预算由建筑安装工程费、设备及工器具购置费组成，即：

$$单位工程施工图预算=建筑安装工程预算+设备及工器具购置费 \tag{4-39}$$

单位工程施工图预算书由单位建筑工程预算书（主要由建筑工程预算表和建筑工程取费表构成）和单位设备及安装工程预算书（主要由设备及安装工程预算表和设备及安装工程取费表构成）组成，其常见的表格形式见表 4-17～表 4-19。

建筑工程预算表 **表 4-17**

单项工程概算编号：　　工程名称：　　第　页　共　页

序号	定额号	工程项目或定额名称	单位	数量	单价（元）	其中人工费（元）	合价（元）	其中人工费（元）
一		土石方工程						
1	××	××××						
2	××	××××						
二		砌筑工程						
1	××	××××						
2	××	××××						
三		××工程						
1	××	××××						
2	××	××××						
		定额直接工程费合计						

编制人：　　审核人：

设备及安装工程预算表 **表 4-18**

单项工程概算编号：　　工程名称：　　第　页　共　页

序号	定额号	工程项目或定额名称	单位	数量	单价（元）	其中：人工费（元）	合价（元）	其中：人工费（元）	其中：设备费（元）	其中：主材费（元）
一		设备安装								
1	××	××××								
2	××	××××								
二		管道安装								
1	××	××××								
2	××	××××								
三		防腐保温								
1	××	××××								
2	××	××××								
		定额直接工程费合计								

编制人：　　审核人：

建筑工程（设备及安装工程）取费表 **表 4-19**

单项工程概算编号： 工程名称： 第 页 共 页

序号	工程项目或费用名称	表达式	费率（%）	合价（元）
1	定额直接工程费			
2	其中：人工费			
3	其中：材料费			
4	其中：机械费			
5	其中：设备费			
6	措施费			
7	企业管理费			
8	利润			
9	规费			
10	税金			
11	单位建筑工程（设备及安装工程）费用			

编制人： 审核人：

4. 单项工程综合预算编制

单项工程综合预算造价由组成该单项工程的各单位工程预算造价汇总而成，即：

单项工程施工图预算＝∑单位建筑工程费用＋∑单位设备及安装工程费用 (4-40)

单项工程综合预算书主要由综合预算表构成，详见表 4-20。

单项工程综合预算表 **表 4-20**

综合预算编号： 单项工程名称： 单位：万元 第 页 共 页

序号	预算编号	工程项目或费用名称	设计规模或主要工程量	建筑工程费	设备及工器具购置费	安装工程费	合计	其中：引进部分	
								单位	指标
一		主要工程							
1	××	××××							
2	××	××××							
二		辅助工程							
1	××	××××							
2	××	××××							
三		配套工程							
1	××	××××							
2	××	××××							
		单项工程预算费用合计							

编制人： 审核人：

5. 建设项目总预算编制

建设项目总预算由组成该建设项目的各单项工程综合预算以及工程建设其他费用、预备费、建设期利息和铺底流动资金汇总而成。

三级预算编制中总预算的计算公式为：

总预算 =Σ单项工程施工图预算＋工程建设其他费＋预备费

＋建设期利息＋铺底流动资金　　　　(4-41)

二级预算编制中总预算的计算公式为：

总预算 =Σ单位建筑工程费用＋Σ单位设备及安装工程费用＋工程建设其他费用

＋预备费＋建设期利息＋铺底流动资金　　　　(4-42)

采用三级预算编制形式的工程预算文件包括：封面、签署页、目录、编制说明、总预算表、综合预算表、单位工程预算表、附件等内容。总预算表的格式详见表4-21。

总预算表　　　　**表 4-21**

总预算编号：　　　　工程名称：　　　　单位：万元　第　页　共　页

序号	预算编号	工程项目和费用名称	建筑工程费	设备及工器具购置费	安装工程费	其他费用	合计	其中：引进部分		占总投资比例（%）
								单位	指标	
一		工程费用								
1		主要工程								
		××××								
		××××								
2		辅助工程								
		××××								
3		配套工程								
		××××								
二		其他费用								
1		××××								
2		××××								
三		预备费								
四		专项费用								
1		××××								
2		××××								
		建设项目预算总投资								

编制人：　　　　审核人：　　　　项目负责人：

【例 4-3】某净化车间按照工作人员的数量和作业位置设置4套室内新风系统，该新风工程施工图预算采用定额单价法进行编制，详见表4-22～表4-25。采用的相关定额为：山西省安装工程预算定额（2011版），山西省建设工程费用定额（2011版）。

设备及安装工程预算表 **表 4-22**

工程名称：某净化车间新风工程 第1页 共1页

序号	定额编号	工程项目名称	工程量		价值（元）		其中（元）			
			单位	数量	单价	合价	人工费	材料费	机械费	主材费设备费
1	C1-13	新风换气机安装（设备重量0.2t以内）	台	4	374.49	1497.96	905.16	363.68	229.12	
	主材001	新风换气机	台	4	25000	100000				100000
2	C8-234	室内管道支架制作安装（一般支架）	100kg	1	979.21	979.21	265.05	135.9	578.26	
	2455000	型钢	t	0.106	2900	307.4				307.4
3	C9-6	镀锌薄钢板矩形风管安装（δ=1.2mm以内，咬口）周长2000mm以下	10m^2	36.5	521.18	19023.07	10277.67	5319.51	3425.89	
	2461000	镀锌钢板	m^2	415.37	23.7	9844.27				9844.27
4	C9-66	防火阀安装（周长2200mm以内）	个	4	74.09	296.36	275.88	20.48		
	C00240@2	防火阀650×250	个	4	450	1800				1800
5	C9-70	百叶风口安装（周长900mm以内）	个	3	14.86	44.58	23.94	12.66	7.98	
	C00241	百叶风口	个	3	40	120				120
6	C9-96	网式风口安装（周长1500mm以内）	个	8	9.9	79.2	72.96	6.24		
	C00248	网式风口	个	8	30	240				240
7	C9-149	消声器安装（长度≤1000m，周长≤3000mm）	台	2	98.53	197.06	125.4	71.66		
	C00251@1	消声器	台	2	1800	3600				3600
8	C9-168	消声弯头安装（周长≤2000mm）	个	4	68.96	275.84	214.32	61.52		
	C00252	消声弯头	个	4	375	1500				1500
9	C11-3	手工除锈（一般钢结构）	100kg	1	29.57	29.57	19.38	1.21	8.98	
10	C11-88	金属结构刷油（一般钢结构，防锈漆，第一遍）	100kg	1	24.12	24.12	13.11	2.03	8.98	
	C00004	酚醛防锈漆	kg	0.92	7.78	7.16				7.16

续表

序号	定额编号	工程项目名称	工程量		价值（元）		其中（元）			
			单位	数量	单价	合价	人工费	材料费	机械费	主材费设备费
11	C11-89	金属结构刷油（一般钢结构，防锈漆，第二遍）	100kg	1	23.34	23.34	12.54	1.82	8.98	
	C00004	酚醛防锈漆	kg	0.78	7.78	6.07				6.07
12	C11-92	金属结构刷油（一般钢结构，调和漆，第一遍）	100kg	1	22.16	22.16	12.54	0.64	8.98	
	C00012	酚醛调和漆	kg	0.8	9.5	7.6				7.6
13	C11-93	金属结构刷油（一般钢结构，调和漆，第二遍）	100kg	1	22.11	22.11	12.54	0.59	8.98	
	C00012	酚醛调和漆	kg	0.7	9.5	6.65				6.65
		合计				139953.88	12230.49	5997.94	4286.15	117439.3

编制人：牛健　　　　审核人：李启民

措施项目计价表　　　　**表 4-23**

单位工程名称：某净化车间新风工程　　　　第 1 页　共 1 页

序号	项目名称	费率	费用金额（元）
1	通用项目		1445.65
1.1	安全施工费	1.54	188.35
1.2	文明施工费	2	244.61
1.3	生活性临时设施费	2.81	343.68
1.4	生产性临时设施费	1.92	234.83
1.5	夜间施工增加费	0.54	66.04
1.6	冬雨期施工增加费	0.6	73.38
1.7	材料二次搬运费	0.8	97.84
1.8	停水停电增加费	0.09	11.01
1.9	工程定位复测、工程点交、场地清理费	0.16	19.57
1.10	室内环境污染物检测费		
1.11	检测试验费	0.42	51.37
1.12	生产工具用具使用费	0.94	114.97
1.13	环境保护费		
1.14	大型机械设备进出场及安拆		
1.15	脚手架		
1.16	混凝土、钢筋混凝土模板及支架		

续表

序号	项目名称	费率	费用金额（元）
1.17	施工排水		
1.18	施工降水		
1.19	已完工程及设备保护费		
1.20	地上、地下设施及建筑物的临时保护设施		
2	安装工程		
2.1	组装平台		
2.2	设备、管道施工的安全、防冻和焊接保护措施		
2.3	压力容器和高压管道的检验		
2.4	焦炉施工大棚		
2.5	焦炉烘炉、热态工程		
2.6	管道安装后的充气保护措施		
2.7	隧道内施工的通风、供水、供气、供电、照明及通信设施		
2.8	现场施工围栏		
2.9	长输管道临时水工保护设施		
2.10	长输管道施工便道		
2.11	长输管道跨越或穿越施工措施		
2.12	长输管道地下穿越地上建筑物的保护措施		
2.13	长输管道工程施工队伍调遣		
2.14	格架式抱杆		
	合计		1445.65

编制人：牛健　　　　审核人：李启民

单位工程人材机价差表　　表 4-24

单位工程名称：某净化车间新风工程　　第 1 页　共 1 页

序号	名称	单位	数量	预算价（元）	市场价（元）	价差（元）	价差合计（元）
1	综合工日	工日	214.57	57	77	20	4291.4

编制人：牛健　　　　审核人：李启民

单位工程费用表　　表 4-25

单位工程名称：某净化车间新风工程　　第 1 页　共 1 页

序号	费用名称	取费说明	费率(%)	费用金额(元)
1	直接工程费	直接费只取税金项预算价直接费，不取费项预算价直接费		22514.58
1.1	其中：人工费	人工费只取税金项预算价人工费，不取费项预算价人工费		12230.49
2	施工技术措施费	技术措施项目合计		
2.1	其中：人工费	技术措施项目人工费		
3	施工组织措施费	组织措施项目合计		1445.65

续表

序号	费用名称	取费说明	费率(%)	费用金额(元)
3.1	其中：人工费	组织措施项目人工费(详见费用定额)		289.13
4	直接费小计	直接工程费＋施工技术措施费＋施工组织措施费		23960.23
5	企业管理费	基数为：人工费(1.1)＋人工费(2.1)＋人工费(3.1)	25	3129.91
6	规费	养老保险费＋失业保险费＋医疗保险费＋工伤保险费＋生育保险费＋住房公积金＋危险作业意外伤害保险＋工程排污费		6272.34
6.1	养老保险费	基数为：人工费(1.1)＋人工费(2.1)＋人工费(3.1)	32	4006.28
6.2	失业保险费	基数为：人工费(1.1)＋人工费(2.1)＋人工费(3.1)	2	250.39
6.3	医疗保险费	基数为：人工费(1.1)＋人工费(2.1)＋人工费(3.1)	6	751.18
6.4	工伤保险费	基数为：人工费(1.1)＋人工费(2.1)＋人工费(3.1)	1	125.2
6.5	生育保险费	基数为：人工费(1.1)＋人工费(2.1)＋人工费(3.1)	0.6	75.12
6.6	住房公积金	基数为：人工费(1.1)＋人工费(2.1)＋人工费(3.1)	8.5	1064.17
6.7	危险作业意外伤害保险	基数为：人工费(1.1)＋人工费(2.1)＋人工费(3.1)	0	
6.8	工程排污费	基数为：人工费(1.1)＋人工费(2.1)＋人工费(3.1)	0	
7	间接费小计	企业管理费＋规费		9402.25
8	利润	基数为：人工费(1.1)＋人工费(2.1)＋人工费(3.1)	24	3004.71
9	动态调整	人材机价差－不取费项人材机价差		4291.4
10	主材费	主材费＋设备费		117439.3
11	只取税金项目	只取税金项预算价直接费＋安装费用人材机价差＋组织措施人工费×0.3509		101.46
12	税金	直接费小计＋间接费小计＋利润＋动态调整＋主材费＋只取税金项目	3.477	5500.59
13	不取费项目	不取费项市场价直接费		
14	工程造价	直接费小计＋间接费小计＋利润＋动态调整＋主材费＋只取税金项目＋税金＋不取费项目		163699.94

编制人：牛健　　　　审核人：李启民

【例 4-4】某实验室给水排水工程施工图预算采用定额单价法进行编制，详见表4-26～表4-29。采用的相关定额为：山西省安装工程预算定额（2011 版），山西省建设工程费用定额（2011 版）。

设备及安装工程预算表　　　　**表 4-26**

工程名称：某实验室给水排水工程　　　　第 1 页　共 1 页

序号	定额号	工程项目名称	工程量		价值（元）		其中（元）			
			单位	数量	单价	合价	人工费	材料费	机械费	主材费设备费
1	C8-146	室内塑料给水管安装（热熔连接）管外径 20mm 以内	10m	1.3	84.18	109.43	108.19	0.42	0.83	

续表

序号	定额号	工程项目名称	工程量		价值（元）		其中（元）			
			单位	数量	单价	合价	人工费	材料费	机械费	主材费设备费
	2692000@1	PPR 塑料给水管 20mm	m	13.26	3.25	43.10				43.10
	C00153@1	PPR 塑料给水管（热熔）接头零件 20mm	个	21.281	2.11	44.9				44.9
2	C8-147	室内塑料给水管安装（热熔连接）管外径 25mm 以内	10m	1.7	91.02	154.73	153.1	0.54	1.09	
	2692000@2	PPR 塑料给水管 25mm	m	17.34	4.59	79.59				79.59
	C00153@2	PPR 塑料给水管（热熔）接头零件 25mm	个	19.584	2.53	49.55				49.55
3	C8-210	室内承插塑料排水管安装（零件粘接），管外径 50mm 以内	10m	0.4	104.71	41.88	34.66	7.23		
	C00155@2	塑料排水管 *DN*50	m	3.868	5.5	21.27				21.27
4	C8-211	室内承插塑料排水管安装（零件粘接），管外径 75mm 以内	10m	2.5	154.71	386.78	294.98	91.8		
	C00155@1	塑料排水管 *DN*75	m	24.075	9.9	238.34				238.34
5	C8-284	管道消毒、冲洗（直径 50mm 以内）	100m	0.3	57.73	17.32	8.89	8.43		
6	C8-372	螺纹阀安装，公称直径 15mm 以内	个	6	7.46	44.76	34.20	10.56		
	C00186@1	阀门 *DN*15	个	6.06	8.9	53.93				53.93
7	C8-373	螺纹阀安装，公称直径 20mm 以内	个	1	7.98	7.98	5.7	2.28		
	C00186@2	阀门 *DN*20	个	1.01	11.9	12.02				12.02
8	C8-507	螺纹水表（公称直径 20mm 以内）	组	1	35.72	35.72	22.80	12.92		
	2923000@1	水表 *DN*20	个	1	52.03	52.03				52.03
9	C8-549	化验盆安装（三联）	10 组	0.6	1226.47	735.88	167.24	568.64		
	2769000	化验盆	个	6.06	300	1818.00				1818.00
10	C8-552	拖布池安装	10 组	0.1	546.31	54.63	18.30	36.33		
	C00199	拖布池	个	1.01	200	202				202
	C00200	拖布池托架	副	1	100	100				100
	2044000	铁制陶瓷芯冷水嘴	个	1.01	15	15.15				15.15
11	C8-596	地漏安装 *DN*50	10 个	0.3	111.59	33.48	27.36	6.12		
	C00224@1	地漏 *DN*50	个	3	53.94	161.82				161.82
		合计				4514.31	875.42	745.27	1.92	2891.72

编制人：牛健　　　　审核人：李启民

措施项目计价表

表 4-27

单位工程名称：某实验室给水排水工程　　　　第 1 页　共 1 页

序号	项目名称	费率	费用金额（元）
1	通用项目		103.48
1.1	安全施工费	1.54	13.48
1.2	文明施工费	2	17.51
1.3	生活性临时设施费	2.81	24.6
1.4	生产性临时设施费	1.92	16.81
1.5	夜间施工增加费	0.54	4.73
1.6	冬雨期施工增加费	0.6	5.25
1.7	材料二次搬运费	0.8	7.00
1.8	停水停电增加费	0.09	0.79
1.9	工程定位复测、工程点交、场地清理费	0.16	1.4
1.10	室内环境污染物检测费		
1.11	检测试验费	0.42	3.68
1.12	生产工具用具使用费	0.94	8.23
1.13	环境保护费		
1.14	大型机械设备进出场及安拆		
1.15	脚手架		
1.16	混凝土、钢筋混凝土模板及支架		
1.17	施工排水		
1.18	施工降水		
1.19	已完工程及设备保护费		
1.20	地上、地下设施及建筑物的临时保护设施		
2	安装工程		
2.1	组装平台		
2.2	设备、管道施工的安全、防冻和焊接保护措施		
2.3	压力容器和高压管道的检验		
2.4	焦炉施工大棚		
2.5	焦炉烘炉、热态工程		
2.6	管道安装后的充气保护措施		
2.7	隧道内施工的通风、供水、供气、供电、照明及通信设施		
2.8	现场施工围栏		
2.9	长输管道临时水工保护设施		
2.10	长输管道施工便道		
2.11	长输管道跨越或穿越施工措施		
2.12	长输管道地下穿越地上建筑物的保护措施		
2.13	长输管道工程施工队伍调遣		
2.14	格架式抱杆		
	合计		103.48

编制人：牛健　　　　审核人：李启民

单位工程人材机价差表 **表 4-28**

单位工程名称：某实验室给水排水工程 第1页 共1页

序号	名称	单位	数量	预算价（元）	市场价（元）	价差（元）	价差合计（元）
1	综合工日	工日	15.358	57	77	20	307.16

编制人：牛健 审核人：李启民

单位工程费用表 **表 4-29**

单位工程名称：某实验室给水排水工程 第1页 共1页

序号	费用名称	取费说明	费率(%)	费用金额(元)
1	直接工程费	直接费只取税金项预算价直接费，不取费项预算价直接费		1622.59
1.1	其中：人工费	人工费只取税金项预算价人工费，不取费项预算价人工费		875.42
2	施工技术措施费	技术措施项目合计		
2.1	其中：人工费	技术措施项目人工费		
3	施工组织措施费	组织措施项目合计		103.48
3.1	其中：人工费	组织措施项目人工费(详见费用定额)		20.71
4	直接费小计	直接工程费＋施工技术措施费＋施工组织措施费		1726.07
5	企业管理费	基数为：人工费(1.1)＋人工费(2.1)＋人工费(3.1)	25	224.03
6	规费	养老保险费＋失业保险费＋医疗保险费＋工伤保险费＋生育保险费＋住房公积金＋危险作业意外伤害保险＋工程排污费		448.96
6.1	养老保险费	基数为：人工费(1.1)＋人工费(2.1)＋人工费(3.1)	32	286.76
6.2	失业保险费	基数为：人工费(1.1)＋人工费(2.1)＋人工费(3.1)	2	17.92
6.3	医疗保险费	基数为：人工费(1.1)＋人工费(2.1)＋人工费(3.1)	6	53.77
6.4	工伤保险费	基数为：人工费(1.1)＋人工费(2.1)＋人工费(3.1)	1	8.96
6.5	生育保险费	基数为：人工费(1.1)＋人工费(2.1)＋人工费(3.1)	0.6	5.38
6.6	住房公积金	基数为：人工费(1.1)＋人工费(2.1)＋人工费(3.1)	8.5	76.17
6.7	危险作业意外伤害保险	基数为：人工费(1.1)＋人工费(2.1)＋人工费(3.1)	0	
6.8	工程排污费	基数为：人工费(1.1)＋人工费(2.1)＋人工费(3.1)	0	
7	间接费小计	企业管理费＋规费		672.99
8	利润	基数为：人工费(1.1)＋人工费(2.1)＋人工费(3.1)	24	215.07
9	动态调整	人材机价差－不取费项人材机价差		307.16
10	主材费	主材费＋设备费		2891.72
11	只取税金项目	只取税金项预算价直接费＋安装费用人材机价差＋组织措施人工费×0.3509		7.27
12	税金	直接费小计＋间接费小计＋利润＋动态调整＋主材费＋只取税金项目	3.477	202.37
13	不取费项目	不取费项市场价直接费		
14	工程造价	直接费小计＋间接费小计＋利润＋动态调整＋主材费＋只取税金项目＋税金＋不取费项目		6022.65

编制人：牛健 审核人：李启民

4.3.4 环境工程施工预算简介

施工预算是施工企业内部对单位工程进行施工管理的成本计划文件。它是在施工图预算的控制之下，根据施工企业对所承包工程拟采用的施工组织设计及施工定额，由施工单位自行编制，是企业内部进行项目承包和经济核算的重要依据，但不能作为企业对外的经济核算文件。

1. 施工预算的作用

（1）施工预算是施工企业对单位工程实行计划管理，编制施工、材料和劳动力等计划的依据，也是与施工图预算对比的依据。

（2）它是实行班组经济核算，考核单位用工、限额领料的依据。

（3）它是施工队向班组下达施工任务单以及检查与监督的依据。

（4）它是班组推行全优综合奖励制度的依据。

（5）它是计算计件工资、超额奖金，进行内部承包，实行按劳分配的依据。

（6）它是单位工程原始经济资料之一，也是开展造价分析和经济对比的依据。

2. 施工预算的编制依据和编制程序

（1）施工预算编制依据

1）施工图，施工图会审纪要，相关设计标准图，施工验收规范等。

2）施工组织设计，或施工方案。

3）现行的施工定额、补充定额、人工工资标准、材料预算价格和机械台班预算价格。

4）审批后的施工图预算。

5）其他相关费用规定等。

（2）施工预算编制程序

1）列项并计算工程量。根据施工图和施工组织设计，按照施工定额中的项目列出分项工程的项目，再按施工预算的要求计算分项工程量。

2）套用施工定额。按分项工程项目套用施工定额中相应项目的工料消耗定额，并填写到工料分析表中。

3）工料分析与汇总。按工程量及工料消耗定额，逐项计算各分项工程人工和材料消耗量，并填写在表格中。汇总求得每一分项工程中各工种劳动力和各种材料消耗量。再将单位工程中各分项工程相同的各工种人工、材料分别进行汇总，得到该单位工程的人工总量和各种材料总量。

4）计算实际消耗费用。根据现行的人工工资标准、材料预算价格和机械台班预算价格，分别计算人工费、材料费和机械费，然后再计算分项工程或单位工程的施工预算直接费、其他费用，最后得出实际直接消耗费用。

5）对比分析。对施工预算与施工图预算进行对比分析，为施工企业改善经营管理、降低生产成本、推行内部经营承包责任制以及优化施工组织设计提供依据。

3. 施工预算与施工图预算的联系与区别

（1）施工预算与施工图预算的联系

施工预算与施工图预算的联系在于：两者都是依据施工图计算工作量，都是一种预计的目标费用，都是以单位工程为编制对象，且编制步骤大致相同。

（2）施工预算与施工图预算的区别

1）编制的目的及发挥的作用不同

施工预算用于施工企业内部核算，与建设单位无直接关系，主要计算工料用量和直接费；而施工图预算既适用于建设单位，又适用于施工单位，目的是确定整个单位工程的造价。施工预算必须在施工图预算价值的控制下进行编制。

2）采用的定额与内容不同

施工预算的编制依据是施工定额，施工图预算使用的是预算定额。两种定额的项目划分不同，即使是同一定额项目，两种定额在各自的工料机消耗数量上都有一定的差别。

3）工程项目粗细程度不同

施工预算的工程量计算要分层、分段、分工程项目计算，其项目要比施工图预算多，划分细致。如环境工程中构筑物的砌砖基础，预算定额仅列了一项，而施工定额根据不同深度及砖基础墙的厚度，共划分了多个项目。施工定额的项目综合性小于预算定额。

4）计算范围与规则不同

施工预算一般只计算工程所需工料机的数量，有条件的地区或计算工程的直接费。而施工图预算需计算整个工程的直接工程费、间接费、利润及税金等各项费用。

5）所考虑的施工组织及施工方法不同

施工预算所考虑的施工组织及施工方法要比施工图预算细得多。

6）计量单位也不完全一致。

7）编制的单位和审批部门不同，编制的时间不同。

4.3.5 环境工程竣工结算与竣工决算简介

1. 竣工结算

工程竣工结算是指工程项目完工并经竣工验收后，发承包双方按照施工合同的约定对所完成的工程项目进行的工程价款的计算、调整和确认。工程竣工结算分为单位工程竣工结算、单项工程竣工结算和建设项目竣工总结算。

（1）竣工结算的编制依据

工程竣工结算由承包人或受其委托具有相应资质的工程造价咨询人员编制，由发包人或受其委托具有相应资质的工程造价咨询人员进行核对。竣工结算的依据主要有：

1）国家相关的法律、法规、规章制度等。

2）相关的工程造价计价标准、计价方法等。

3）《建设工程工程量清单计价规范》。

4）施工承发包合同、专业分包合同、补充合同、设备采购合同等。

5）招投标文件。

6）竣工图或施工图、施工图会审记录、设计变更通知书、经批准的施工组织设计、现场工程更改签证、工程洽商以及相关的会议记录等。

7）经批准的开工、竣工报告，以及停工、复工报告。

8）在工程实施过程中，发承包双方确认的工程量及其结算的合同价款、确认调整后追加（减）的合同价款等。

（2）竣工结算的计价原则

在采用工程量清单计价的方式下进行竣工结算时，分部分项工程和措施项目中的单价项目应依据双方确认的工程量和已标价工程量清单的综合单价计算，措施项目中的总价项目应依据合同约定的项目和金额计算，计日工应按发包人实际签证确认的事项计算，暂估价应按《建设工程工程量清单计价规范》的相关规定计算，总承包服务费按合同约定金额计算，现场签证费按发承包双方签证资料确认的金额计算，规费和税金按国家或省市、行业建设主管部门的规定计算。

（3）竣工结算的编制程序

竣工结算程序包括：承包人提交竣工结算文件，发包人核对竣工结算文件，或发包人委托工程造价咨询机构核对竣工结算文件，竣工结算签认，质量争议工程的竣工结算等。

2. 竣工决算

项目竣工决算指所有项目竣工后，项目单位按照国家有关规定在项目竣工验收阶段编制的竣工决算报告。竣工决算是以实物数量和货币指标为计量单位，综合反映竣工项目从开始筹建到项目竣工交付使用为止的全部建设费用、建设成果和财务情况的总结性文件，是竣工验收报告的重要组成部分，是正确核定新增固定资产价值、分析投资效果、建立健全经济责任制的依据，是反映建设项目实际造价和投资效果的文件，也是项目法人核定各类新增资产价值、办理其交付使用的依据。

（1）竣工决算的内容

建设项目竣工决算应包括从筹集到竣工投产全过程的全部实际费用，即包括建筑工程费、安装工程费、设备及工器具购置费、预备费等全部费用。根据财政部、国家发改委和住建部的有关文件规定，竣工决算由竣工财务决算说明书、竣工财务决算报表、工程竣工图和工程竣工造价对比分析等四部分组成。

竣工财务决算说明书和竣工财务决算报表两部分又称建设项目竣工财务决算，是竣工决算的核心内容。竣工财务决算说明书的主要内容包括：建设项目概况，工程总体评价；资金来源及运用等财务分析；基本建设收入、投资包干结余、竣工结余资金的上交分配情况；各项经济技术指标分析；决算与概算的差异和原因分析；需要说明的其他事项等。大中型建设项目竣工财务决算报表包括：建设项目竣工财务决算审批表，大中型建设项目概况表，大中型建设项目竣工财务决算表，大中型建设项目交付使用资产总表，建设项目交付使用资产明细表等。小型建设项目竣工财务决算报表包括：建设项目竣工财务决算审批表，建设项目竣工财务决算总表，建设项目交付使用资产明细表等。

（2）竣工决算的编制步骤

竣工决算的编制步骤包括：收集、整理和分析有关依据资料，清理各项财务、债务和结余物资，核实工程变动情况，编制建设项目竣工决算说明，填写竣工决算报表，工程造价对比分析，装订竣工图，上报主管部门审查存档。将上述编写的文字说明、填写的报表、核对图纸无误后装订成册，即为建设项目竣工决算文件。

4.4 环境工程技术经济分析

一般认为，环境工程技术经济分析是以环境工程技术为主体，以技术经济系统为核心，对环境工程领域中的项目进行经济分析。环境工程经济分析就是在确定建设项目以后，必须对不同的方案进行财务效益评价，判断项目在经济上是否可行，并比选出优秀方案。

4.4.1 环境工程项目技术经济评价指标

1. 净现值（NPV）

净现值是指把项目（或方案）计算期内各年的财务净现金流量，按照一个设定的标准折现率（基准收益率）折算到建设期初（项目或方案计算期第一年年初）的现值之和。净现值是考察项目（或方案）在其计算期内盈利能力的主要动态评价指标。

如果方案净现值等于或大于零，表明方案的盈利能力达到或超过了所要求的盈利水平，方案可行。

$$NPV = \sum_{t=0}^{n} (CI - CO)_t \times (1 + i_c)^{-t} \tag{4-43}$$

式中 NPV——净现值；

CI——第 t 年的现金流入量；

CO——第 t 年的现金流出量；

$(CI-CO)_t$——第 t 年的净现金流量，为技术经济中的一种表示方法，在数值上等于第 t 年的现金流入量与现金流出量之差；

i_c——折现率（基准收益率）；

n——投资项目的寿命周期；

t——时间，年。

2. 内部收益率（IRR）

内部收益率是指方案在整个计算期内各年净现金流量的现值之和等于零时的折现率，也就是使方案的财务净现值等于零时的折现率。

财务内部收益率是反映一个方案的实际收益率的一个动态指标，该指标越大越好。

一般情况下，内部收益率大于等于基准收益率时，方案可行。

$$\sum_{t=0}^{n} (CI - CO)_t \times (1 + IRR)^{-t} = 0 \tag{4-44}$$

式中 IRR——内部收益率。

3. 投资回收期（P_t）

投资回收期按照是否考虑资金时间价值可以分为静态投资回收期和动态投资回收期。以下以动态回收期为例进行介绍。

（1）计算公式

动态投资回收期的计算在实际应用中根据项目（或方案）的现金流量表，用下列近似公式计算：

$$P_t = (\text{累计净现金流量现值出现正值的年数} - 1) + \frac{\text{上一年累计净现金流量现值的绝对值}}{\text{出现正值年份净现金流量的现值}}$$

式中 P_t——动态投资回收期。

（2）评价准则

1）$P_t \leqslant P_c$（基准投资回收期）时，说明项目（或方案）能在要求的时间内收回投资，是可行的；

2）$P_t > P_c$时，则项目（或方案）不可行，应予拒绝。

【**例 4-5**】某工程项目的现金流量表见表 4-30，计算动态投资回收期。假设折现率（基准收益率）$i_c=10\%$，动态基准投资回收期为 5 年。

解：
$$P_t=(6-1)+\frac{93.31}{502.38}=5+0.19=5.19$$

$P_t>P_c$，项目可行。

净现金流量 **表 4-30**

年	0	1	2	3	4	5	6
净现金流量	−150	−90	50	180	180	360	360
累计净现金流量	−150	−240	−190	−10	170	530	890
净现金流量现值	−150	−218.18	−157.02	−13.31	116.11	329.09	502.38
累计净现金流量现值	−150	−368.18	−525.20	−538.51	−422.40	−93.31	409.07

4. 投资收益率（ROI）

项目（或方案）投资收益率是指项目（或方案）达到设计能力后正常年份的年息税前利润或营运期内年平均息税前利润（*EBIT*）与项目总投资（*TI*）的比率。总投资收益率高于同行业的收益率参考值，表明用总投资收益率表示的盈利能力满足要求。

$$ROI=\frac{EBIT}{TI}\times100\% \tag{4-45}$$

式中 *ROI*——投资收益率；

EBIT——平均息税前利润；

TI——项目总投资。

ROI≥部门（行业）平均投资利润率（或基准投资利润率）时，项目（或方案）在财务上可考虑接受。

5. 项目投资利税率

项目（或方案）投资利税率是指项目（或方案）达到设计生产能力后的一个正常生产年份的年利润总额或平均年利润总额和销售税金及附加与项目（或方案）总投资的比率，计算公式为：

投资利税率＝年利税总额或年平均利税总额/总投资×100%

投资利税率≥部门（行业）平均投资利税率（或基准投资利税率）时，项目（或方案）在财务上可考虑接受。

6. 资本金净利润率（*ROE*）

资本金净利润率是指项目（或方案）达到设计能力后正常年份的年净利润或运营期内平均净利润（*NP*）与项目（或方案）资本金（*EC*）的比率。

$$ROE=\frac{NP}{EC}\times100\% \tag{4-46}$$

式中 *ROE*——资本金净利润率；

NP——净利润；

EC——资本金。

资本金净利润率高于同行业的净利润率参考值，表明用项目（或方案）资本金净利润率表示的盈利能力满足要求。

7. 净年值（*NAV*）

净年值（Net Annual Value）是指按给定的折现率，通过等值换算将方案计算期内各个不同时点的净现金流量分摊到计算期内各年的等额年值。

$$NAV = NPV \times (A/P, i, n) \tag{4-47}$$

式中　　NAV——表示净年值；

$(A/P, i, n)$——表示资本回收系数。

对独立项目方案而言，若 $NAV >= 0$，则项目在经济效果上可以接受，若 $NAV < 0$，则项目在经济效果上不可接受。

多方案比选时，净年值越大且非负，方案越优（净年值最大准则）。对于单个方案评价，与 NPV 相同；对于多个方案比较时应用 NAV 指标评价，一般适用于现金流量和利率已知、初始投资额相近，但各方案的寿命期不同的方案比较。具有 NAV 最大值的方案是最优的。

8. 费用现值

$$PC = \sum_{t=0}^{n} CO_t (1 + i_c)^{-t} \tag{4-48}$$

式中　　PC——费用现值；

CO_t、i_c、t、n——同净现值法式中符号。

费用现值含义为每年现金流出量折现到 0 点的现值累计值。应用范围：诸方案产出价值相同，或者诸方案同样满足需要但其效益难以计量。比选原则：费用现值最小的方案为优。隐含条件：各备选方案均是合格方案。

9. 费用年值

$$AC = PC(A/P, i_c, n) \tag{4-49}$$

式中　AC——费用年值。

费用年值法含义为，费用现值分摊到项目寿命期内各年的等额年值。即费用现值年金化。应用范围同费用现值法。适用于各方案寿命期不等时的方案比选。比选原则是，费用年值最小的方案为优，其他隐含条件同费用现值法。

4.4.2　环境工程项目多方案评价选择

在环境工程项目选择中经常会遇到多个方案的选择问题，这就需要从多个方案中选择最优方案。

1. 方案之间的关系与类型

（1）方案之间的关系

一般决策中的被选方案，有以下三种情形：

1）各方案之间并没有直接的相互影响的关系，即在所有备选方案中，选择一个还是选择两个或两个以上方案组合，方案间并不相互影响。

2）各方案之间有直接的相互影响，即在所有方案中只能择其一，不能同时选择两个或两个以上的方案。

3）在所有备选方案中，既有上面第一种情形，又有第二种情形。如企业为改进加工系统，各部门分别提出了各种改造方案，对于某一部门来说，该问题属于第二种情形；而对于企业的总经理来说，该问题则属于第一种情形。

（2）方案的类型

将上述三种类型的方案，分别定义为相互独立型方案、相互排斥型方案和混合型方案。

1）相互独立型方案

相互独立型方案，其特点是诸方案之间没有排斥性，只要条件允许就可以自由选择有利的方案，几个方案可以共存。

相互独立型方案的效果之间具有加和性，即可同时采用两个方案且其收益可相加（称为两方案是可加的），若可加性对于各方案的任何组合都适用，则这些方案是相互独立的。

如：某公司在一定时间内有如下投资意向，增加一套生产装置，扩建办公楼，对现有装置进行节能降耗，更换污水处理装置等。这些项目相互独立，互不相关，如果资金预算能满足需要，只要项目可行，均可以实施。因此，独立型方案的选择问题是在一定的资源约束条件下，以寻求经济效益最优的项目集合。

2）相互排斥型方案

相互排斥型方案，其特点是诸方案间具有相互排斥性，在多个备选方案中只能选择一个，必须放弃其余方案。

如：项目生产规模的确定、厂址的选择、设备选型、某种产品的生产工艺流程、某个装置的技术改造方案等，在项目评价中可以提出很多可供选择的方案，但在最终决策中只能选择其中一个最优方案。

相互排斥型方案的效果之间不具有加和性。

3）混合型方案

混合型方案，是相互独立型方案与相互排斥型方案的混合情况，即在有限的资源约束条件下，有若干个相互独立型的方案，在每个相互独立型方案中又包含着若干个相互排斥型的方案，这样的方案称为混合型方案。

对不同的方案类型，进行经济评价的原则是：最有效地分配有限的资金，以获得最佳的经济效果。在这里重要的问题是，必须根据不同的方案类型正确地选择和运用评价方法。

4）相关型方案

相关型方案是指多个投资方案之间存在一定的关联性，如互补型方案、依赖型方案等。互补型方案是指多个投资方案之间存在互补关系，如园林景观工程与周边地区的房地产项目，景观工程将使周边地区的房地产项目增值。采用先进的生产工艺将减少对环境影响，从而将减少环保工程投资等。依赖型方案是指多个投资方案之间在功能上或经济上存在一定的相互依赖关系，如在煤矿附近投资建设大型火力发电厂，发电厂的建设规模有赖于煤矿的生产能力，同样乙烯工程项目的建设与炼油工程项目相互依赖，密切相关。相关型方案在多方案评价中，只需将其作为约束条件既可，在选择方法上不作专门阐述。

2. 多方案选择与评价方法

（1）相互排斥型方案

对于效益型的投资方案，则应选择效益指标：净现值（NPV）或净年值（NAV）等最大的方案。

对于费用型的投资方案，则应选择费用指标：费用现值（PC）或费用年值（AC）最小的方案。

1）寿命相同时方案的选择——现值法

首先排除不能满足资源约束的备选方案，再计算满足资源约束的所有备选方案的差额评价指标。对于效益型的投资方案，则应选择效益指标：净现值（*NPV*）或净年值（*NAV*）等最大的方案。对于费用型的投资方案，则应选择费用指标：费用现值（*PC*）或费用年值（*AC*）最小的方案。

【例 4-6】对某环境改造项目，现有三个相互排斥的技术改造方案可供选择。各方案的情况见表 4-31，使用年限均为 10 年，试选择经济效果最佳的方案（$i=12\%$）。

经济效益比选 **表 4-31**

方案	初始投资（万元）	年节约额（万元）
A	20	5.8
B	30	7.8
C	40	9.2

解：

$$NPV_A=-20+5.8\times(P/A,\ 12\%,\ 10)=12.77\text{ 万元}$$

$$NPV_B=-30+7.8\times(P/A,\ 12\%,\ 10)=14.07\text{ 万元}$$

$$NPV_C=-40+9.2\times(P/A,\ 12\%,\ 10)=11.98\text{ 万元}$$

计算结果以 B 方案为优。

【例 4-7】某企业考虑在 A、B、C 三台设备中选择其中一台。相关数据见表 4-32，三台设备使用年限均为 10 年，且残值均为 0。若利率为 12%，问应选择哪台设备。

设备比选 **表 4-32**

设备	初始投资（万元）	年收益（万元）
A	20	6
B	30	8
C	40	9.2

解：用净年值法求解

$$NAV_A=-20\times(A/P,\ 12\%,\ 10)+6=2.46\text{ 万元}$$

$$NAV_B=-30\times(A/P,\ 12\%,\ 10)+8=2.69\text{ 万元}$$

$$NAV_C=-40\times(A/P,\ 12\%,\ 10)+9.2=2.12\text{ 万元}$$

两种方法的计算结果均以 B 方案为优。

2）寿命不同时方案的选择——年值法

对寿命周期不同的方案进行比较和选择，采用年值法。对于效益型的投资方案，则应选择效益指标，即净年值（*NAV*）等最大的方案。对于费用型的投资方案，则应选择费用指标，即费用年值（*AC*）最小的方案。

【例 4-8】某厂设备更新（产量相同，收入可省略）考虑了两个方案（表 4-33），试按基准贴现率 $i=15\%$，确定采用哪个方案。

表 4-33

项目	方案 A	方案 B
初期投资（万元）	10000	16000
年经营成本（万元）	3400	3000
残值（万元）	1000	2000
寿命期（年）	6	9

解： $AC_{A\cdot6}=10000(A/P,15\%,6)+3400-1000(A/F,15\%,6)=5928$ 万元

$AC_{B\cdot9}=16000(A/P,15\%,9)+3000-2000(A/F,15\%,9)=6234$ 万元

因此，选择方案 A。

(2) 相互独立型方案

1) 没有资源约束的相互独立型方案

对没有资源约束的相互独立型方案进行评价，只需对每个方案考察其净现值 NPV 是否大于零就行。净现值 NPV 大于零的方案都是可行的方案。

2) 有资源约束的相互独立型方案——穷举法

穷举法也称构造互斥型方案法。就是将所有备选的独立型方案的净现值计算出来，在排除了不可行方案后，对所有可行方案进行任意组合，所有方案组合均不相同，彼此互斥，在确定了所有方案组合后，排除其中超过资源约束的方案组合，再计算满足资源约束条件的方案组合的净现值之和，净现值之和最大的方案组合即为我们寻求的经济效益最优的方案集合。例如：当有 A、B、C、D 四个相互独立的方案进行方案选择时，按穷举法可提出的所有不同的方案组合有：0、A、B、C、D、AB、AC、AD、BC、BD、CD、ABC、ABD、ACD、BCD、ABCD，共计 16 种。这就相当于构造了 16 个互斥型方案，在排除了不可行及超资源约束的方案后，净现值之和最大的方案组合即为我们寻求的经济效益最优的项目集合。

【例 4-9】 某环境建设项目现有三个独立的方案 A、B、C，其初始投资及各年净收益见表 4-34。总投资限额为 8000 万元。基准贴现率为 10%，试选择最优投资方案组合。

各方案经济数据 **表 4-34**

投资方案	第 0 年末投资	年净现金流（万元）	计算年限（万元）
A	2000	460	8
B	3000	600	8
C	5000	980	8

解： 穷举法

各方案的净现值分别为

方案 A：$NPV_A=-2000+460\times(P/A,10\%,8)$

$=-2000+460\times5.3349=454.05$ 万元

方案 B：$NPV_B=-3000+600\times(P/A,10\%,8)$

$=-3000+600\times5.3349=200.94$ 万元

方案 C：$NPV_C=-5000+980\times(P/A,10\%,8)$

$=-5000+980\times5.3349=228.20$ 万元

以上三个方案均可行，列出所有的投资方案组合及其净现值，见表 4-35。

表 4-35

组号	方案组合	第 0 年末投资	净现值（万元）
1	0	0	0
2	A	2000	454.05
3	B	3000	200.94

续表

组号	方案组合	第0年末投资	净现值（万元）
4	C	5000	228.20
5	AB	5000	654.99
6	AC	7000	682.25
7	BC	8000	429.14
8	ABC	10000	454.05

根据表4-35的计算结果可知，ABC方案组合超过了资金约束，在满足8000万元资金约束下，第6组净现值之和最大，为最优的投资组合，故该企业在8000万元资金约束下，应选择A方案和C方案为最优投资方案组合。

4.5 环境工程招标与投标

4.5.1 招标与投标

1. 招标投标

招标投标是指招标人对工程建设、货物买卖、中介服务等交易业务事先公布采购条件和要求，吸引愿意承接任务的众多投标人参加竞争，招标人按照规定的程序和办法择优选定中标人的活动。其中，招标分为公开招标和邀请招标。投标则是指投标人响应招标文件的要求，参加投标竞争的行为。

环境工程招标与投标的主要参考依据为《中华人民共和国招标投标法》（以下简称《招标投标法》）、《中华人民共和国招标投标法实施条例》、《工程建设项目施工招标投标办法》（国家发展和改革委员会令第30号）等。

《招标投标法》第四条规定：任何单位和个人不得将依法必须进行招标的项目化整为零或者以其他任何方式规避招标。

2. 招标投标过程

招标与投标是一种国际惯例。整个招标投标过程包含着招标、投标和定标（决标）三个主要阶段。

（1）招标是招标人事先公布有关工程货物或服务等交易业务的采购条件和要求，以吸引他人参加竞争承接。这是招标人为签订合同而进行的准备，在性质上属要约邀请。

（2）投标是投标人获悉招标人提出的条件和要求后，以订立合同为目的向招标人作出愿意参加有关任务的承接竞争，在性质上属要约。

（3）定标是招标人完全接受众多投票人中提出最优条件的投标人，在性质上属承诺。

3. 招标投标的特点

（1）通过竞争机制，实行交易公开。

（2）鼓励竞争。

（3）通过科学合理的监管机制，保证交易公正公平。

4.5.2 工程量清单计价简介

工程量清单计价是一种国际上通行的工程造价计价方式，是在建设工程招投标工作中，由招标人按照国家统一的工程量计算规则提供工程数量，由投标人依据工程量清单、施工图、企业定额、市场价格等进行自主报价，并经评审后按照合理低价中标的工程造价计价模式。

在工程建设领域实行工程量清单计价，是我国深入进行工程造价体制改革的重要组成部分。自2003年正式颁布《建设工程工程量清单计价规范》GB 50500—2003开始，我国的工程造价计价工作逐渐改变过去以固定“量”、“价”、“费”定额为主导的静态管理模式，过渡到以工程定额为指导、市场形成价格为主的工程造价动态管理体制。实行工程量清单计价的主旨是要在全国范围内，统一项目编码，统一项目名称，统一计量单位，统一工程量计算规则。在这“四个统一”的前提下，由国家主管职能部门统一编制《建设工程工程量清单计价规范》GB 50500—2013（以下简称《规范》），作为强制性标准，在全国统一实施。

《规范》继续坚持了“国家宏观调控、竞争形成价格”的工程造价管理模式，进一步规范了建设工程发承包双方的计价计量行为，形成了工程计价的标准体系。

1. 工程量清单

工程量清单是按照施工图和招标文件的要求，将拟建招标工程的全部项目和内容按照统一的工程量计算规则和计量单位，计算分部分项工程实物量，列在清单上作为招标文件的组成部分，供投标单位逐项填写单价，并用于投标报价和中标后计算工程价款的依据。《规范》GB 50500—2013指出，工程量清单是载明建设工程分部分项工程项目、措施项目、其他项目的名称和相应数量以及规费、税金项目等内容的明细清单。另外，工程量清单是承包合同的重要组成部分，是编制招标工程标底价、投标报价以及工程结算时调整工程量的依据。

工程量清单项目编码以五级设置，采用12位数字表示，其中一、二、三、四级编码与规范要求完全一致，第五级编码按规范要求由编制人根据拟建工程的工程量清单项目名称设置，如图4-5所示。

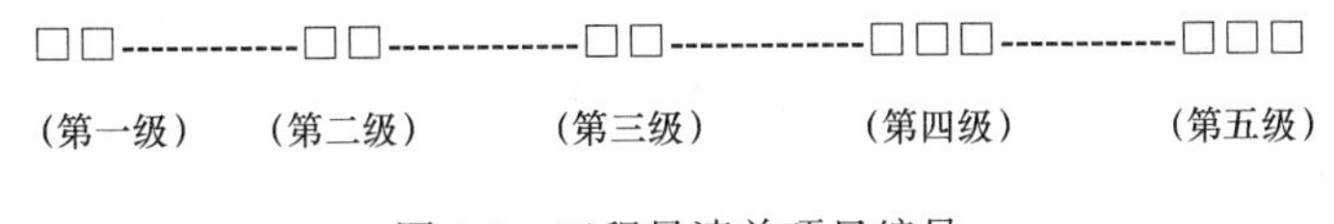

图4-5　工程量清单项目编号

第一级表示分类码（分两位），《规范》GB 50500—2013附录A建筑工程为01，附录B装饰装修工程为02，附录C安装工程为03，附录D市政工程为04，附录E园林绿化工程为05；

第二级表示章顺序码（分两位），例如：0103为附录A的第3章“砌筑工程”，0307为附录C第7章“消防工程”；

第三级表示节顺序码（分两位），例如：010302为附录A第3章“砌筑工程”的第2节“砖砌体”，030701为附录C第7章“消防工程”第1节“水灭火系统”；

第四级表示清单项目名称码（分三位），例如：010302001为附录A第3章第2节中的“实心砖墙”，030701001为附录C第7章第1节的“水喷淋镀锌钢管安装”；

第五级表示清单项目顺序码（分三位），由编制人根据项目特征的区别进行选择。

2. 工程量清单编制

（1）工程量清单内容

根据《规范》GB 50500—2013 规定，招标工程量清单应以单位（项）工程为单位进行编制，应由分部分项工程项目清单、措施项目清单、其他项目清单、规费和税金项目清单组成。招标工程量清单应由具有编制能力的招标人或受其委托、具有相应资质的工程造价咨询人编制。投标价应由投标人或受其委托具有相应资质的工程造价咨询人编制。

1）分部分项工程项目清单

分部分项工程项目清单明确了招标人对拟建工程的全体分项实体工程的名称和相应的数量，投标人对招标人提供的分部分项工程量清单必须逐一计价，对清单所列内容不允许作任何更改变动。分部分项工程项目清单必须载明项目编码、项目名称、项目特征、计量单位和工程量，同时，分部分项工程项目清单必须根据相关工程和现行国家计量规范规定的项目编码、项目名称、项目特征、计量单位和工程量计算规则进行编制。如果投标人认为清单内容有不妥或遗漏之处，只能通过质疑的方式由清单编制人做统一的修改更正。分部分项工程项目清单费用一般占工程总造价的 70%～80%。

2）措施项目清单

措施项目是指为完成工程项目施工，发生于该工程施工准备和施工过程中的技术、生活、安全、环境保护等方面的项目，包括施工技术措施和施工组织措施两大类。措施项目清单应根据拟建工程的实际情况列项，同时应根据相关工程和现行国家计量规范的规定编制。投标人要对拟建工程可能发现的措施项目和措施费用做通盘考虑，对于漏报的措施项目，在施工中发生时投标人不得以任何借口提出索赔与调整。

3）其他项目清单

其他项目清单主要体现了招标人提出的一些与拟建工程有关的特殊要求。当投标人认为列项不全时，也可在此自行增加列项并确定列项的工程数量及其计价。其他项目清单应按照下列内容列项：暂列金额，暂估价（包括材料暂估单价、工程设备暂估单价、专业工程暂估价），计日工，总承包服务费等。其中，暂列金额应根据工程特点按有关计价规定估算。暂估价中的材料、工程设备暂估单价应根据工程造价信息或参照市场价格估算，列出明细表；专业工程暂估价应分不同专业，按有关计价规定估算，列出明细表。计日工应列出项目名称、计量单位和暂估数量。总承包服务费应列出服务项目及其内容等。以上未列的项目，可根据工程实际情况补充。其他项目清单费用一般占工程总造价的 10%～20%。

4）规费

规费是指根据国家法律、法规规定，由省级政府或省级有关权力部门规定施工企业必须缴纳的、应计入建筑安装工程造价的费用。规费项目清单应按照下列内容列项：

① 社会保险费：包括养老保险费、失业保险费、医疗保险费、工伤保险费、生育保险费；

② 住房公积金；

③ 工程排污费。

对于上述未列的项目，应根据省级政府或省级有关部门的规定列项。

5）税金

税金是指国家税法规定的应计入建筑安装工程造价内的营业税、城市维护建设税、教育附加费和地方教育附加费。

（2）工程量清单编制要求

1）项目名称设置应规范。清单项目名称应按《规范》GB 50500—2013附录的规定设置，避免造成混乱。

2）项目描述到位。应将完成该项目的全部内容体现在清单上，避免遗漏。

3）分部分项工程清单设置应以《规范》附录的规定为依据。环境工程多采用《规范》GB 50500—2013附录C。其中，附录C1机械设备安装工程，附录C2电气设备安装工程，附录C3热力设备安装工程，附录C4炉窑砌筑工程，附录C5静置设备与工艺金属结构制作安装工程（包括容器、换热器等），附录C6工业管道安装工程，附录C7消防工程，附录C8给水排水采暖燃气工程，附录C9通风空调工程，附录C10自动化控制仪表安装工程，附录C11通信设备及线路工程。

4）工程量清单采用综合单价计价，包括完成工程量清单中一个规定计量单位项目所需的人工费、材料费、施工机具使用费、管理费和利润，并考虑了风险因素。综合单价不仅适用于分部分项工程量清单，也适用于措施项目清单和其他项目清单，即：

$$分部分项工程费=\sum(清单项目工程量\times综合单价)。$$

3. 工程量清单计价特点

（1）工程量清单计价优点

1）有利于施工企业公平竞争。定额计价是采用施工图预算来报价的，由投标企业计算工程量。由于对图纸、工程量计算规则理解的差异，各投标企业计算出的工程量不同，报价差异较大。而工程量清单计价则是由招标人给出工程量清单，投标企业报价，各投标企业根据自己企业的自身情况填报不同的单价，在相同工程量的条件下进行竞争。

2）有利于提高施工企业生产水平。工程量清单计价让企业自主报价，将属于企业性质的施工方法、施工措施、工料机消耗量水平、取费等留给企业来确定，这就可以充分发挥企业自身的技术专长，体现企业的管理水平，显示材料采购渠道等。

3）有利于工程造价调整和工程结算。施工企业中标后，业主要与中标单位签订施工合同，在工程量清单报价基础上的中标价就成为合同价的基础，投标清单上的价款成为拨付工程款的依据，避免了因为“取费”产生的一些无谓纠纷，造价调整与竣工结算较为灵活。

4）有利于控制消耗量。通过由政府统一发布的社会平均消耗量指导标准，为企业提供了一个社会平均尺度，避免企业随意或盲目大幅度增减消耗量，保证了工程质量。

5）有利于实现风险合理分担。采用工程量清单报价方式，单价上的风险由投标单位承担，工程量上的风险由业主承担。投标单位只对自己所报的成本、单价等负责，业主则承担工程量的变更或计算错误这一部分风险。

6）有利于业主对投资进行控制。采用施工图预算的形式，业主对因设计变更、工程量的增减所引起的工程造价变化不敏感，往往等竣工结算时才知道这些项目投资的影响有多大。而采用工程量清单计价的方式，在进行设计变更时，就能马上知道它对工程造价的影响，业主就能根据投资情况来决定是否变更或进行方案比较，以决定最恰当的处理方法。

（2）清单计价与定额计价比较

1）费用组成与计算方法不同。定额计价时，单位工程造价由直接工程费、间接费、利润、税金四部分构成。计价时先按照定额计算直接费，再以直接费（或其中的人工费）为基数计算各项费用、利润、税金等，最后汇总为单位工程造价。工程量清单计价时，单位工程造价由工程量清单费用、措施项目清单费用、其他项目清单费用、规费、税金五部分构成。作这种划分的考虑是将施工过程中的实体性消耗和措施性消耗分开，对于措施性消耗费用只列出项目名称，由投标人根据招标文件要求、施工现场情况和施工方案自行确定，体现出以施工方案为基础的造价竞争。对于实体性消耗费用，则列出具体的工程数量，投标人要报出每个清单项目的综合单价。

2）分项工程单价构成不同。按定额计价时，分项工程的单价只包括人工费、材料费、机械费。工程量清单计价时，分项工程单价一般为综合单价，除了人工费、材料费、机械费外，还要包括管理费（现场管理费和企业管理费）、利润和必要的风险费。综合单价中的费用、利润由投标人根据本企业实际支出、利润预期和投标策略确定，是施工企业实际成本费用的反映。综合单价的报出是一种个别计价、市场竞争的过程。

3）单位工程项目划分不同。定额计价（如预算定额）的工程项目划分，是按工程的不同部位、不同材料、不同工艺、不同施工机械、不同施工方法和材料规格型号进行，十分详细，仅土建定额就有几千个项目。工程量清单计价的工程项目划分有较大的综合性，土建工程只有177个项目，它考虑了工程部位、材料、工艺特征，但不考虑具体的施工方法或措施（如人工、材料、机械的不同型号等），对于同一项目不再按阶段或过程分为几项，而是综合到一起，如混凝土，可以将同一项目的搅拌（制作）、运输、安装、接头灌缝等综合为一项，减少原来定额对于施工企业工艺方法选择的限制，报价时有更多的自主性。工程量清单中的量应该是综合的工程量，而不是按定额计算的“预算工程量”。综合的量有利于企业自主选择施工方法并以此为基础竞价，也能使企业摆脱对定额的依赖，建立起企业内部报价及管理的定额和价格体系。

4）计价依据不同。计价依据不同是清单计价和按定额计价的根本区别。按定额计价的唯一依据就是国家或地区定额，而工程量清单计价的主要依据是企业定额，包括企业生产要素消耗量标准、材料价格、施工机械配备、管理状况及各项管理费支出标准等。工程量清单计价的本质是要改变政府定价模式，建立起市场形成造价机制，只有计价依据个别化，这一目标才能实现。

4.5.3 环境工程施工招投标

环境工程施工招标与投标是市场经济条件下，根据招标人拟建环境工程项目的施工任务发出招标公告或投标邀请书，由投标人在规定的时间内根据招标文件的要求提交包括施工组织设计、工期、质量、进度及报价等内容的投标书，经评标委员会专家评审，从中择优选定施工承包单位。

施工招标可以是单位工程招标，原则上不得对单位工程的分部分项工程进行招标，但可以对特殊专业工程招标。

1. 开展招标投标活动的原则

《招标投标法》第五条规定：招标投标活动应当遵循公开、公正、公平和诚实信用的原则。

“公开”要求：招标活动信息公开，开标活动公开，评标标准公开，定标结果公开；“公平”是指招标人不得以任何理由歧视、排斥或限制任何投标人参加投标，也不得非法干涉招标投标活动；“公正”是指招标人在招标过程中按照统一的标准衡量每个投标人(如资格预审和评标标准要统一)；“诚实信用”是指不得提供虚假信息、不得以他人名义投标、不得相互串通、不得擅自改变中标结果等。

2. 环境工程施工招标方式

(1) 公开招标

公开招标又称为无限竞争招标，是指招标人以招标公告方式邀请不特定的法人或其他组织投标。

招标公告内容包括招标人的名称、地址，招标项目的性质、数量、实施地点和时间以及获取招标文件的办法等事项。

(2) 邀请招标

邀请招标，又称选择性招标、有限竞争性招标，是指招标人以投标邀请书的方式邀请特定的法人或者其他组织投标。

《招标投标法》第十一条规定，国务院发展计划部门确定的国家重点项目和省、自治区、直辖市人民政府确定的地方重点项目不适宜公开招标的，经国务院发展计划部门或者省、自治区、直辖市人民政府批准，可以进行邀请招标。

根据《工程建设项目施工招标投标办法》第十一条规定，国务院发展计划部门确定的国家重点建设项目和各省、自治区、直辖市人民政府确定的地方重点建设项目，以及全部使用国有资金投资或者国有资金投资占控股或者主导地位的工程建设项目，应当公开招标；有下列情形之一的，经批准可以进行邀请招标：

1) 项目技术复杂或有特殊要求，只有少量几家潜在投标人可供选择的。

2) 受自然地域环境限制的。

3) 涉及国家安全、国家秘密或者抢险救灾，适宜招标但不宜公开招标的。

4) 拟公开招标的费用与项目的价值相比，不值得的。

5) 法律、法规规定不宜公开招标的。

无论是邀请招标还是公开招标都必须按规定的招标程序进行，要制订统一的招标文件，投标人都必须按招标文件的规定进行投标。

3. 环境工程施工承包合同类型

合同类型的选择要根据承包内容、承包方式及承包项目的具体情况来确定。较多的是考虑合同的计价方式的选择。一般有固定价格合同、可调价格合同及成本加酬金合同。

4. 标底

标底是由招标单位自行编制或委托具有编制标底资格和能力的代理机构根据设计图纸、定额、取费标准等资料编制，并按规定报经审定的招标工程的预期价格。标底能反映出拟建工程的资金额度。

(1) 标底的作用

工程招标标底价格是招标工程的预期价格，是核定建设规模和控制工程投资的基础数据，是衡量投标单位报价的准绳，也是评标的重要尺度。

在过去的招投标工作中，标底价格在评标中起到了不可代替的作用。但是，在实施工程量清单报价的条件下，形成了由招标人按照国家统一的工程量计算规则计算工程量，由投标人自主报价，经评审低价中标的工程造价模式，使标底的作用逐渐弱化。

（2）标底的组成

1）标底的综合编制说明：包括工程招标标底的编制目的、编制依据、编制要求、计算方法和有关规定等。

2）标底主要文件：包括标底价格审定书、标底价格计算书、带有价格的工程量清单、现场因素、各施工措施费用的测算明细表、采用固定价格的风险系数测算明细表等。

3）主要材料用量：包括水泥、木材、钢材（含钢筋、型钢、管材、板材等）、电器设备、电线、灯具、大宗材料（含砖、瓦、砂、石）等。

4）标底附件。

（3）标底编制的原则

1）三统一：根据国家公布的统一项目划分、统一计量单位、统一计算规则，以及施工图纸、招标文件，并参照国家制订的基础定额和国家、行业、地方规定的技术标准规范，以及市场价格确定工程量和编制标底。

2）按工程项目类别计价：标底作为招标人的期望价格，应力求与市场的实际变化吻合，要有利于竞争和保证工程质量。

3）标底由成本、利润、税金等组成：标底应由成本、利润、税金等组成，应控制在批准的总概算（或修正概算）及投资包干的限额内。

（4）标底的编制方法

标底的编制过程是对项目所需费用的预先自我测算过程，通过标底的编制可以促使招标单位事先加强工程项目的成本调查和预测，做到对价格和有关费用心中有数。

1）概算指标编制工程标底

概算指标具有较强的综合程度，因而估算的工程价格也较粗略。

2）概算定额和概算单价编制工程标底

在招标项目处于基本设计阶段，项目技术经济条件还不明确，呈中间状态时，一般宜用概算定额和概算单价确定招标工程的标底。

3）预算定额和预算单价编制工程标底

在招标项目处于详细设计阶段，设计内容完整，项目的技术经济条件明确详尽时，多采用此种方法确定工程标底。

（5）编制标底的主要程序

1）确定标底的编制单位。

2）提供以下资料，以便进行标底计算：

① 全套施工图纸及现场地质、水文、地上情况的有关资料；

② 招标文件。

3）领取标底价格计算书及报审的有关表格。

4）参加交底及现场勘察。标底编、审人员均应参加施工图纸交底、施工方案交底、现场勘察、招标预备会，便于标底的编、审工作。

5）编制标底。编制人员应严格按照国家的有关政策、规定，科学公正地编制标底。

（6）标底的审定

在投标截止日期后，报经招标管理机构审查，未经审查的标底一律无效。

1）一个工程只能编制一个标底。

2）招标人设有标底的，标底必须保密。

3）招标项目可以不设标底。

5. 招投标总程序

招投标总程序如图 4-6 所示。

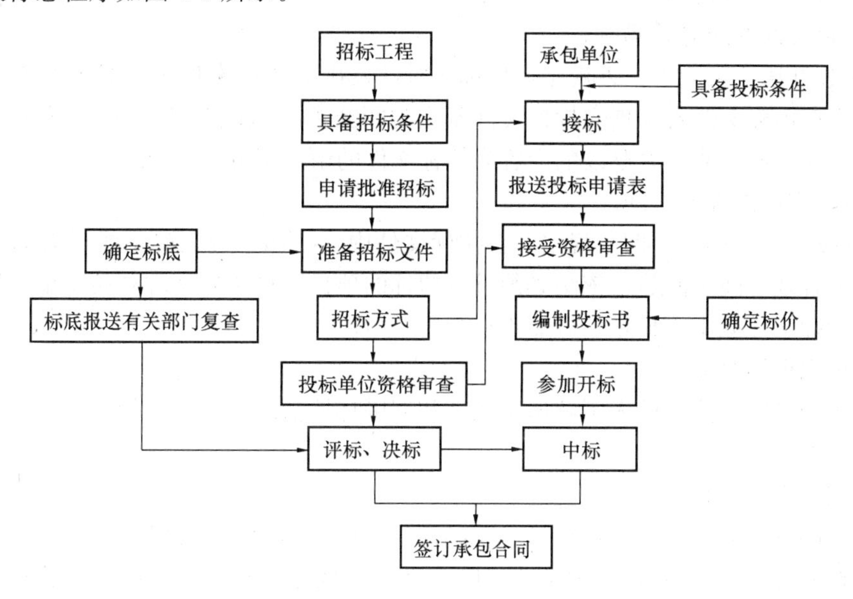

图 4-6　招投标总程序图

6. 招标程序

(1) 组织招标机构。

(2) 准备招标文件。

(3) 发布招标公告和资格预审通知。

(4) 进行资格预审。

资格预审主要是审查投标人是否取得法人资格的建筑承包工程项目，企业等级（以承包能力划分）是否与工程项目要求相适应，不允许越级承包工程项目，同时还应对投标人的施工能力、企业信誉、队伍素质、施工装备、财务状况和过去完成类似工程的情况与经验等进行全面的审查。

资格预审的内容一般包括五个方面：①具有独立订立合同的权利；②具有圆满履行合同的权利；③以往承担类似项目的业绩情况；④没有处于被责令停业，财产被接管、冻结、破产状态；⑤在最近几年内没有与骗取合同有关的犯罪或严重违法行为。

(5) 发出投标邀请。

(6) 发售招标文件。

1）招标文件的出售。

《工程建设项目施工招标投标办法》第十五条规定，招标人应当按招标公告或者投标邀请书规定的时间、地点出售招标文件。自招标文件出售之日起至停止出售之日止，最短不得少于 5 个工作日。

2）招标文件的内容。

《工程建设项目施工招标投标办法》第二十四条规定，招标人根据施工招标项目的特点和需要编制招标文件。招标文件一般包括下列内容：投标邀请书；投标人须知；合同主要条款；投标文件格式。采用工程量清单招标的，应当提供工程量清单；技术条款；设计图纸；评标标准和方法；投标辅助材料。招标人应当在招标文件中规定实质性要求和条件，并用醒目的方式标明。

3）招标文件的澄清和修改。

《招标投标法》第二十三条规定，招标人对已发出的招标文件进行必要的澄清或者修改的，应当在招标文件要求提交投标文件截止时间至少15日前，以书面形式通知所有招标文件收受人。该澄清或者修改的内容为招标文件的组成部分。

4）投标文件的准备时间。

《招标投标法》第二十四条规定，在招标文件中，招标人应当确定投标人编制投标文件所需要的合理时间；但是，依法必须进行招标的项目，自招标文件开始发出之日起至投标人提交投标文件截止之日止，最短不得少于20日。

（7）组织现场踏勘。

通过现场踏勘，使投标人了解施工场地和周围环境情况，以获取投标单位认为有必要的信息。

（8）招标文件答疑。

招标人的答疑方式主要有：1）以信函方式书面解答，解答内容同时送达所有获得招标文件的投标人。2）召开投标预备会，以会议记录形式将解答内容送达所有投标人。

（9）发送招标文件澄清补充和修改。

（10）接受投标书。

（11）开标。

1）开标日期：提交投标文件的截止时间。

《招标投标法》第三十四条规定："开标应当在招标文件确定的提交投标文件截止时间的同一时间公开进行。开标地点应当为招标文件中预先确定的地点。"

2）主持人：招标人/招标代理机构。

《招标投标法》第三十五条规定："开标由招标人主持，邀请所有投标人参加。"

3）参加人：投标人、招标监督部门与监察部门的有关人员、公证机构的工作人员。

4）程序。

《招标投标法》第三十六条第1款规定：开标时，由投标人或者其推选的代表检查投标文件的密封情况，也可以由招标人委托的公证机构检查并公证；经确认无误后，由工作人员当众拆封，宣读投标人名称、投标价格和投标文件的其他主要内容。

投标人代表/招标人委托的公证机构确认其投标文件的完整性，工作人员当众拆封唱标，唱标内容做好记录并存档，投标人法定代表签字。

（12）评标。

依据招标文件的规定和要求，对投标文件进行审查、评审和比较。评标不能由招标人或其代理机构独自承担。《招标投标法》第三十七条第1款规定：评标由招标人依法组建的评标委员会负责。其评标委员会由招标人代表和有关技术、经济等方面的专家组成，成员人数为5人以上的单数，其中技术、经济等方面的专家不得少于成员总数的2/3。

1）评审过程——两段三审。

两段：初评和详评。

三审：符合性评审——符合最低要求标准；技术性评审——对施工方案、施工组织设计、技术保障措施、技术建议等（技术能力和施工方案可靠性）进行评审；商务性评审——从成本、财务和经济分析等方面评定投标报价的合理性和可靠性。

2）评标方法。

最低标价法——以报价作为最重要的评标依据。投标符合招标文件的实质性要求，标价不得低于成本价。

综合评议法——对价格、施工方案、项目经理的资历与业绩、质量、工期、企业信誉和业绩等进行综合评价。

3）评审结果——评标报告。

《招标投标法》第四十条规定：评标委员会应当按照招标文件确定的评标标准和方法，对投标文件进行评审和比较；设有标底的，应当参考标底。评标委员会完成评标后，应当向招标人提出书面评标报告，并推荐合格的中标候选人。

（13）定标。

招标人依据评标委员会的评标报告，并从其推荐的中标候选人名单中确定中标人，也可授权评标委员会直接定标。

《工程建设项目施工招标投标办法》第五十八条规定：依法必须进行招标的项目，招标人应当确定排名第一的中标候选人为中标人。排名第一的中标候选人放弃中标、因不可抗力提出不能履行合同，或者招标文件规定应当提交履约保证金而在规定的期限内未能提交的，招标人可以确定排名第二的中标候选人为中标人。排名第二的中标候选人因前款规定的同样原因不能签订合同的，招标人可以确定排名第三的中标候选人为中标人。

（14）签发中标通知书，签约谈判。

（15）签订合同。

7. 投标程序

（1）申请资格预审。

（2）准备资格审查材料并报送资格审查材料，接受投标邀请并组建投标班子。

（3）购买招标文件，研究招标文件。

（4）现场踏勘。

现场踏勘费用由投标者自费进行，也可列入投标报价中，不中标则投标人得不到任何补偿。

（5）招标文件质疑。

（6）编制投标文件。

1）投标文件的组成。

《招标投标法》第二十七条规定：投标人应当按照招标文件的要求编制投标文件，投标文件应当对招标文件提出的实质性要求和条件做出响应。招标项目属于建设施工的，投标文件的内容应当包括拟派出的项目负责人与主要技术人员的简历、业绩和拟用于完成招标项目的机械设备等。

《工程建设项目施工招标投标办法》第三十六条规定：投标人应当按照招标文件的要求编制投标文件。投标文件应当对招标文件提出的实质性要求和条件作出响应。投标文件一般包括下列内容：投标函；投标报价；施工组织设计；商务和技术偏差表。投标人根据招标文件载明的项目实际情况，拟在中标后将中标项目的部分非主体、非关键性工作进行分包的，应当在投标文件中载明。

2）投标文件递交的时间和地点。

《招标投标法》第二十八条规定：投标人应当在招标文件要求提交投标文件的截止时间前，将投标文件送达投标地点。招标人收到投标文件后应该签收保存，不得开启。

3）投标文件的补充、修改和撤回。

《招标投标法》第二十九条规定：投标人在招标文件要求提交投标文件的截止时间前，可以补充、修改或者撤回已提交的投标文件，并书面通知招标人。补充、修改的内容为投标文件的组成部分。

（7）递交投标文件和投标保证。

（8）参加开标会议。

（9）接受评委会的质疑，解答有关问题。

（10）接受中标。

（11）签约谈判与签约保证的准备。

（12）提交履约保证，签订合同。

8. 有关时间的规定

（1）施工招标项目工期超过12个月的，招标文件可以规定工程造价指数体系、价格调整因素和调整方法。

（2）招标文件中建设工期比工期定额缩短20%以上的，投标报价中可以计算赶工措施费。

（3）投标准备时间（即从开始发出招标文件之日起，至投标人提交投标文件截止之日止）最短不得少于20天。

（4）投标有效期从投标人提交投标文件截止之日起计算，投标保证金有效期应当超出投标有效期30天。

（5）招标文件中内容进行修改应当在招标文件规定提交投标文件截止时间至少15天之前通知所有投标人。

（6）勘察现场一般安排在投标预备会议的前1～2天，投标预备会议可安排在发出招标文件后7～28天以内举行。

（7）投标单位核对招标文件提供的工程量清单后需要质疑的，应在收到招标文件7天以内以书面形式向招标单位提出。

（8）开标时间即为提交投标文件截止时间。

（9）评标委员会提出书面评标报告后，招标人一般应当在15天以内确定中标人，最迟应当在投标有效期结束30个工作日前确定。

（10）依法必须进行施工招标的工程，招标人应当自发出中标通知书起15天内向监管部门提交施工招标投标情况的书面报告。

（11）自中标通知书发出之日起30天之内，招标人与中标人应签订工程承包合同，招标人与中标人签订合同后5个工作日内，应当向中标人和未中标人退还投标保证金。

9. 评标标准的设置及评标方法

(1) 综合评分法

施工招标需要评定比较的要素较多，且各项内容的单位又不一致，如工期是天、报价是元等，因此综合评分法可以较全面地反映投标人的素质。评标是对各承包商实施工程综合能力的比较，大型复杂工程的评分标准最好设置几级评分目标，以利于评委控制打分标准，减小随意性。评分的指标体系及权重应根据招标工程项目特点设定。报价部分的评分又分为用标底衡量、用复合标底衡量和无标底比较三大类。

1）以标底衡量报价得分的综合评分法。首先以预先确定的允许报价浮动范围确定入围的有效投标，然后按照评标规则依据报价与标底的偏离程度计算报价项得分，最后以各项累计得分比较投标书的优劣。应予注意，若某投标书的总分不低，但其中某一项得分低于该项及格分时，也应充分考虑授标给此投标人实施过程中可能的风险。

2）以复合标底值作为报价评分衡量标准的综合评分法。具体步骤为：

① 计算各投标书报价的算术平均值；

② 将标书平均值与标底再作算术平均；

③ 以②算出的值为中心，按预先确定的允许浮动范围确定入围的有效投标书；

④ 计算入围有效标书的报价算术平均值；

⑤ 将标底和④计算的值进行平均，作为确定报价得分的衡量标准。此步计算可以是简单的算术平均，也可以采用加权平均（如标底的权重为 0.4，报价的平均值权重为 0.6）；

⑥ 依据评标规则确定的计算方法，按报价与标准的偏离度计算各投标书的该项得分。

3）无标底的综合评分法。为了鼓励投标人的报价竞争，可以不预先制定标底，用反映投标人报价平均水平某一值作为衡量基准评定各投标书的报价部分得分。此种方法在招标文件中应说明比较的标准值和报价与标准值偏差的计分方法，视报价与其偏离度的大小确定分值高低。采用较多的方法包括：

① 以最低报价为标准值。在所有投标书的报价中以报价最低者为标准（该项满分），其他投标人的报价按预先确定的偏离百分比计算相应得分。但应注意，最低的投标报价比次低投标人的报价如果相差悬殊（例如 20％以上），则应首先考察最低报价者是否有低于其企业成本的竞标，若报价的费用组成合理，才可以作为标准值。这种规则适用于工作内容简单、一般承包人采用常规方法都可以完成的施工内容，因此评标时更重视报价的高低；

② 以平均报价为标准值。开标后，首先计算各主要报价项的标准值。可以采用简单的算术平均值或平均值下浮某一预先规定的百分比作为标准值。标准值确定后，再按预先确定的规则，视各投标书的报价与标准值的偏离程度，计算各投标书的该项得分。对于某些较为复杂的工作任务，不同的施工组织和施工方法可能产生不同效果的情况，不应过分追求报价，因此采用投标人的报价平均水平作为衡量标准。

(2) 评标价法

评标委员会首先通过对各投标书的审查淘汰技术方案不满足基本要求的投标书，然后对基本合格的标书按预定的方法将某些评审要素按一定规则折算为评审价格，加到该标书的报价上形成评标价。以评标价最低的标书为最优（不是投标报价最低）。评标价仅作为衡量投标人能力高低的量化比较方法，与中标人签订合同时仍以投标价格为准。可以折算成价格的评审要素一般包括：

1）投标书承诺的工期提前给项目可能带来的超前收益，以月为单位按预定计算规则折算为相应的货币值，从该投标人的报价内扣减此值。

2）实施过程中必然发生而标书又属明显漏项部分，给予相应的补项，增加到报价上去。

3）技术建议可能带来的实际经济效益，按预定的比例折算后，在投标价内减去该值。

4）投标书内提出的优惠条件可能给招标人带来的好处，以开标日为准，按一定的方法折算后，作为评审价格因素之一。

5）对其他可以折算为价格的要素，按照对招标人有利或不利的原则，增加或减少到投标报价上去。

4.5.4 环境工程施工投标报价

1. 投标报价的基本含义

投标报价是指承包商采取投标方式承揽工程项目时，计算和确定承包该工程的投标总价格。投标价是投标人希望达成工程承包交易的期望价格，但不能高于招标人设定的招标控制价。

《规范》GB 50500—2013 规定，投标价是投标人参与工程项目投标时报出的工程造价。即投标价是指在工程招标发包过程中，由投标人或受其委托具有相应资质的工程造价咨询人按照招标文件的要求以及有关计价规定，依据发包人提供的工程量清单、施工设计图纸，结合工程项目特点、施工现场情况及企业自身的施工技术、装备和管理水平等，自主确定的工程造价。

2. 投标报价的基本原则

报价是投标的关键性工作，报价是否合理直接关系到投标工作的成败。工程量清单计价下编制投标报价的原则如下：

（1）投标报价由投标人自主确定，但必须执行《规范》GB 50500—2013 的强制性规定。投标价应由投标人或受其委托具有相应资质的工程造价咨询人编制。

（2）投标人的投标报价不得低于成本。

《中华人民共和国招标投标法》中规定："中标人的投标应当符合下列条件之一：（一）能够最大限度地满足招标文件中规定的各项综合评价标准；（二）能够满足招标文件的实质性要求，并且经评审的投标价格最低；但是投标价格低于成本的除外。"

《评标委员会和评标方法暂行规定》中规定："在评标过程中，评标委员会发现投标人的报价明显低于其他投标报价或者在设有标底时明显低于标底的，使得其投标报价可能低于其个别成本的，应当要求该投标人做出书面说明并提供相关证明材料。投标人不能合理说明或者不能提供相关证明材料的，由评标委员会认定该投标人以低于成本报价竞标，其投标应作为废标处理。"

（3）按招标人提供的工程量清单填报价格。

实行工程量清单招标，招标人在招标文件中提供工程量清单，其目的是使各投标人在投标报价中具有共同的竞争平台。因此，为避免出现差错，要求投标人应按招标人提供的工程量清单填报投标价格，填写的项目编码、项目名称、项目特征、计量单位、工程量必须与招标人提供的一致。

(4) 投标报价要研究招标文件中双方的经济责任，以招标文件中设定的承发包双方责任划分，作为设定投标报价费用项目和费用计算的基础。承发包双方的责任划分不同，会导致合同风险分摊不同，从而导致投标人报价不同；不同的工程承发包模式会直接影响工程项目投标报价的费用内容和计算深度。

(5) 应该选择经济合理的施工方案、技术措施等作为投标报价计算的基本条件。企业定额反映企业技术和管理水平，是计算人工、材料和机械台班消耗量的基本依据；更要充分利用现场考察调研成果、市场价格信息和行情资料等编制基础标价。

(6) 报价计算方法要科学严谨，简明适用，数据资料要有依据。

(7) 充分利用现场勘察资料。

(8) 根据承包方式做到“内细算外粗报”。

3. 投标报价依据

(1)《规范》GB 50500—2013。

(2) 国家或省级、行业建设主管部门颁发的计价办法。

(3) 企业定额，国家或省级、行业建设主管部门颁发的计价定额。

(4) 招标文件、招标工程量清单及其补充通知、答疑纪要。

(5) 建设工程项目设计文件及相关资料。

(6) 施工现场情况、工程项目特点及招标时拟定的施工组织设计或施工方案。

(7) 与建设项目相关的标准、规范等技术资料。

(8) 市场价格信息或工程造价管理机构发布的工程造价信息。

(9) 本企业施工组织管理水平、施工技术力量及设备装备能力等。

(10) 本企业过去同类工程施工成本数据。

(11) 影响报价的企业内部因素和市场因素。

(12) 其他的相关资料。

4. 投标报价方法

(1) 不平衡报价法

不平衡报价法（Unbalanced bids）也叫前重后轻法（Front loaded）。不平衡报价是指一个工程项目的投标报价，在总价基本确定后，如何调整内部各个项目的报价，以期既不提高总价，不影响中标，又能在结算时得到更理想的经济效益。一般可以在以下几个方面考虑采用不平衡报价法。

1) 能够早日结账收款的项目（如开办费、土石方工程、基础工程等）可以报的高一些，以利资金周转，后期工程项目（如机电设备安装工程，装饰工程等）可适当降低。

2) 经过工程量核算，预计今后工程量会增加的项目，单价适当提高，这样在最终结算时可多赚钱，而将工程量可能减少的项目单价降低，工程结算时损失不大。

但是上述 1)、2) 两点要统筹考虑，针对工程量有错误的早期工程，如果不可能完成工程量表中的数量，则不能盲目抬高报价，要具体分析后再定。

3) 设计图纸不明确，估计修改后工程量要增加的，可以提高单价，而工程内容说不清的，则可降低一些单价。

4) 暂定项目（Optional Items）。暂定项目又叫任意项目，对这类项目要具体分析，因这一类项目要开工后再由业主研究决定是否实施，由哪一家承包商实施。如果工程不分标，只由一家承包商施工，则其中肯定要做的单价可高一些，不一定做的则应低一些。如果工程分标，该暂定项目也可能由其他承包商实施时，则不宜报高价，以免抬高总包价。

5）在单价包干混合制合同中，有些项目业主要求采用包干报价时，宜报高价。一则这类项目多半有风险，二则这类项目在完成后可全部按报价结账，即可以全部结算回来，而其余单价项目则可适当降低。

但是不平衡报价一定要建立在对工程量表中工程量仔细核对分析的基础上，特别是对报低单价的项目，如工程量执行时增多将造成承包商的重大损失，同时一定要控制在合理幅度内（一般可以在10%左右），以免引起业主反对，甚至导致废标。如果不注意这一点，有时业主会挑选出报价过高的项目，要求投标者进行单价分析，而围绕单价分析中过高的内容压价，以致承包商得不偿失。

（2）计日工的报价

如果是单纯计日工的报价，可以报高一些。以便在日后业主用工或使用机械时可以多盈利。但如果招标文件中有一个假定的“名义工程量”时，则需要具体分析是否报高价。总之，要分析业主在开工后可能使用的计日工数量确定报价方针。

（3）多方案报价法

对一些招标文件，如果发现工程范围不很明确，条款不清楚或很不公正，或技术规范要求过于苛刻时，只要在充分估计投标风险的基础上，按多方案报价法处理。

即按原招标文件报一个价，然后再提出：“如某条款（如某规范规定）作某些变动，报价可降低多少……”，报一个较低的价。这样可以降低总价，吸引业主。

或是对某些部分工程提出按“成本补偿合同”方式处理。其余部分报一个总价。

（4）增加建议方案

有时招标文件中规定，可以提出建议方案（Alternatives），即可以修改原设计方案，提出投标者的方案。投标者这时应组织一批有经验的设计和施工工程师，对原招标文件的设计和施工方案仔细研究，提出更合理的方案以吸引业主，促成自己方案中标。这种新的建议方案可以降低总造价或提前竣工或使工程运用更合理。但要注意的是对原招标方案一定要标价，以供业主比较。增加建议方案时，不要将方案写得太具体，保留方案的技术关键，防止业主将此方案交给其他承包商。同时要强调的是，建议方案一定要比较成熟，或过去有这方面的实践经验。因为投标时间不长，如果仅为中标而匆忙提出一些没有把握的建议方案，可能引起很多后患。

（5）突然降价法

报价是一件保密性很强的工作，但是对手往往通过各种渠道、手段来刺探情况，因此在报价时可以采取迷惑对方的手法。即先按一般情况报价或表现出自己对该工程项目兴趣不大，到快投标截止时，再突然降价。如鲁布革水电站引水系统工程突然降低80.4%，取得最低标，为以后中标打下基础。采用这种方法时，一定要在准备投标报价的过程中考虑好降价的幅度，在临近投标截止日期前，根据情报信息与分析判断，再作最后决策。如果采用突然降价法而中标，因为开标只降总价，在签订合同后可采用不平衡报价的思想调整工程量表内的各项单价或价格，以期取得更高的效益。

（6）先亏后盈法

有的承包商，为了打进某一地区，依靠国家、某财团和自身的雄厚资本实力，而采取一种不惜代价，只求中标的低价报价方案。应用这种手法的承包商必须有较好的资信条件，并且提出的实施方案也先进可行，同时要加强对公司情况的宣传，否则即使标价低，业主也不一定选中。如果其他承包商遇到这种情况，不一定和这类承包商硬拼，而努力争第二、三标，再依靠自己的经验和信誉争取中标。

（7）联合保标法

在竞争对手众多的情况下，可以采取几家实力雄厚的承包商联合起来控制标价，一家出面争取中标，再将其中部分项目转让给其他承包商分包，或轮流相互保标。在国际上这种做法很常见，但是如被业主发现，则有可能被取消投标资格。

5. 投标价的编制与审核

拟定合理的投标价格是投标报价工作的核心，其方法与编制工程预算基本相同，但价格的确定与编制预算不同。

在编制投标报价之前，需要先对清单工程量进行复核。因为工程量清单中的各分部分项工程量并不十分准确，若设计深度不够则可能有较大的误差，而工程量的多少是选择施工方法、安排人力和机械、准备材料必须考虑的因素，自然也影响分项工程的单价，因此一定要对工程量进行复核。

投标报价的编制过程，应首先根据招标人提供的工程量清单编制分部分项工程量清单计价表、措施项目清单计价表、其他项目清单计价表、规费和税金项目清单计价表，计算完毕后汇总而得到单位工程投标报价汇总表，再层层汇总，分别得出单项工程投标报价汇总表和工程项目投标总价汇总表。

工程项目投标报价的编制过程，如图 4-7 所示。

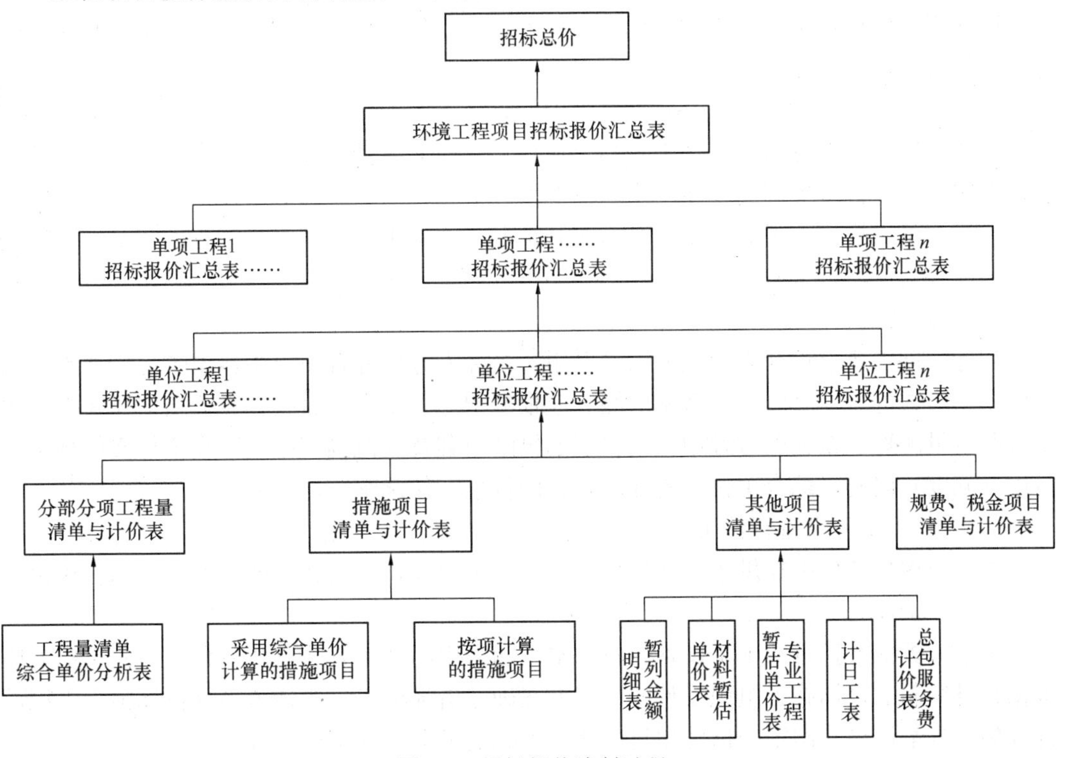

图 4-7　投标报价编制过程

(1) 综合单价

综合单价中应包括招标文件中划分的应由投标人承担的风险范围及其费用，招标文件中没有明确的，应提请招标人明确。

(2) 单价项目

分部分项工程和措施项目中的单价项目中最主要的是确定综合单价，应根据拟定的招标文件和招投标工程清单项目中的特征描述及有关要求确定综合单价计算，包括：

1) 工程量清单项目特征描述

确定分部分项工程和措施项目综合单价的最重要依据之一是该清单项目的特征描述，投标人投标报价时应依据招标工程量清单项目的特征描述确定清单项目的综合单价。在招投标过程中，若出现工程量清单特征描述与设计图纸不符，投标人应以招标工程量清单的项目特征描述为准，确定投标报价的综合单价；若施工中施工图纸或设计变更与招标工程量清单项目特征描述不一致，发承包双方应按实际施工的项目特征依据合同约定重新确定综合单价。

2) 企业定额

企业定额是施工企业根据本企业具有的管理水平、拥有的施工技术和施工机械装备水平而编制的，是完成一个规定计量单位的工程项目所需的人工、材料、施工机械台班的消耗标准，是施工企业内部进行施工管理的标准，也是施工企业投标报价确定综合单价的依据之一。投标企业没有企业定额时可根据企业自身情况参照消耗量定额进行调整。

3) 资源可获取价格

综合单价中的人工费、材料费、机械费是以企业定额的人、料、机消耗量乘以人、料、机的实际价格得出的，因此投标人拟投入的人、料、机等资源的可获取价格直接影响综合单价的高低。

4) 企业管理费费率、利润率

企业管理费费率可由投标人根据本企业近年的企业管理费核算数据自行测定，当然也可以参照当地造价管理部门发布的平均参考值。

利润率可由投标人根据本企业当前盈利情况、施工水平、拟投标工程的竞争情况以及企业当前经营策略自主确定。

5) 风险费用

招标文件中要求投标人承担的风险费用，投标人应在综合单价中给予考虑，通常以风险费率的形式进行计算。风险费率的测算应根据招标人要求结合投标企业当前风险控制水平进行定量测算。在施工过程中，当出现的风险内容及其范围（幅度）在招标文件规定的范围（幅度）内时，综合单价不得变动，合同价款不作调整。

6) 材料、工程设备暂估价

招标工程量清单中提供了暂估单价的材料、工程设备，按暂估的单价计入综合单价。

(3) 总价项目

由于各投标人拥有的施工设备、技术水平和采用的施工方法有所差异，因此投标人应根据自身编制的投标施工组织设计或施工方案确定措施项目。投标人根据投标施工组织设计或施工方案调整和确定的措施项目应通过评标委员会的评审。

1) 措施项目中的总价项目应采用综合单价方式报价，包括除规费、税金外的全部费用。

2）措施项目中的安全文明施工费应按照国家或省级、行业主管部门的规定计算确定。

（4）其他项目费

1）暂列金额应按照招标工程量清单中列出的金额填写，不得变动。

2）暂估价不得变动和更改。暂估价中的材料、工程设备必须按照暂估单价计入综合单价；专业工程暂估价必须按照招标工程量清单中列出的金额填写。

3）计日工应按照招标工程量清单列出的项目和估算的数量，自主确定各项综合单价并计算费用。

4）总承包服务费应根据招标工程量列出的专业工程暂估价内容和供应材料、设备情况，按照招标人提出协调、配合与服务要求和施工现场管理需要自主确定。

（5）规费和税金

规费和税金必须按国家或省级、行业建设主管部门规定的标准计算，不得作为竞争性费用。

（6）投标总价

投标人的投标总价应当与组成招标工程量清单的分部分项工程费、措施项目费、其他项目费和规费、税金的合计金额相一致，即投标人在进行工程项目工程量清单招标的投标报价时，不能进行投标总价优惠（或降价、让利），投标人对投标报价的任何优惠（或降价、让利）均应反映在相应清单项目的综合单价中。

6. 投标报价的注意事项

（1）标书格式要规范，标书内容一定要符合招标文件的要求。

（2）投标报价一定要切合企业实际。

（3）做好标书内容的保密工作。

（4）防止出现废标。当标书出现下列情况之一时视为废标：①标书未密封；②未加盖本单位和法定代表人或法定代表人委托代理人的印签；③逾期送达；④未按招标文件规定的格式填写或内容不全或字迹模糊，辨认不清；⑤投标单位未参加开标会议。

思考题与习题

1. 简述环境工程项目总投资的构成。

2. 建设工程定额的性质和作用是什么？

3. 投资估算的作用是什么？

4. 某拟建办公区的室外给水工程，*DN*150 给水铸铁管 80m，水表井 1 座（矩形水表井，井深 2.0m，内设 *DN*150 水表 1 组，*DN*150 闸阀 2 个），阀门井 2 座（井径 1.0m，井深 1.5m，每座阀门井内设 *DN*150 闸阀 1 个）。试采用概算定额法分别计算该室外给水工程中土建工程和安装工程的直接工程费。

5. 某拟建工程洗手间给水排水系统的安装工程材料为：双嘴洗涤盆 1 组，*dn*15 的闸阀 2 个，*dn*15 的 PPR 塑料管 6.5m，*dn*50 塑料地漏 1 个，*dn*50 塑料排水管 3m（埋地敷设）。试采用概算定额法计算该洗手间给、排水安装工程的直接工程费。

6. 某实验室排风工程安装工程材料为：排风机 2 台，风管 5.5m^2，风帽 2 个。试采用概算定额法计算该实验室排风工程的直接工程费。

7. 施工图预算的作用是什么?
8. 清单计价与定额计价的不同点有哪些?
9. 简述环境工程项目技术经济评价指标。
10. 什么是公开招标和邀请招标?
11. 简述施工投标程序。
12. 简述投标报价方法。

第5章 环境工程施工

5.1 环境工程设备安装施工

环境工程的设备种类较多，其设备安装施工主要是设备基础施工和设备安装两部分。

5.1.1 设备基础分类

设备基础可按照设备动力特征、设备基础埋置深度、设备基础结构形式以及设备基础特殊使用功能分为4类。

1. 按设备在运转时的动力特征分类

（1）旋转式机器基础。常见的有风机基础、离心式水泵基础、电机基础、汽轮发电机基础等。

（2）冲击式机器基础。常见的有自由锻锤、落锤基础等。

（3）旋转与往复式机器基础。一般具有曲柄连杆的机器基础属于此类。

（4）摆动式机器基础。颚式破碎机基础属此类。

（5）随机振动型机器基础。钢球磨煤机的基础属于典型的随机振动型机器基础，多用于电力、冶金、矿山等。

2. 按基础埋置深度不同分类

（1）浅基础

1）扩展基础

将上部传来的荷载，通过向侧边扩展成一定底面积，使作用在基底的压应力小于或等于地基土的允许承载力，而基础内部的应力应同时满足材料本身的强度要求，这种起到压力扩散作用的基础称为扩展基础。

扩展基础又分为无筋扩展基础和钢筋混凝土扩展基础。无筋扩展基础（即刚性基础）是指由砖、毛石、混凝土等材料组成的且不需要配置钢筋的基础。无筋扩展基础特点是抗压强度高，抗拉、抗剪强度低。当基础宽度较大时，宜采用钢筋混凝土扩展基础。大型风力发电机设备基础多采用钢筋混凝土扩展基础，参见图5-1。

2）联合基础。联合基础为相邻设备共用的混凝土或钢筋混凝土基础，分为矩形联合基础、梯形联合基础和连梁式联合基础等三种形式。为了减少占地面积、方便施工，多台小（中）型水泵近距离布置时，经常采用联合基础形式。

（2）深基础

1）桩基础。桩基础是由设置于岩土中的桩和与桩顶连接的承台共同组成的基础或与桩直接连接的单桩基础。桩基础具有承载力高、沉降量小、抵抗较大水平荷载等优点。

2）沉井基础。沉井基础是用混凝土或钢筋混凝土制成的井筒结构式基础。

3. 按设备基础的结构形式分类

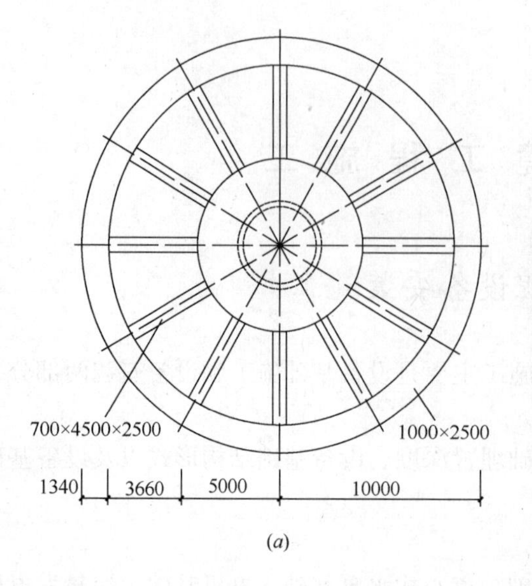

图 5-1　风力发电机设备基础

（*a*）平面图；（*b*）施工图片

按结构形式来划分，设备基础主要有 3 种：

（1）大块式基础。大块式基础是以混凝土或钢筋混凝土为主要材料的大刚度块体基础。大块式基础是广泛应用的设备基础形式，其特点是基础本身刚度大，动力计算时可不考虑基础本身的变形，即当做刚体考虑。风机、离心式水泵、电机等基础多采用此类基础。图 5-2 为某立式消防水泵基础图。

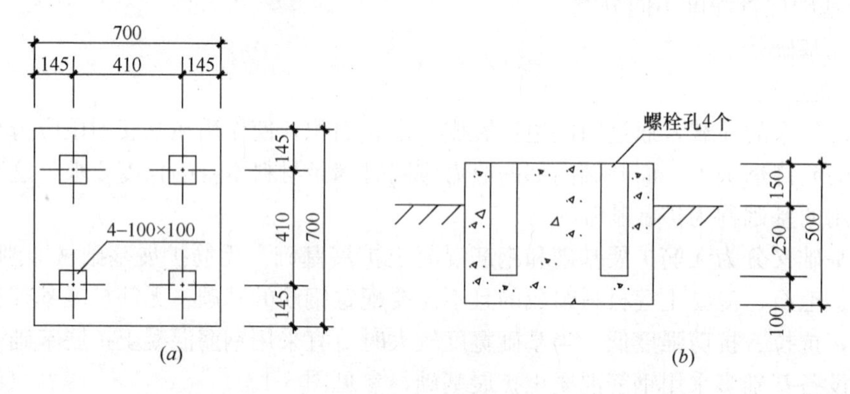

图 5-2　立式水泵基础

（*a*）平面图；（*b*）剖面图

（2）箱式基础。箱式基础是由顶板、底板和承重隔墙组成的箱形空间结构。

（3）框架式基础。框架式基础一般用于大型的高、中频机器，如透平压缩机、汽轮发电机、破碎机等。

4. 按基础特殊使用功能分类

（1）减振基础。减振基础是一种可以削减振动能量的基础。一般情况下，大功率水泵基础或对振动有限制要求的水泵基础均采用减振基础。

（2）绝热层基础。绝热层基础是在基础底部设置隔热层的基础，适用于有特殊保温要求的设备基础。

5.1.2 环境工程设备安装施工

1. 设备基础施工

(1) 设备基础施工步骤

环境工程设备基础施工步骤包括：放线—开挖地基—铺设钢筋—浇筑混凝土—回填—整平—地面施工等。

(2) 设备基础施工注意事项

1) 设备基础上平面标高误差必须符合要求。设备基础上平面标高允许误差一般为±10mm。标高高于设计或规范要求时，导致设备二次灌浆层高度不够。标高低于设计或规范要求会使设备二次灌浆层高度过高，影响二次灌浆层的强度和质量。误差过大时，会使设备无法正确安装。地脚螺栓长度或螺纹长度偏差过大时，起不到固定设备的作用。

2) 预留地脚螺栓孔深度不能过浅，否则使地脚螺栓无法正确埋设。

2. 设备安装

(1) 设备安装施工步骤

环境工程设备安装步骤包括：设备基础验收—设备开箱检验—地脚螺栓（及减振器）安装—设备吊装搬运—设备就位—设备找标高找平对正—设备安装等。

(2) 设备安装操作要点

1) 基础尺寸、基础强度、地脚螺栓孔位置与尺寸均应符合要求。混凝土基础验收完毕后，应将其表面铲成麻坑，标准为每 $100cm^2$ 内有 5～6 个直径为 10～20mm 的小坑。

2) 开箱检查时，应做好记录，质量合格方可安装。

3) 地脚螺栓应垂直，螺母必须拧紧，且设置防松装置。各个减振器的压缩量应均匀，不得偏心，高度误差应小于 2mm。

4) 搬运时特别注意保护设备的转动部件，不得与构筑物碰撞。

5) 水泵、风机的进、出直管的长度应满足相关要求，距离不足时，可采取增设导流叶片等有效措施。

(3) 设备安装注意事项

1) 设备吊装时，应以其吊耳为着力点，起吊张角应小于 90°。就位时，要注意操作人员的手脚，以防压伤。

2) 设备搬运时，可在设备下垫滚杠，拖拉时只能挂拖拉孔，要使整个设备着力均匀，避免使设备扭伤变形。

3) 检查设备内部要用安全行灯或手电筒，禁用明火。

4) 拆卸设备部件时应放置稳固。装配时严禁用手插入连接面或探摸螺孔。取、放垫铁时，手指应放在垫铁的两侧。

5) 设备清洗、脱脂的场地应通风良好，严禁烟火。用煤油清洗零件，用过的棉纱、布头、油纸等应收集在金属容器里。

5.1.3 环境工程设备施工质量验收

对于环境工程设备施工质量验收，我国的相关规范有《通风与空调工程施工质量验收规范》GB 50243—2002、《机电设备安装工程施工及验收通用规范》GB 50204—2015、《机械设备安装工程施工及验收通用规范》GB 50231—2009、《混凝土结构工程施工质量验收规范》GB 50204—2015 等。

1. 设备基础施工质量验收要求

(1) 设备基础混凝土强度的验收要求

1) 基础施工单位应提供设备基础质量合格证明文件，主要检查验收其混凝土配合比、混凝土养护及混凝土强度是否符合设计要求，如果对设备基础的强度有怀疑时，可请有检测资质的工程检测单位，采用回弹法或钻芯法等对基础的强度进行复测。

2) 重要的设备基础应用重锤做预压强度试验，预压合格并有预压沉降详细记录。

(2) 设备基础位置和尺寸的验收要求

1) 机械设备安装前，应按规范允许偏差对设备基础的位置和尺寸进行复检。

2) 设备基础位置和尺寸的主要检查项目：基础的坐标位置，不同平面的标高，平面外形尺寸，凸台上平面外形尺寸，凹穴尺寸，平面的水平度，基础的垂直度，预埋地脚螺栓的标高和中心距，预埋地脚螺栓孔的中心位置、深度和孔壁垂直度，预埋活动地脚螺栓锚板的标高、中心线位置、带槽锚板和带螺纹锚板的水平度等。

(3) 预埋地脚螺栓的验收要求

1) 预埋地脚螺栓的位置、标高及露出基础的长度应符合设计或规范要求，中心距应在其根部和顶部沿纵、横两个方向测量，标高应在其顶部测量。

2) 地脚螺栓的螺母和垫圈配套，预埋地脚螺栓的螺纹和螺母保护完好。

3) 工形头地脚螺栓与基础板应按规格配套使用，埋设工形头地脚螺栓基础板应牢固、平正，地脚螺栓光杆部分和基础板应刷防锈漆。

4) 安装胀锚地脚螺栓的基础混凝土强度不得小于 10MPa，基础混凝土或钢筋混凝土有裂缝的部位不得使用胀锚地脚螺栓。

(4) 设备基础外观质量要求

1) 设备基础外表面应无裂纹、空洞、掉角、露筋。

2) 设备基础表面和地脚螺栓预留孔中油污、碎石、泥土、积水等应清除干净。

3) 地脚螺栓预留孔内应无露筋、凹凸等缺陷，孔壁应垂直。

4) 放置垫铁的基础表面应平整，中心标板和标高基准点应埋设牢固、标记清晰、编号准确。

2. 设备安装质量验收要求

(1) 设备安装的位置应正确，一般的立式设备的垂直度、卧式设备的水平度均不应大于 1/1000，传动轴水平度通常要求更高，详见具体设备的安装要求，并符合相关规范的要求。

(2) 设备安装应平稳牢固，进出管口方向及位置正确。

(3) 通风机传动装置的外露部位以及直通大气的进、出口，必须装设防护罩（网）或采取其他安全设施。

(4) 电加热设备的安装应符合下列要求：

1) 电加热器与钢构架间的绝热层必须为不燃材料，接线柱外露的应加设安全防护罩；

2) 电加热器的金属外壳接地必须良好；

3) 连接电加热器的风管的法兰垫片，应采用耐热不燃材料。

(5) 环境工程安装完毕，必须进行系统测定与调整（简称调试）。系统测试应包括下列项目：

1）设备单机试运转及调试。风机应在额定转速下连续试运转 2h 后，滑动轴承外壳最高温度不得超过 70℃，滚动轴承不得超过 80℃，同时检查风机的转向、噪声、电流等。水泵连续试运转 2h 后，滑动轴承外壳最高温度不得超过 70℃，滚动轴承不得超过 75℃，同时检查水泵的转向、噪声、电流等。

2）系统无生产负荷下的联合试运转及调试。

5.2 环境工程管道安装施工

5.2.1 管道连接

1. 管道施工应具备的条件

（1）管道工程施工前应对施工现场气温、降雨、地形、工程地质、地下水、地面水等自然条件进行充分调查，采取相应措施使其具备施工条件。

（2）劳动力与生活供应，如社会劳动力、房屋设施、服务条件等具备施工条件。

（3）施工现场道路、用水及排水、用电等符合施工条件。

（4）与管道有关的土建工程经检查合格，满足安装要求。

（5）与管道连接的设备找正合格，固定完毕。

（6）有关工序如清洗、内部防腐、衬里等已进行完毕。

（7）管道、管件、阀门等已经检验合格，并具备有关的技术证件。

（8）管道、管件、阀门等已按设计要求核对无误，内部已清理干净，不存杂物。

（9）施工人员按进度计划已准备就绪。

2. 管道接口

管道连接可分为丝接，焊接，法兰连接，卡箍连接，承插连接，热熔连接等。

（1）管道丝接

管道丝扣连接（即丝接、又称螺纹连接）是通过内外螺纹把管道与管道、管道与阀门连接起来。它主要用于钢管、铜管的连接，采用套螺纹机操作，精度要求较高时，则采用车床加工。

管道丝接的作业程序：断管（砂轮锯断管，手锯断管）——套丝（套丝机套丝，手工套丝板套丝）——装配管件（用手带入 3 扣，试松紧度，在丝扣处涂铅油，缠麻丝，带入后管钳拧紧，丝扣外漏 2～3 扣，去掉麻头，擦净铅油）——管段调直。

（2）管道焊接

一般工作压力在 0.1MPa 以上的蒸汽管道、管径在 32mm 以上的采暖管道以及高层消防管道可采用焊接。钢管主要采用焊接口，还有法兰接口及各种柔性接口。焊接口通常采用气焊、手工电弧焊和自动电弧焊、接触焊等方法。钢管自重轻、强度高、抗应变性能比铸铁管及钢筋混凝土压力管好、接口操作方便、承受管内水压力较高、管内水流水力条件好，但钢管的耐腐蚀性能差、易生锈，应做防腐处理。常用于设备连接或大口径供水管，为防止水质二次污染应严格按照设计要求施工。

钢管有热轧无缝钢管和纵向焊缝或螺旋焊缝的焊接钢管。大直径钢管通常是在加工厂用钢板卷圆焊接而成，称为卷焊钢管。

1）管道焊接操作的一般程序：

① 焊接前应将两管轴线对中，先将两管端部点焊牢固（管径在 100mm 以下宜点焊 3 点，管径在 100mm 以上宜点焊 4 点）；

② 管道壁厚大于 5mm 时应对管端焊口部位铲坡口，除去坡口氧化皮，并打磨凸凹不平处，以免影响焊接质量；

③ 管道与法兰盘焊接时，先将管道插入法兰盘内，点焊 2～3 点，再用角尺找正找平后方可焊接。法兰盘应两面焊接，其内侧焊缝不得凸出法兰盘密封面。

2）手工电弧焊

在现场多采用手工电弧焊。

① 焊缝形式与对口

为了提高管口的焊接强度，应根据管壁厚度选择焊缝形式。

管壁厚度 $\delta<6$mm 时，采用平口焊缝；$\delta=6\sim12$mm 时，采用 V 形焊缝；$\delta>12$mm，而且管径尺寸允许焊工进入管内施焊时，应采用 X 形焊缝。

焊接时两管端对口的允许错口量控制在管壁厚度的 10%以内。

② 焊接方法

如图 5-3 所示，依据电焊条与管子间的相对位置分为平焊、立焊、横焊与仰焊等。焊缝分别称为平焊缝、立焊缝、横焊缝及仰焊缝。平焊易于施焊，焊接质量得到保证，焊管时尽量采用平焊，可采用转动管子，变换管口位置来达到。

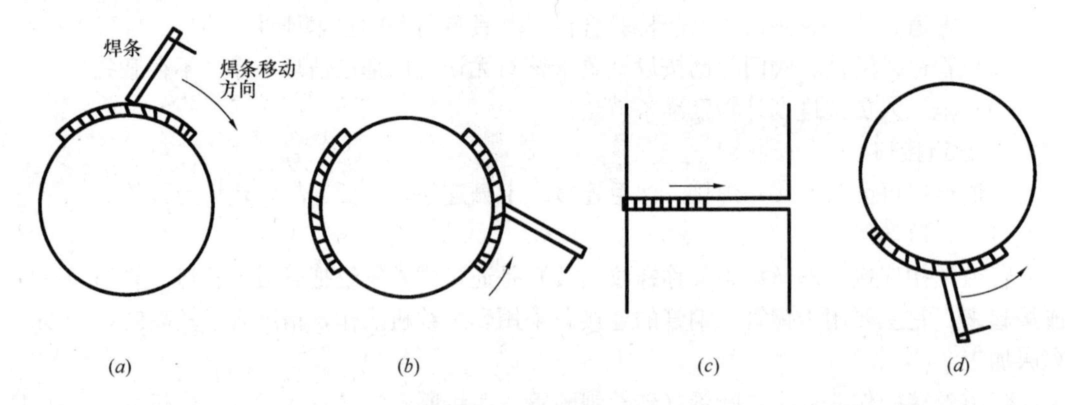

图 5-3　焊接方法
（a）平焊；（b）立焊；（c）横焊；（d）仰焊

焊接口的强度一般不低于管材本身的强度。为此，要求焊缝通焊，并可采用多层焊接。若管子直径较小，则应采用加强焊。

钢管一般在地面上焊成一长段后下到沟槽内，因槽内操作困难，且有仰焊与立焊，焊接质量不易保证，故应尽量减少槽内施焊。

长距离钢管接口焊接还可采用接触焊，焊接质量好，并可自动焊接。

焊接完毕后进行的焊缝质量检查包括外观检查和内部检查。

外观缺陷主要有焊缝形状不正、咬边、焊瘤、弧坑、裂缝等；内部缺陷有未焊透、夹渣、气孔等。焊缝内部缺陷通常可采用煤油检查方法进行检查：在焊缝一侧（一般为外侧）涂刷大白浆，在焊缝另一侧涂煤油。经过一段时间后，若在大白面上渗出煤油斑点，表明焊缝质量有缺陷。每个管口一般均应检查。用做给水管道的钢管工程，还应做水压或气压试验。

3）气焊

对于壁厚小于4mm的临时性或永久性压力管道才采用气焊接口，以及在某些场合因条件限制，不能采用电焊作业的场合，也可用气焊焊接较大壁厚的钢管接口。施焊时，可按管壁厚度选择适宜的焊嘴和焊条，见表5-1。

管道焊接时焊嘴与焊条的选择 **表5-1**

管壁厚（mm）	1～2	3～4	5～8	9～12
焊嘴（L/h）	75～100	150～225	350～500	750～1250
焊条直径（mm）	1.5～2.0	2.5～3.0	3.5～4.0	4.0～5.0

① 管子对口

当管壁厚度大于3mm时，焊接端应开30°～40°坡口，在靠管壁内表面的垂线边缘上留1.0～1.5mm的钝边，对口时两焊接管端之间留出1～2mm的间隙；管壁厚度为2～3mm的管子，焊接端可不开坡口，对口间隙仍为1～2mm；管壁厚度小于2mm的管子，可采用卷边焊接，对口时不留间隙。

管子对口找正，保证错口控制在管壁厚度的10%以内。然后点焊固位，按口径大小点焊3～4处，每次点焊长度为8～12mm，点焊高度为管壁厚的2/3。

② 焊接方法

气焊的操作方法有左向焊法和右向焊法两种，一般宜采用右向焊法。

左向焊法时，焊条在前面移动，焊枪跟随在后，自右向左移动；右向焊时，焊枪在前头移动，焊条跟随在后，自左向右移动。

右向焊法用于焊接管壁大于5mm的管件，其焊接速度比左向焊法快18%，氧与乙炔的消耗量减少15%，还能改善焊缝机械性能，减少金属的过热及翘曲。

（3）管道承插连接

1）承插式刚性接口

承插式铸铁管刚性接口填料由嵌缝材料—敛缝填料组成。常用填料为麻—石棉水泥；橡胶圈—石棉水泥；麻—膨胀水泥砂浆；麻—铅等几种。

① 麻及其填塞

麻是广泛采用的一种嵌缝材料，应选用纤维较长、无皮质、清洁、松软、富有韧性的麻，以麻辫形状塞进承口与插口间环向间隙。麻辫的直径约为缝隙宽的1.5倍，其长度较管口周长长5～10cm作为搭接长度，用錾子填打紧密。填塞深度约占承口总深度的1/3，距承口水线里缘5mm为宜。

填麻的作用是防止散状接口填料漏入管内并将环向间隙整圆，以及在敛缝填料失效时对管内低压水起挡水作用。

② 橡胶圈及其填塞

由于麻易腐烂和填打时劳动强度大，可采用橡胶圈代替麻。橡胶圈富有弹性，具足够的水密性，因此，当接口产生一定量相对轴向位移和角位移时也不致渗水。

橡胶圈外观应粗细均匀，椭圆度在允许范围内，质地柔软，无气泡，无裂缝，无重皮，接头平整牢固，胶圈内环径一般为插口外径的 0.85～0.90 倍。橡胶圈截面直径按下式计算确定。

$$d_0 = \frac{E}{\sqrt{K_R \cdot (1-\rho)}} \tag{5-1}$$

式中 d_0——橡胶圈截面直径，mm；

E——接口环向间歇，mm；

K_R——环径系数，取 0.85～0.90；

ρ——压缩率，铸铁管取 34%～40%，预应力、自应力钢筋混凝土管取 35%～45%。

橡胶圈用做嵌缝填料时，其敛缝填料一般为石棉水泥或膨胀水泥砂浆。

③ 石棉水泥接口

石棉水泥是一种使用较广的敛缝填料，有较高的抗压强度，石棉纤维对水泥颗粒有较强的吸附能力，水泥中掺入石棉纤维可提高接口材料的抗拉强度。水泥在硬化过程中收缩，石棉纤维可阻止其收缩，提高接口材料与管壁的黏着力和接口的水密性。

所用填料中，采用具有一定纤维长度的机选 4F 级温石棉和 42.5 以上强度等级的硅酸盐水泥。使用之前应将石棉晒干弹松，不应出现结块现象，其施工配合比为石棉∶水泥＝3∶7，加水量为石棉水泥总重的 10%左右，视气温与大气湿度酌情增减水量。拌合时，先将石棉与水泥干拌，拌至石棉水泥颜色一致，然后将定量的水徐徐倒进，随倒随拌，拌匀为止。实践中，使拌料能捏成团，抛能散开为准。加水拌制的石棉水泥灰应当在 1h 之内用毕。

为了提供水泥的水化条件，于接口完毕之后，应立即在接口处浇水养护。养护时间为 1～2 昼夜。养护方法是，春秋两季每日浇水两次；夏季在接口处盖湿草袋，每天浇水四次；冬天在接口抹上湿泥，覆土保温。

石棉水泥接口的抗压强度甚高，接口材料成本降低，材料来源广泛。但其承受弯曲应力或冲击应力性能很差，并且存在接口劳动强度大，养护时间较长的缺点。

④ 膨胀水泥砂浆接口

膨胀水泥在水化过程中体积膨胀，增加其与管壁的黏着力，提高了水密性，而且产生密封性微气泡，提高接口抗渗性能。

膨胀水泥由为强度组分的硅酸盐水泥和作为膨胀剂的矾土水泥及二水石膏组成。按一定比例用做接口的膨胀水泥水化膨胀率不宜超过 150%，接口填料的线膨胀系数控制在 1%～2%，以免胀裂管口。

砂应采用洁净中砂，最大粒径不大于 1.2mm，含泥量不大于 2%。作为敛缝的填料的膨胀水泥砂浆，其施工配合比通常采用膨胀水泥∶砂∶水＝1∶1∶0.3。当气温较高或风力较大时，用水量可酌情增加，但最大水灰比不宜超过 0.35。膨胀水泥砂浆拌合均匀，一次拌合量应在初凝期内用毕。

接口操作时，不需要打口，可将拌制的膨胀水泥砂浆分层填塞，用錾子将各层捣实，最外一层找平，比承口边缘凹进 1～2mm。

膨胀水泥水化过程中硫酸铝钙的结晶需要大量的水，因此，其接口应采用湿养护，养护时间为 12～24h。

⑤ 铅接口

铅接口具有较好的抗振、抗弯性能，接口的地震破坏率远较石棉水泥接口低。铅接口操作完毕便可立即通水。由于铅具有一定的柔性，接口渗漏可不加剔口，仅需锤铅堵漏。因此，尽管铅的成本高、含毒性，一般情况下不用做管道接口的敛缝填料，但是在管道过河、穿越铁路、地基不均匀沉陷等特殊地段，及新旧管子连接开三通等抢修工程时，仍采用铅接口。

铅的纯度应在99%以上。铅经加热熔化后灌入接口内，其溶化温度在320℃左右，当熔铅呈紫红色时，即为灌铅适宜温度，灌铅的管口必须干燥，雨天禁止灌铅，否则易引起溅铅或爆炸。灌铅前应在管口安设石棉绳，绳与管壁间之接触处敷泥堵严，并留出灌铅口。

每个铅接口应一次浇完，灌铅凝固后，先用铅钻切去铅口的飞刺，再用薄口钻子贴紧管身，沿铅口管壁敲打一遍，一钻压半钻，而后逐渐改用较厚口钻子重复上法各打一遍至打实为止，最后用厚口钻子找平。

2）承插式柔性接口

上述几种承插式刚性接口，抗应变能力差，受外力作用容易产生填料碎裂与管内水外渗等事故，尤其在软弱地基地带和强震区，接口破碎率高。为此，可采用以下柔性接口。

① 楔形橡胶圈接口

如图5-4所示，承口内壁为斜槽形，插口端部加工成坡形，安装时承口斜槽内嵌入起密封作用的楔形橡胶圈。由于斜形槽的限制作用，橡胶圈在管内水压的作用下与管壁压紧，具有自密性，使接口对于承插口的椭圆度、尺寸公差、插口轴向相对位移及角位移具有一定的适应性。

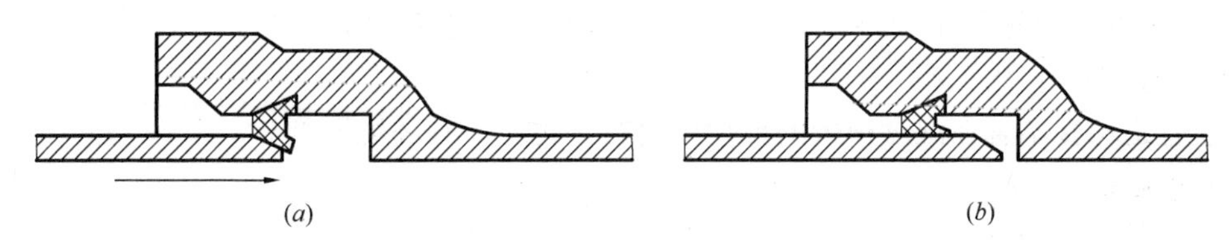

图5-4　承插口楔形橡胶圈接口

（a）起始状态；（b）插入后状态

工程实践表明，此种接口抗振性能良好，并且可以提高施工速度，减轻劳动强度。

② 其他形式橡胶圈接口

为了改进工艺，铸铁管可采用角唇形、圆形、螺栓压盖形和中缺形胶圈接口，如图5-5所示。

比较以上四种胶圈接口，可以看出，螺栓压盖形的主要优点是抗振性能良好，安装与拆修方便，缺点是配件较多，造价较高；中缺形是插入式接口，接口仅需一个胶圈，操作简单，但承口制作尺寸要求较高；角唇形的承口可以固定安装胶圈，但胶圈耗胶量较大，造价较高；圆形则具有耗胶量小，造价较低的优点，但其仅适用于离心铸铁管。

无论采用何种形式的承插铸铁管或何种形式的橡胶圈，都必须做到铸铁管的承插口形状与合适的橡胶圈配套。不得盲目选用，否则无法使用或造成接口漏水。

（4）管道法兰连接

法兰连接的作业程序：

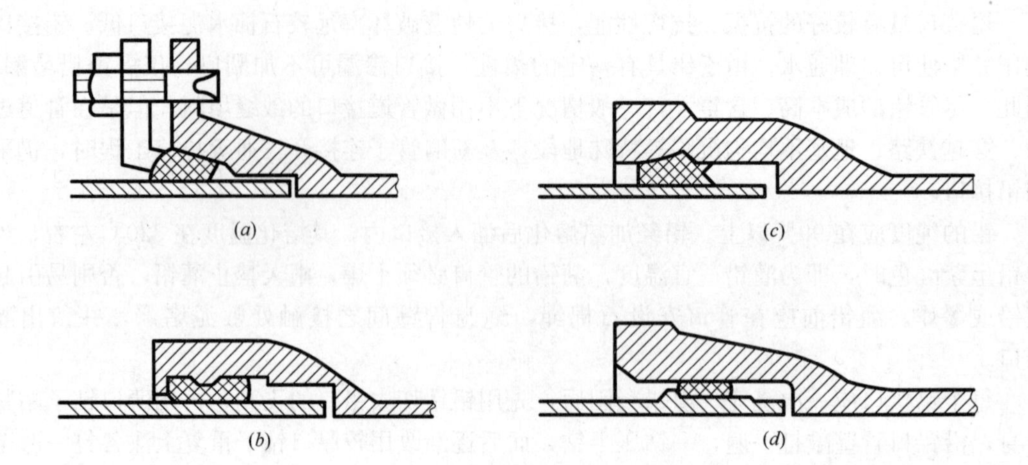

图 5-5 其他橡胶圈接口形式

(*a*) 螺栓压盖形；(*b*) 中缺形；(*c*) 角唇形；(*d*) 圆形

① 按设计要求和工作压力选用标准法兰盘；

② 紧固法兰盘时要对称拧紧，紧固好的螺栓外露丝扣应为 2～3 扣，不宜大于螺栓直径的 1/2；

③ 法兰盘垫片（一般冷水的垫片厚度为 3mm 橡胶垫，热水为 3mm 石棉橡胶垫）要与管道同心，不得偏放。

(5) 管道粘接连接

管道粘接连接适用于塑料管道（UPVC、ABS 管）连接。

粘接连接操作程序：

① 管道粘接不宜在湿度很大的环境中进行，也不应在环境温度 0℃以下操作，操作场所应远离火源；

② 粘接前，应将塑料管承口的内侧和插口的外侧擦拭干净，并保持粘接面清洁；

③ 用油刷涂抹胶粘剂，先涂承口内侧，再涂插口外侧，胶粘剂涂抹均匀、适量；

④ 管承口涂抹胶粘剂后，宜在 20s 内对准轴线一次连续用力插入，并将管道旋转 90°；

⑤ 将管口外挤出来的胶粘剂擦拭干净，静置至接口固化为止。

(6) 管道热熔连接

管道热熔连接是指用 200℃的专用加热板将熔接管道的两端加热熔化后，迅速将两个接触面粘合，在设定压力下冷却，完成熔接。它适用于室内生活给水 PP-R 塑料管、PB 塑料管连接。

热熔连接的操作程序：

① 使用专用道具切割管道，切口平滑、无毛刺；

② 管道与管件连接端面应清洁、干燥、无油；

③ 用卡尺和笔在管道连接端头测量并绘出热熔深度；

④ 连接时，无旋转地将管端导入热套内，插入到所标志的深度，同时，无旋转地将管件推到加热头上，达到规定标志处；

⑤ 达到加热时间后，立即将管道与管件从加热头上同时取下，迅速无旋转地直线均匀插入到所标深度，使接头处形成均匀凸缘；

⑥ 在规定的加热时间内，刚熔接好的接头可以校正，但严禁旋转。

(7) 管道卡箍连接

管道卡箍连接即沟槽管件连接。它的应用使复杂的管道连接工艺变得简单、快捷、方便，在一些场合逐渐取代法兰连接和焊接。

卡箍连接的操作程序：

① 准备：检查开孔机、滚槽机、切管机以及管道等；

② 滚槽：切管——放置钢管——压紧千斤顶，开动滚槽机旋转一周；

③ 开孔，安装管件；

④ 管道连接。

(8) 钢筋混凝土压力管及其接口

1) 管材性能与规格

预应力钢筋混凝土管是将钢筋混凝土管内的钢筋预先施加纵向与环向应力后，制成的双向预应力钢筋混凝土管，具有良好的抗裂性能，其耐土壤电流侵蚀的性能远较金属管好。

自应力钢筋混凝土管是借膨胀水泥在养护过程中发生膨胀，张拉钢筋，而混凝土则因钢筋所给予的张拉反作用力而产生压应力，也能承受管内水压，在使用上具有与预应力钢筋混凝土管相同的优点。

此外，还有带钢筒的和聚合物衬里的钢筋混凝土压力管。聚合物衬里预先制作成薄壁无缝筒带，筒带与混凝土接触的一面有许多键，均匀地分布在一圈上，聚合物筒带的两头焊上边环，形成管子的承口和插口。上述几种钢筋混凝土压力管的接口形式多采用承插式橡胶圈接口，其胶圈断面多为圆形，能承受 1MPa 的内压力及一定量的沉陷、错口和弯折；抗振性能良好，在地震烈度 10 度左右接口无破坏现象；胶圈埋置地下耐老化性能好，使用期可长达数十年。

承插式钢筋混凝土压力管的缺点是质脆、体笨，运输与安装不方便；管道转向、分支与变径目前还须采用金属配件。

2) 外观检查与胶圈选择

① 外观检查

认真反复地进行钢筋混凝土管外观检查是管道敷设前应把住的大关，否则会招致不良后果。外观检查的主要内容包括：管内壁应当平整；承插口接口工作面应光滑平正；插口如发生错位，管外表面不得高于挡台；保护层不得有空鼓、脱落与裂纹现象。

② 橡胶圈的选择

钢筋混凝土管的接口均用橡胶圈密封。为使其达到密封不漏水，胶圈必须安在工作面的正确位置上，且具一定压缩率，以保证在管内水压作用下不被挤出，因此要选择好胶圈直径。

管道在出厂时均盖有所配胶圈直径的字样，但因批量生产，往往有漏检部位，在施工现场应复检。因制作管模由插口钢圈控制，插口工作面误差大都在允许公差范围以内，可省略不计；但承口工作面误差较大，则应当复检。胶圈尺寸与公差见表 5-2。

胶圈尺寸与公差表 **表 5-2**

管内径（mm）	胶圈直径（mm）	胶圈内环径（mm）	环径系数
400	22±0.5	439+5	0.87
600	24±0.5	622±5	0.87
800	24±0.5	807+5	0.87
1000	26±0.5	1000±5	0.87

3）管道安装

承插式钢筋混凝土压力管是靠挤压在环向间隙内的橡胶圈来密封，为了使胶圈能均匀而紧密地达到工作位置，必须采用具有产生推力或拉力的安装工具进行管道安装。

图 5-6 是采用拉杆千斤顶法安装管道的示意图。拉杆千斤顶法的操作程序如下：

预先在横跨于已安好一节管子的管沟两侧安置一截横木作为锚点，横木上装一钢丝绳扣，钢丝绳扣套入一根钢筋拉杆（其长度等于一节管长），每安装一根加接一根拉杆，拉杆间用 S 扣连接，再用一根钢丝绳经千斤顶接到拉杆上。为使两边钢丝绳在顶进过程中拉力保持平衡，中间可连接一个滑轮。

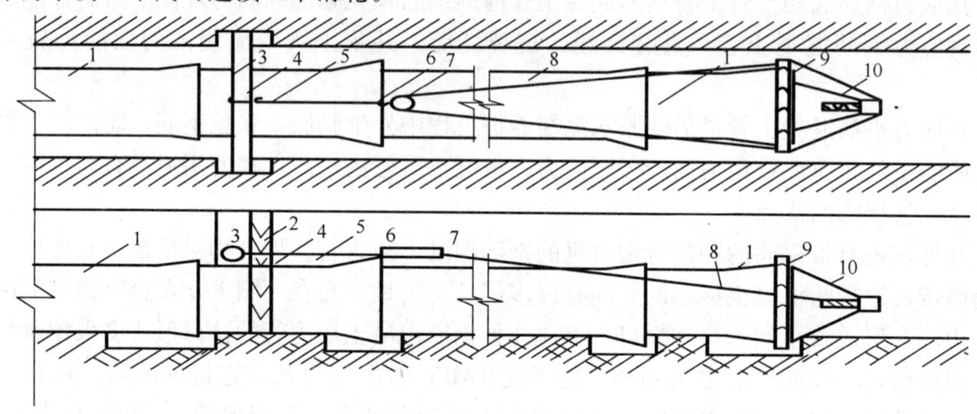

图 5-6　拉杆千斤顶法示意图

1—钢筋混凝土管道；2、3—横木锚点；4—钢丝绳扣；5—钢筋拉杆；6—S 扣；7—滑轮；8—钢丝绳；9—顶木；10—千斤顶

将胶圈平直地套在待安装管的插口上。

用捯链将插口吊起，使管慢慢移至承口处作初步对口。

开动千斤顶进行顶装。顶装时，应随时沿管四周观测胶圈与插口进入情况。若管下部进入较少或较慢时，可采用捯链将插口稍稍吊起；若管右边进入较少或较慢，则可用撬在承口左边将管向右侧稍拨一些。

将待安管顶至设计位置后，经找平找正即可松开千斤顶。一般要求相邻两管高程差不超过±2cm，中心线左右偏差不超过 3cm。

图 5-7 是采用“设置后背管千斤顶法”安装管道的示意图，其操作程序如下：

先将 1 号管安正，插口一端于沟壁支撑好，管身中部用土压实。

将 2 号待安管用捯链移至距 1 号已安管前边相距约 15cm 处，将胶圈平直地套在 2 号管插口上，并由插口端部量出插口深度安装线与顶进控制线，并在管壁上分别绘出它们的红色标志线。

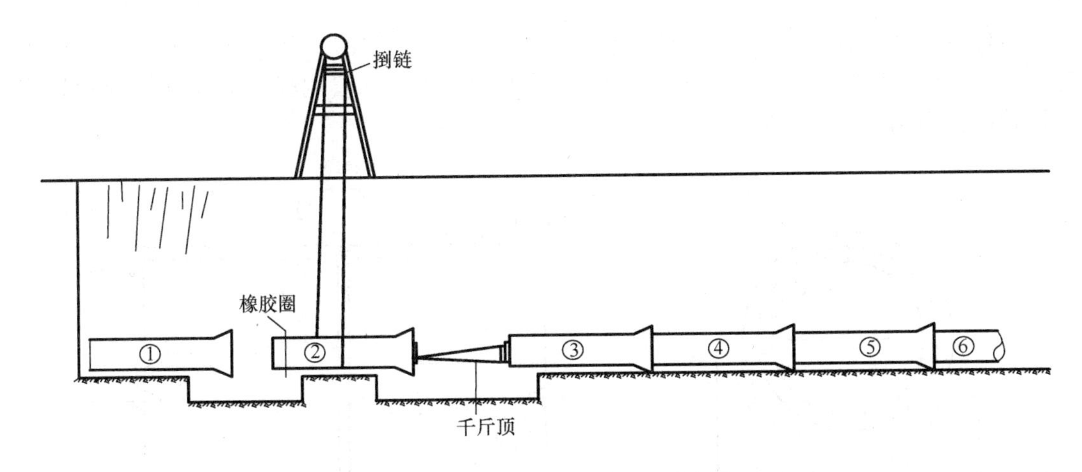

图 5-7　设置后背管千斤顶法示意图

将 3 号、4 号、5 号、6 号等 4～5 根管子的插口套入承口内串接起来，均不套上胶圈，充作后背管。其中，3 号管插口距 2 号管承口约 50cm，其间设置千斤顶与横木，千斤顶顶进作用点为自管底计起管外径 1/3 处。

开动千斤顶，将 2 号管插口徐徐顶入 1 号管承口内。顶管时，应随时沿四周观测胶圈与插口进入情况，如出现深浅不匀，应及时用铁錾调匀。当顶至顶进控制线与 1 号管承口端部重合，并经检查合格后，松开千斤顶，此时，1 号管承口端部与 2 号管插口深度标志线重合（即管子稍有回弹量 1cm）。

2 号管安装完毕，再用捯链将 3 号管移过来作待安管，以 4 号、5 号、6 号等管子串接作后背管，如此依次循序顶进。

（9）混凝土排水管与钢筋混凝土排水管及其接口

预制混凝土管与钢筋混凝土管的直径范围为 150～2600mm，为了抵抗外力，管径大于 400mm 时，一般加配钢筋，制成钢筋混凝土管。

混凝土管与钢筋混凝土管的管口形状有平口、企口、承插口等，其长度在 1～3m 之间，广泛用于排水管道系统，亦可用做泵站的压力管及倒虹管。两种管材的主要缺点是抗酸、碱侵蚀及抗渗性能较差、管节较短、接头多。在地震强度大于 8 度地区及饱和松砂、淤泥、冲填土、杂填土地区不宜使用。

混凝土管与钢筋混凝土管的接口分刚性和柔性两类。为了减少对地基的压力及对管子的反力，管道应设置基础和管座，管座包角一般有 90°、135°、180°三种，应视管道覆土深度及地基土的性质选用，其质量要求见表 5-24。

常见的接口形式有以下几种。

1）水泥砂浆抹带接口

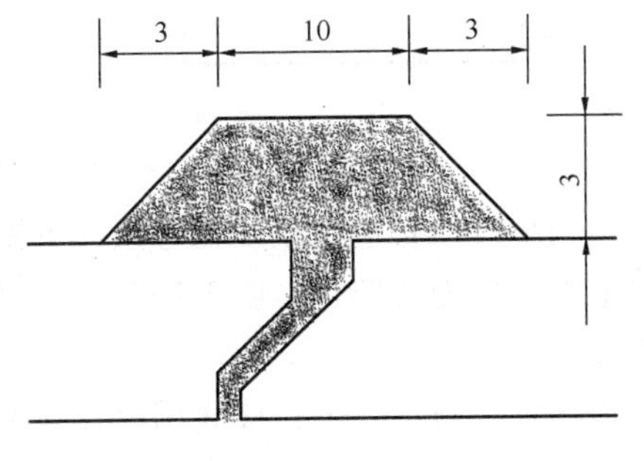

图 5-8　梯形抹带

属于刚性接口。适用于地基土质较好的雨水管道。图 5-8 为梯形抹带；图 5-9 为圆弧形抹带。抹带水泥砂浆配合比为水泥：砂＝1：2.5，水灰比为 0.4～0.5，带宽 120～150mm，带厚约 30mm。

这种接口抗弯折性能很差，一般宜设置混凝土带基与管座。抹带即从管座处着手往上抹。抹带之前，应将管口洗净且拭干。管径较大而人可进入管内操作时，除管外壁抹带外，管内缝需用水泥砂浆填塞。

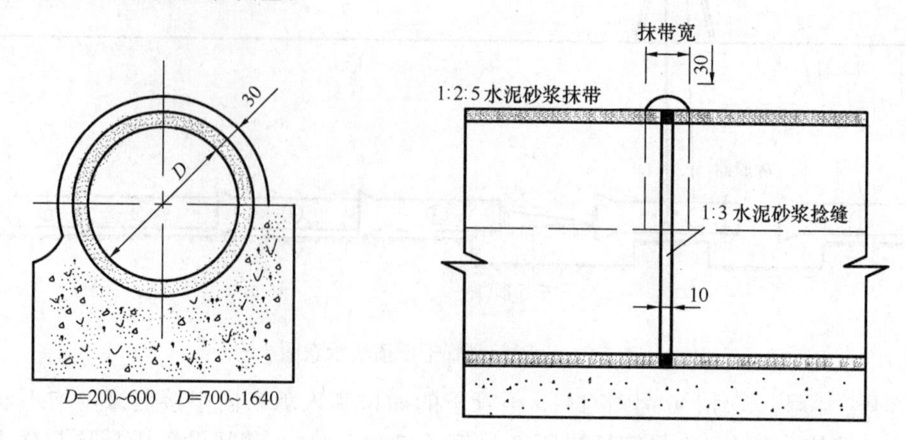

图 5-9 圆弧形水泥砂浆抹带接口（单位：mm）

2）钢丝网水泥砂浆抹带接口

如果接口要求有较大的强度，可在抹带层间埋置 20 号 10mm×10mm 方格钢丝网，如图 5-10 所示。

钢丝网在管座施工时预埋在管座内。水泥砂浆分两层抹压，第一层抹完后，将管座内侧的钢丝网兜起，紧贴平放砂浆带内；再抹第二层，将钢丝网盖住。钢丝网水泥砂浆抹带接口的闭水性较好，常用做污水管道接口，管座包角多采用 135°或 180°。

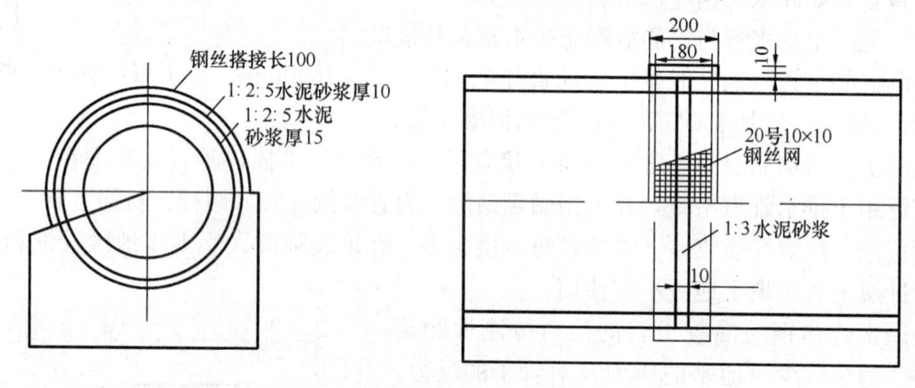

图 5-10 钢丝网水泥砂浆抹带接口（单位：mm）

当小口径管道在土质较好条件下铺设时，可将混凝土平基、稳管、管座与接口合在一起施工，称为“四合一施工法”。此法优点是减少混凝土养护时间及避免混凝土浇筑的施工缝。

四合一施工时，在槽底用尺寸合适的方木或其他材料作基础模板（见图 5-11）。先将混凝土拌合物一次装入模内；浇灌表面宜高出管内底设计高程 20～30mm，然后将管子轻放在混凝土面上，对中找正，于管两侧浇筑基座，并随之抹带、养护。

四合一安管是在塑性混凝土上稳管，对中找正较困难，因此管径较小的排水管道采用此法施工较为适宜；如遇较大管径，可先在预制混凝土垫块上稳管，然后支模、浇筑管基、抹带和养护。但在预制垫块上稳管，增加了地基承受的单位面积压力，在软弱地基地带易产生不均匀沉陷。因而对于管径较大的钢筋混凝土管采用四合一施工适用于土质较好地段。

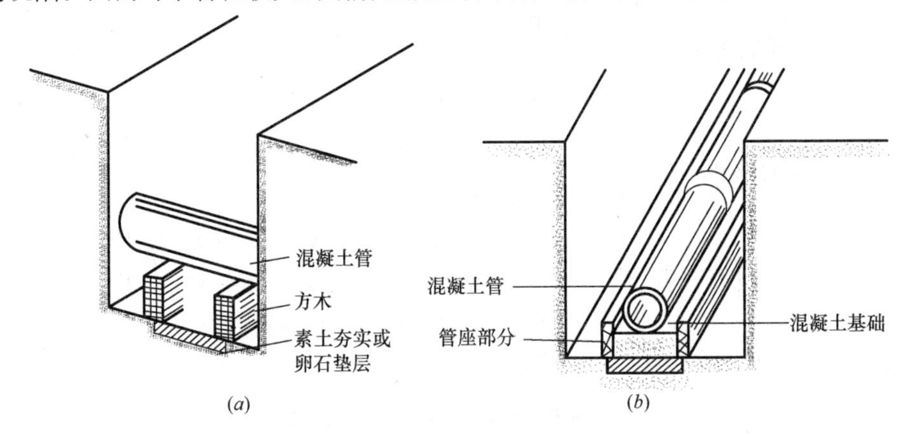

图 5-11 四合一导木铺管法

（a）在导木上推运管子；（b）在混凝土基础上稳管

3）预制套管接口

预制套管与管子间的环向间隙中采用填料配合比水：石棉：水泥＝1：3：7 的石棉水泥打严实。也可用膨胀水泥砂浆填充，其操作方法与给水管道接口有关内容相同。适用于地基不均匀地段与地基处理后管段有可能产生不均匀沉陷地段的排水管道上。

4）石棉沥青卷材接口

先将接口处管壁刷净烤干，涂冷底子油一层，再以沥青砂浆作胶粘剂，按配合比沥青：石棉：细砂＝7.5：1.0：1.5 制成的石棉沥青卷材粘接于管口处。

石棉沥青卷材接口属于柔性接口，具有一定抗弯、抗折性，防腐性与严密性较好。适用于无地下水地基沿管道轴向沉陷不均匀地段的排水管道上，如图 5-12 所示。

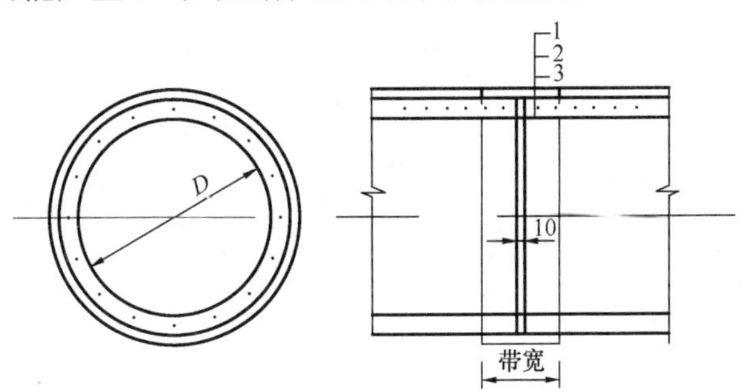

图 5-12 石棉沥青卷材接口

1—沥青砂浆（厚 3mm）；2—石棉沥青卷材；3—沥青玛瑞脂（SMA）（厚 3～6mm）

5）水泥砂浆承插接口

先将混凝土管承口和插口的接口处管壁洗刷干净，再以水泥：砂＝1：2.5，水灰比≤0.5 水泥砂浆填捣密实承口与插口间环向间隙，并进行适当的养护即可。

值得注意的是应防止水泥砂浆掉入管内底，造成管道流水不畅。

（10）塑料类给水管及其接口

塑料管具有良好的耐腐蚀性及一定的机械强度，加工成型与安装方便，输水能力强，材质轻、运输方便，价格便宜等优点。其缺点是强度低、刚性差，热胀冷缩大，在日光下老化速度加快，易于断裂。

目前国内给水管道的塑料管有硬聚氯乙烯管（UPVC 管）、聚乙烯管（PE 管）、聚丙烯管（PP 管）等。通常采用的管径为 15～200mm 之间，有的已经使用到 200mm 以上。

塑料管作为给水管道的工作压力通常为0.4～0.6MPa，有的可达到1.0MPa。

- 塑料类管道
  - 聚合塑料管
    - 硬聚氯乙烯管（PVC）
    - 改性硬聚氯乙烯管（UPVC）
    - 聚乙烯管（PE）
    - 聚丙烯管（PP）
  - 缩聚塑料管
    - 工程塑料管（ABS）
    - 玻璃钢管
  - 塑料复合管
    - 金属（铝、铁、铜）塑料（PVC、PP-R、PE）复合管
    - 内（外）衬塑（PVC）金属（镀锌钢管、黑铁管等）管
    - 塑料（PVC、PE、PP-R）金属网管

1）硬聚氯乙烯塑料管接口（见表5-3）

硬聚氯乙烯塑料管接口方式与做法 **表5-3**

接口方式	安装程序	注意事项
热风焊接	焊枪喷出热空气达到200～240℃，使焊条与管材同时受热，成为韧性流动状态，达塑料软化温度时，使焊条与焊接件相互粘接而焊牢	焊接问题超过塑料软化点，塑料会产生分化，燃烧而无法焊接
法兰连接	一般采用塑料松套法兰或塑料焊接法兰接口。法兰与管口间一般采用凸缘接、翻边接或焊接	法兰面应垂直于接口焊接而成，垫圈一般采用橡胶垫
承插粘接	先进行承口扩口作业，使承插口环向间隙为0.15～0.30mm。承口深度一般为管外径的1～1.5倍。 粘接前，用丙酮将承插口表面擦洗干净，涂一层“601”胶粘剂，再将承插口连接	“601”胶粘剂配合比为：过氯乙烯树脂：二氯乙烷＝0.2：0.8涂刷胶粘剂应均匀适量，不得漏刷，切勿在承插口间与接口鏠隙处填充异物
胶圈承插连接	将胶圈嵌进承口槽内，使胶圈贴紧于四槽内壁，在胶圈与插口斜面涂一层润滑油，再将插口推入承口内	橡胶圈不得有裂纹、扭曲及其他损伤。 插入时阻力很大应立即退出，检查胶圈是否正常，防止硬插时扭曲或损坏密封圈

2）聚丙烯塑料管接口（见表5-4）

聚丙烯塑料管接口方式与做法 **表5-4**

接口方式	安装程序	注意事项
热风焊接	将待连接管两端制成坡口。用焊枪喷出240℃左右的热空气使两端管及聚丙烯焊条同时熔化，再将焊枪沿加热部位后退即成	适用于压力较低条件下
加热插粘接	将待安管的管端插入170℃左右工业甘油内加热；然后在已安管管端涂上胶粘剂，将在油中加热管端变软的待安管从油中取出，再将已安管插入待安管管端，经冷却后，接口即成	适用于压力较低条件下
热熔压接	将两待接管管端对好，使恒温电热板夹置两管端之间，当管端熔化后，即将电热板抽出，再用力压紧熔化的管端面，经冷却后，接口即成	适用于中、低压力条件下
钢管插入搭接法	将两待接管的管端插入170℃左右甘油中，再将钢管短节的一端插入到熔化的管端，经冷却后将接头部位用镀锌钢丝绑扎；再将钢管短节的另一头插入到熔化的另一管端，经冷却后用镀锌钢丝绑扎。这样，两条待安管由钢管短节插接而成	适用于压力较低条件下

3）聚乙烯塑料管接口

① 丝扣接口

将两管管端采用代丝轻溜一道管丝扣，然后拧入带内丝管件内，拧紧接口即成。

② 热风焊接、承插粘接、热熔压接及钢管插入搭接法等均可用于聚乙烯塑料管连接。

（11）塑料类排水管

室外塑料类排水管主要有排水硬聚氯乙烯管、大口径硬聚氯乙烯缠绕管、玻璃钢管等，管内径在100～2000mm范围内。其接口方式主要有承插橡胶圈连接、承插粘接、螺旋连接等，接口施工方法可参考给水管道。

大口径硬聚氯乙烯缠绕管适用于污水、雨水的输送，管内径在300～2000mm范围内，管道一般埋地安装。其覆土厚度在人行道下一般为0.5～10m，车行道下一般为1.0～10m。管道允许5%的长期变形度而不会破坏或漏水。

大口径硬聚氯乙烯缠绕管采用螺旋连接方式，即利用管材外表面的螺旋凸棱沟槽以及接头内表面的螺旋沟槽实现螺旋连接，螺纹间的间隙由聚氨酯发泡胶等密封材料进行密封。连接时，管口及接头均应清洗干净，拧进螺纹扣数应符合设计要求。

管道一般应敷设在承载力≥0.15MPa的地基基础上。若需铺设砂垫层，则按≥90%的密实度振实，并应与管身和接头外壁均匀接触。砂垫层应采用中砂或粗砂，厚度应≥100mm。

下管时应采用可靠的软带吊具，平稳、轻放下沟，不得与沟壁、沟底碰撞。土方回填时，其回填土中碎石屑最大粒径<40mm，不得含有各种坚硬物，管道两侧同时对称回填夯实。管顶以上0.4m范围内不得采用夯实机具夯实，在管两侧范围的最佳夯实度大于95%，管顶上部大于80%，分层夯实，每层摊土厚度为0.25～0.3m为宜。管顶以上0.4m至地面，按用地性质要求回填。

（12）柔性管道技术及其应用

刚性连接组成的弹性管道系统，由于温差引起的变形、支架移位、施工误差等因素造成弹性应力转移，使管道局部或设备突然遭到破坏，闸门或泵损伤或失灵，管线发生位移，连接处渗漏。以往为了解决这些问题，工程设计采用集中补偿，管线滑动，制作各种支吊架，加大安全系数等措施。硬性安装十分困难，致使施工难以达到设计应力状态；运行过程中不可测因素或某点的改变均会产生系统的变化，这是超静定系统固有的特点。

柔性管子刚性连接或者刚性管子柔性连接组成的柔性管道系统从根本上消除了弹性应力转移，实现了分散补偿，增强了系统的安全性，设计计算简便，能使安装与设计应力状态一致。

柔性管道系统包括：柔性连接、配件及支架，柔性管，柔性接口闸门，柔性接口泵，柔性接口容器等。由于系统所具有的技术性能，解决了实际工程中长期存在的如地震设防、管道水击减振、施工困难、峰值应力、设备保护等问题。系统具有良好的经济效益：如施工费用降低了10%～20%，施工速度提高三倍左右，原材料消耗节约10%～20%。

5.2.2 室内管道施工

1. 室内管道敷设分类

室内管道敷设可分为：管道明装敷设，管道暗装敷设（包括管道室内地沟敷设）等。

管道明装即管道外露，管道明装具有造价低、安装维修方便等优点，但同时管道外露影响美观，且表面易积尘及因冷凝作业形成露珠或结霜等。一般对于卫生、美观无特殊要求、或对维修维护有要求的建筑可采用管道明装。

管道暗装即将管道隐蔽，如敷设在墙槽、顶棚、夹壁墙、管道井、技术层、管沟中或直接埋地或埋在楼板垫层内。管道暗装优点：对室内美观、整洁无不利影响；缺点：增加施工及维修难度，造价高。适用于宾馆、高级公寓、无尘车间、无尘实验室、无菌室等对美观及室内整洁度要求较高的建筑。

2. 室内管道敷设程序

土建主体工程完成且墙面粉刷完毕之前—管道测量放线—干管安装—立管安装—支管安装—管道试压—管道刷油—管道保温。

3. 管道安装一般要求

(1) 管道安装时，应对法兰密封面及密封垫片进行外观检查，不得有影响密封性能的缺陷存在。

(2) 法兰连接应使用同一规格螺栓，安装方向一致。紧固螺栓应对称均匀，松紧适当，紧固后外露长度不大于2倍螺距。

(3) 管道对口时应检查平直度，允许偏差1mm/m。管道对口后应垫置牢固，避免焊接或热处理过程中产生变形。

(4) 室外埋地引入管要注意地面动荷载和冰冻的影响，管顶覆土厚度不宜小于0.7m且管顶埋深应在冻土线0.2m以下。建筑内埋地管在无动荷载和冰冻影响时，其管顶埋深不宜小于0.3m。

(5) 管道穿承重墙或基础、立管穿楼板时均应预留孔洞。暗装管道在墙中敷设时也应预留墙槽。

(6) 管道在空间敷设时，必须采取支托架、固定卡架等固定措施。

(7) 管道上仪表接点的开孔和焊接应在管道安装前进行。

(8) 管道穿墙或楼板时，一般加套管，但管道焊缝不得置于套管内。

(9) 管道与套管之间的空隙应用石棉或其他不燃材料填塞。

(10) 管道安装工作如有间断，应及时封闭敞口。

4. 管道支架制作与安装

(1) 管道支架分类

管道支架是架空管道敷设时起支撑作用的一种构件。按照用途区分，管道支架分为固定支架（固定在管道上用的支架）、活动支架（允许管道在支架上有位移的支架）两类，活动支架包括滑动支架、导向支架、滚动支架、吊架等。按荷载分为特轻级（Q）、中级、特重级（Z）三个等级，在每一个荷载等级中，包含轴向滑动、双向滑动、导向滑动、双导向滑动四种结构类型。按支架的材料可分为钢结构、钢筋混凝土结构、砖木结构等。

(2) 管道支架选用原则

1) 在管道上不允许有任何位移的地方，应设置固定支架。固定支架应生根在牢靠的结构物上。

2) 在管道上无垂直位移或垂直位移较小的地方，设置活动支架。对摩擦而产生的作用力无严格限制时，可采用滑动支架；要求减少摩擦作用力时，可采用滚珠支架。

3) 在水平管道上只允许管道单向水平位移的地方，U形补偿器两侧，应装设导向支架。

（3）管道支架的安装方法

1）栽埋式支架安装。

2）焊接式支架安装。

3）膨胀螺栓法支架安装。

4）抱箍法支架安装。

5）射钉法支架安装。

（4）管道支架安装要求

1）位置正确，埋设应平整牢固。

2）固定支架与管道接触应紧密，固定影牢固。

3）滑动支架应灵活，滑托与滑槽两侧应留有 3～5mm 的间隙，纵向移动量应符合设计要求。

4）无热伸长管道的吊架、吊杆应垂直安装。

5）有热伸长管道的吊架、吊杆应向热膨胀的反方向偏移。

6）固定在建筑结构上的支、吊架不得影响结构的安全。

5.2.3 室外管道施工

1. 室外管道敷设方式

（1）架空敷设

架空敷设是将管道敷设于地面上的独立支架（或桁架）之上，也可以敷设于栽入墙壁的支架之上。按照支架高度，管道架空敷设可分为：高支架敷设、中支架敷设、低支架敷设三类。

1）高支架敷设：在有交通要求时或管道穿越铁路（或公路）时，一般采用高支架敷设，其净空 H=4.0～6.0m。

2）中支架敷设：在行人频繁、有大车通行处，多采用中支架敷设，其净空 H=2.5～3.0m。

3）低支架敷设：为防止地面水的浸泡，一般采用低支架敷设，其净空 H=0.5～1.0m。

（2）地下敷设

由于地上交通频繁、建筑物美观要求以及城市规划等问题，管道不能架空敷设时，就采用地下敷设。管道地下敷设可分为：通行地沟敷设、半通行地沟敷设、不通行地沟敷设，无沟敷设等四类。

1）通行地沟敷设：一般多类型管道共设或超过 6 根管道时宜采用通行地沟。通行地沟的净高度一般不小于 1.8m，通道净宽度不小于 600mm。通行地沟中应设置可靠的排水设施，沟底的坡度不小于 0.002。通行地沟中应设置自然通风或机械通风设施，沟内温度不应超过 40℃。通行地沟中应设置照明设施，照明电压不宜超过 36V。

2）半通行地沟敷设：当共沟敷设的管道较少时（<6 根），建造通行地沟不太合理时，通常采用半通行地沟。半通行地沟的净高度一般应大于 1400mm，通道净宽度≥600mm。由于工作人员不是经常出入地沟，所以一般不需要设置专门的通风和照明设备，只是在检修时设置临时设施。

3）不通行地沟敷设：不通行地沟适用于单层敷设、性质形同的管道。不通行地沟尺寸小，占地少，耗材少。

4）无地沟敷设（直埋）：无地沟敷设是将管道直接埋设于地下，其管道本身（或其保温材料）直接和土壤接触的一种方式。无地沟敷设比较经济，但管道的防水与保温较难处理。它适用于地下水位较低、土质不下沉、土壤不带腐蚀性的地区。

2. 室外管道施工程序

室外管道采用支架、地沟等方式敷设时，其施工程序为：土建放线—土建施工—管道放线—管道加工—管道连接—管道试压—管道刷油—管道保温。

室外管道采用直埋方式敷设时，其施工程序为：测量放线—栽桩—放坡开挖—沟底垫层处理—管道防腐处理—下管—管道连接—试压—复土。

3. 室外管道施工要求

（1）下管

下管应以“施工安全、操作方便、经济合理”为原则，考虑管径、管长、管道接口形式、沟深等条件选择下管方法。下管作业要特别注意安全问题，应有专人指挥，认真检查下管用的绳、钩、杠、铁环桩等工具是否牢靠。在混凝土基础上下管时，混凝土强度必须达到设计强度的50%以上才可下管。

1）人工下管

① 压绳下管

此法适用于管径为400～800mm的管道。下管时，可在管子的两端各套一根大绳，把管子下面的半段绳用脚踩住，上半段用手拉住，两组大绳用力一致，将管子徐徐下入沟槽。

② 后蹬施力下管法

下管时，在沟岸顺沟方向横放一节管子，管与地面应接牢靠，而后将穿杠插入管内，用两根粗棕绳将待下管子绕管半圈，再将绕在管上面的两根绳头打成活节系在穿杠上，而在管下端的两根绳头则固定不动。下管时，将绳慢慢放松，将管子徐徐下至沟内。适用条件同压绳下管法。

③ 木架下管法

此法适用于直径900mm以内，长3m以下的管子。下管前预制一个木架，下管时沿槽岸跨沟方向放置木架，将绳绕于木架上，管子通过木架缓缓下入沟内。

2）起重机下管

采用起重机下管时，根据沟深、土质等确定出吊车距边沟的距离、管材堆放位置、起重机往返线路等。一般情况下多采用汽车吊车下管；土质松软地段宜采用履带式起重机下管。

（2）排管

1）排管方向

对承插接口的管道，一般情况下宜使承口迎着来水方向排列；这样可以减少水流对接口填料的冲刷，避免接口漏水；在斜坡地区铺管，以承口朝上坡为宜。

但在实际工程中，考虑到施工的方便，在局部地段有时亦可采用承口背着来水方向排列。图5-13为在原有干管上引接分支管线的节点详图。若顾及排管方向要求，分支管配件连接应采用图5-13（*a*）为宜，但自闸门后面的插盘短管的插口与下游管段承口连接时，必须在下游管段插口处设置一根横木作后背，其后续每连接一根管子，均需设置一根横木，安装尤为麻烦。如果采用图 5-13（*b*）所示分支管配件连接方式，其分支管虽然为承口背着来水方向排管，但其上承盘短管的承口与下游管段的插口连接，以及后续各节管子连接时均无须设置横木作后背，施工十分方便。

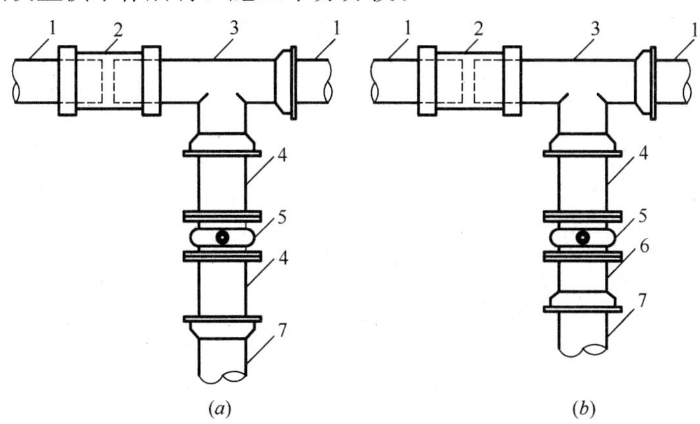

图 5-13　干管上引接分支管线节点详图

（*a*）分支管承口迎着来水方向；（*b*）分支管承口背着来水方向

1—原建干管；2—套管；3—异径三通；4—插盘短管；5—闸门；6—承盘短管；7—新接支管

2）对口间隙与环向间隙要求

承插接口的管道排管组合直线上环向间隙与对口间隙应满足表 5-5 的要求。

承插式管道接口环向间隙和对口间隙　　　　**表 5-5**

DN（mm）	环向间隙（mm）	对口间隙（mm）
75	10^{+3}_{-2}	4
100～200	10^{+3}_{-2}	5
300～500	11^{+4}_{-2}	6
600～700	11^{+4}_{-2}	7
800～900	12^{+4}_{-2}	8
1000～1200	13^{+4}_{-2}	9

3）管道自弯借转

一般情况下，可采用 90°弯头，45°弯头，22.5°弯头，11.25°弯头进行管道转弯，如果弯曲角度小于 11°时，则可采用管道自弯借转作业。管道允许转角和借距，见表 5-6。

管道自弯借转作业分水平自弯借转、垂直自弯借转以及任意方向的自弯借转。

排管时，当遇到地形起伏变化较大，新旧管道接通或跨越其他地下设施等情况时，可采用管道反弯借高找正作业。施工中，管道反弯借高主要是在已知借高高度 H 值的条件下，求出弯头中心斜边长 L 值，并以 L 值作为控制尺寸进行管道反弯借高作业。L 值的计算公式如下：

当采用 45°弯头时，$L_1=1.414\times H$（m）

当采用 22.5°弯头时，$L_2=2.611\times H$（m）

当采用 11.25°弯头时，$L_3=5.128\times H$（m）

沿曲线安装接口的允许转角和间距 **表 5-6**

接口种类	管径 *DN*（mm）	允许转角（度）	允许间距（mm）			
			管长 3m	管长 4m	管长 5m	管长 6m
刚性接口	75～450	2		140	175	209
	500～1200	1		70	87	105
滑入式 T 形、梯唇形橡胶圈接口及柔性机械式接口	75～600	3		209	262	314
	700～800	2		140	175	209
	≥900	1		70	87	105
预应力钢筋混凝土管	400～700	1.5			131	
	800～1400	1.0			87	
	1600～1700	0.5			44	
	1800～3000	0.5		35		
自应力钢筋混凝土管	100～250	1.5		105		
	300～800	1.5	79	105		

（3）稳管

稳管是排水管道施工中的重要工序，其目的是确保施工中管道稳定在设计规定的空间位置上。通常采用对中与对高作业。

1）位置

对中即使管道中心线与设计中心线在同一平面上。对中质量在排水管道中要求在 15mm 范围内，如果中心线偏离较大，则应调整管子，直至符合要求为止。通常，对中可按以下两种方法进行。

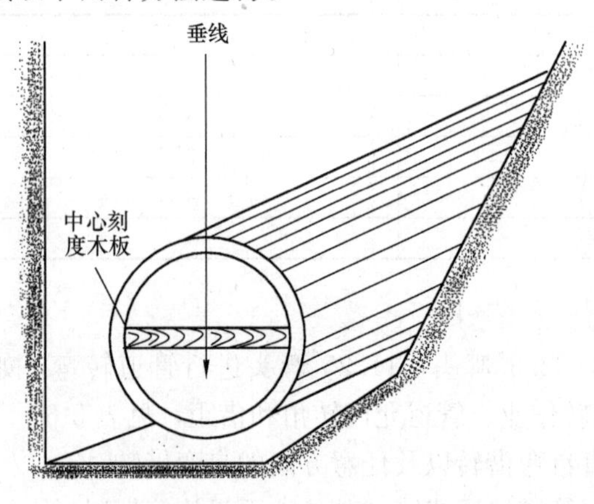

图 5-14 中心线法

① 中心线法（图 5-14）

该法是借助坡度板进行对中作业。在沟槽挖到一定深度之后，应沿着挖好的沟槽每隔 20m 左右设置一块坡度板，而后根据开挖沟槽前测定管道设计中心线时所预留的隐蔽桩（通常设置在沟岸的树下或电杆下不易被人畜碰触的桩子）定出沟槽或坡度板中心线，并在每块坡度板上钉上中心钉，使中心钉连线与沟槽中心线在同一垂直平面上，各个中心钉上沿高度（通过水准仪观测定出）连线的坡度与管道设计坡度一致。对中时，在下到沟槽内的管中用有二等分刻度的水平尺置于管口内，使水平尺的水泡居中，此时，如果中心钉连线上所拴的附有垂球的垂线通过水平尺的二等分点，表明管道中心线与设计中心线在同一个垂直平面内，对中完成。

② 边线法（图 5-15）

边线法进行对中作业是将坡度板上的定位钉钉在管外皮的垂直面上。操作时，只要向左或向右移动管子，使管外皮恰好碰到两坡度板间定位钉之间的连线的垂线即成。边线法对中速度快，操作方便，但要求各管节的管壁厚度与规格均应一致。

2）高程

如图 5-16 所示，用对高作业控制管道高程或坡度，是在坡度板上标出高程钉，相邻两块坡度板的高程钉到管底标高的垂直距离相等，则两高程钉之间连线的坡度就等于管底坡度，该连线称做坡度线。坡度线上任意一点到管底的垂直距离为一个常数，称做对高数。进行对高作业时，使用丁字形对高尺，尺上刻有坡度线与管底之间距离的标记，即为对高读数。

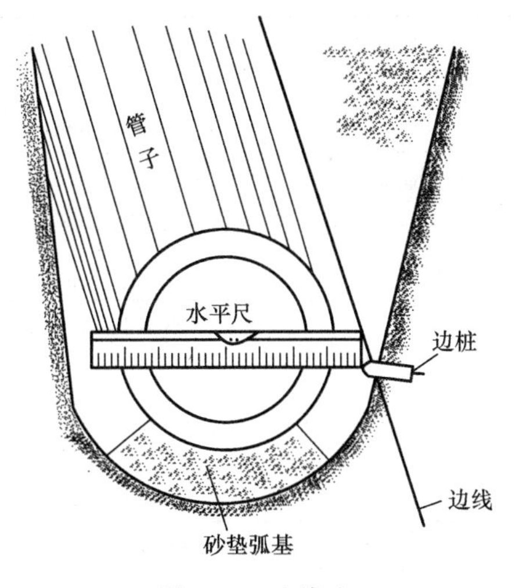

图 5-15　边线法

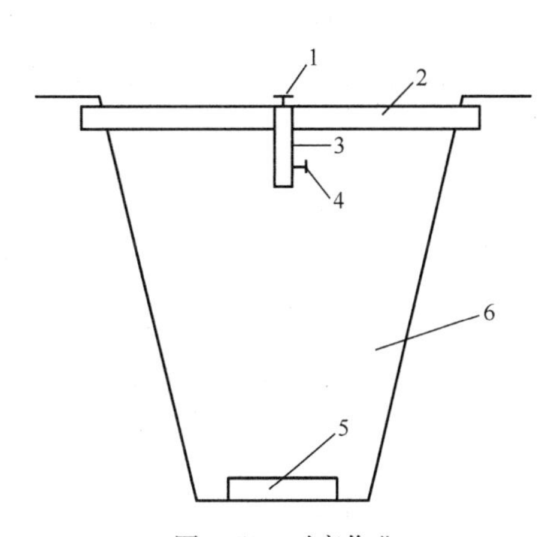

图 5-16　对高作业

1—中心钉；2—坡度板；3—立板；4—高程钉；5—管道基础；6—沟槽

将对高线垂直置于管端内底，当尺上标记线与坡度线重合时，对高满足要求，否则须采取挖填沟底方法予以调整。值得注意的是坡度线不宜太长，应防止坡度线下垂，影响管道高程。

3）稳管施工要求

① 稳管高程应以管内底为准；调整管子高程时，所垫石块、土层均应稳固牢靠。

② 为便于勾缝，当管道沿直线安装时，管口间的纵向间隙应符合表 5-7 的要求。对于 $DN>800$mm，还须进入管内检查对口，以免出现错口。

③ 采用混凝土管座时，应先安装混凝土垫块。稳管时，垫块须设置平稳，高程满足设计要求，在管子两侧应立保险杠，以防管子由垫块上掉下伤人。稳管后应及时浇筑混凝土。

管口的纵向间隙（mm）　　**表 5-7**

管材种类	接口类型	管径	纵向间隙
混凝土管 钢筋混凝土管	平口、企口	<600	1.0～5.0
		≥700	7.0～15
	承插式甲型口	500～600	3.5～5.0
	承插式乙型口	300～1500	5.0～15

续表

管材种类	接口类型	管径	纵向间隙
陶管	承插式接口	<300	3.0～5.0
		400～500	5.0～7.0

④ 稳管作业应达到平、直、稳、实的要求。其质量标准见表 5-8。

金属排水管道基础的允许偏差　　表 5-8

项目				允许偏差
垫层			中线每侧宽度	不小于设计规定
			高程	0 －15（mm）
管道基础	混凝土	管座平基	中线每侧宽度	0 ＋10（mm）
			高程	0 －15（mm）
			厚度	不小于设计规定
		管座	肩宽	＋10（mm） －5（mm）
			肩高	±20（mm）
			抗压强度	不低于设计规定
			蜂窝麻面面积	两井间每侧≤1.0%
	土弧、砂或砂砾		厚度	不小于设计规定
			支承角侧边高程	不小于设计规定

5.2.4　管道防腐防振与保温

1. 管道防腐

安装在地下的钢管或铸铁管会遭受地下水，各种盐类、酸与碱的腐蚀，以及杂散电流的腐蚀（靠近电车线路、电气铁路）、金属管道表面不均匀电位差的腐蚀。由于化学和电化学作用，管道将遭受破坏；设置在地面上管道同样受到空气等其他条件腐蚀；预（自）应力钢筋混凝土管铺筑在地下水位以下或地下时，若地下水位或土壤对混凝土有腐蚀作用，亦会遭受腐蚀。因此，对上述几种管道均应做防腐处理。

（1）防止管道外层腐蚀的方法

1）覆盖式防腐处理

① 非埋地钢管的油漆防腐

非埋地钢管的油漆防腐施工工序见表 5-9。

钢管的油漆防腐施工工序　　表 5-9

管道种类	钢管		镀锌钢管	
	无装饰与标志要求	有装饰与标志要求	无装饰与标志要求	有装饰与标志要求
底漆	防锈漆两遍	防锈漆两遍	不刷油	防锈漆两遍
面漆（不保温）	银粉漆两遍	色漆两遍	不刷油	色漆两遍
面漆（保温）	不刷油	保温层外色漆两遍	不刷油	保温层外色漆两遍

常用底漆的型号及用途见表 5-10。

常用底漆的型号及用途　　表 5-10

名称	标准号	主要用途
乙烯磷化底漆（X06—1）	HG2—27—74	有色金属及黑色金属底层防锈漆涂料可省去磷化或钝化处理，不适用与碱性介质的环境中
铁红醇酸底漆（C06—1）	HG2—113—74	配套性较好，配套面漆有过氯乙烯面漆、沥青漆等，适用于一切黑色金属表面打底
锌黄、铁红酚醛底漆（F06—8）	HG2—579—74	铁红、灰色适用于钢铁表面，锌黄适用于铝合金表面
铁红、锌黄环氧树脂底漆	HG2—605—75	适用于沿海地区及湿热带地区的金属材料打底

常见面漆的型号及用途见表 5-11。

常见面漆的型号及用途　　表 5-11

名称	标准号	主要用途
酚醛耐酸漆	F50—1 （F50—31）	用于有酸性气体侵蚀的场所的金属表面
乙烯防腐漆	X52—1，2，3	适用于耐性要求较高，腐蚀性大的金属表面或干湿交替的金属表面，该漆为自干漆，必须配套使用
过氯乙烯防腐漆	G52—5 G01—5 G52—1，2，3 G06—4，5	可用化工管道、设备、建筑等金属表面防腐
沥青漆	L01—17，21 L04—2 L50—1	用于金属表面防腐
环氧树脂漆	H01—4，1 H04—1 H52—3	适用于化工及地下管道，贮槽、金属及非金属表面防腐

② 埋地钢管的外防腐层

a. 防腐层的选择

埋地钢管外防腐层可采用石油沥青涂料制作（表 5-12）或环氧煤沥青涂料制作（表 5-13）。

埋地钢管石油沥青涂料外防腐层做法　　表 5-12

防腐层层数（从金属表面算起）	防腐层种类		
	三油二布	四油三布	五油四布
1	底漆	底漆	底漆
2	沥青涂层	沥青涂层	沥青涂层
3	玻璃布一层	玻璃布一层	玻璃布一层
4	沥青涂层	沥青涂层	沥青涂层

续表

防腐层层数（从金属表面算起）	防腐层种类		
	三油二布	四油三布	五油四布
5	玻璃布一层	玻璃布一层	玻璃布一层
6	沥青涂层	沥青涂层	沥青涂层
7	外包保护层	玻璃布一层	玻璃布一层
8		沥青涂层	沥青涂层
9		聚氯乙烯工业薄膜一层	玻璃布一层
10			沥青涂层
11			聚氯乙烯工业薄膜一层
防腐层厚度	共7层（≥4.0mm）	共9层（≥5.5mm）	共11层（≥7.0mm）

埋地钢管环氧煤沥青涂料外防腐层法 **表5-13**

防腐层层数（从金属表面算起）	防腐层种类		
	二油	三油一布	四油二布
1	底漆	底漆	底漆
2	面漆	面漆	面漆
3	面漆	玻璃布	玻璃布
4		面漆	面漆
5		面漆	玻璃布
6			面漆
7			面漆
防腐层厚度	共3层（≥0.2mm）	共5层（≥0.4）	共7层（≥0.6mm）

b. 防腐层的配制与操作

沥青涂层即为沥青玛瑞脂（SMA）。采用建筑10号石油沥青，填充料可用高岭土、石棉粉或滑石粉等。其重量配合比为：沥青∶高岭土（或石棉粉）=3∶1。配制时，先将沥青置于锅内，加热至230℃左右，但不得大于250℃，续加沥青，搅拌至完全溶化，随即可边搅拌边加入粉状高岭土（或石棉粉），至均匀即成。

外包保护层用聚氯乙烯料工业薄膜或牛皮纸，薄膜的厚度应为0.2mm，拉伸长度≥14.7N/mm^2，断裂伸长率≥200%；玻璃布应采用干燥、脱蜡、无捻、封边、网状平纹的玻璃布。当采用石油沥青涂料时，玻璃布的经纬密度选用8×8根/cm～12×12根/cm；当采用环氧煤沥青涂料时，玻璃布的经纬密度选用10×12根/cm～12×12根/cm。

底漆与面漆涂料应采用同一标号的沥青配制，沥青与汽油的体积比=1∶2～1∶3。

涂刷底漆前管段表面应清除油垢、灰渣、铁锈、氧化铁皮等。涂底漆的基面应干燥，除锈后应及时涂刷底漆。涂刷应均匀、饱满，不得有凝块、起泡现象，底漆厚度宜为0.1～0.2mm，管两端150～250mm范围内不得涂刷，以便于管道连接。

沥青涂料应涂刷在洁净、干燥的底漆上，常温下涂刷底漆后24h内涂抹沥青涂层，涂抹热沥青的适宜温度不得低于180℃。涂沥青后立即缠绕玻璃布，玻璃布的压边宽度应为

30～40mm；接头搭接长度多 100mm，各层搭接接头应相互错开，玻璃布的油浸透率应达到 95％以上，不得出现 50mm×50mm 的空白；管端或施工中断处应留出长 150～250mm 的阶梯形搭茬，阶梯宽度应为 50mm。当沥青涂料温度低于 100℃时包扎外保护层，保护层不得有褶皱、脱壳现象，压边宽度应为 30～40mm，搭接长度应为 100～150mm。

外防腐层质量应符合表 5-14 的规定。

外防腐层质量标准 **表 5-14**

材料种类	构造	检查项目				
		厚度（mm）	外观	电火花试验		黏附性
石油沥青涂料	三油二布	4.0	涂层均匀无褶皱、空泡、凝块	18kV	用电火花检漏仪检查无打火花现象	以夹角为 45～60°、边长 40～50mm 的切口，从角尖端撕开防腐层；首层沥青层应 100％地黏附在管道的外表面
	四油三布	5.5		22kV		
	五油四布	7.0		26kV		
环氧煤沥青涂料	二油	0.2		2kV		以小刀割开一舌形切口，用力撕开切口处的防腐层，管道表面仍为漆皮所覆盖，不得露出金属表面
	三油一布	0.4		3kV		
	四油二布	0.6		5kV		

③ 预（自）应力钢筋混凝土管防腐

当预（自）应力钢筋混凝土管防腐铺筑于地下水位以下或土壤对混凝土有腐蚀作用的地区，可采用沥青麻布防腐层包扎在管外壁予以防腐。

沥青麻布防腐层一般做法为两油两布，即两层沥青涂料，两层沥青麻布或沥青纤维布。

沥青涂料的配制是先将 85％的石油沥青加热到 135～150℃，然后使其冷却到 90℃左右，再将 1％的石棉粉徐徐加入，随之搅拌均匀即成。

沥青麻布的做法是先将石油沥青加热熔化，然后冷却到 70～80℃，再将洁净的麻布或纤维布放进溶液中浸透，取出冷却到 50℃左右即缠于管子上。

2）电化学防腐法

① 排流法

金属管道受到来自杂散电流的电化学腐蚀，管道发生腐蚀的地方是阳极电位，在此处管道与电源（如变电站负极或钢轨）的负极之间用低电阻导线（即排流线）连接起来，使杂散电流不经过土壤而直接流回电源去，即达到防腐目的。此法可分为以下两种类型。

a. 直接排流法

当金属管道与变电站负极连起来进行排流时，其中仅有一个变电站电源，而且不可能由电源流入逆电流的情况下，两者直接采用排流线连接即可。

b. 选择排流法

在排流线上方加装一个可以阻止逆电流，只许可正向电流通过的单向选择装置与排流线串联起来的方法。

② 阴极保护法

由外部施加一部分直流电流给金属管道，由于阴极电流的作用，将金属管道表面上不均匀电位去除，消除腐蚀电位差，以保证金属免受腐蚀。此法可分为如下两种类型：

a. 牺牲阳极法

采用比被保护金属管道电位更低的金属材料做阳极，与金属管道连接起来，利用两种金属固有的电位差，产生防蚀电流的防腐方法。

b. 外加电流法

通过外部直流电源装置，将必要的防腐电流通过地下水或埋置于水中的电极，流入金属管道的方法。所用直流电源一般由交流电经过硒整流的过程而变作直流电的。

（2）防止管道内腐蚀的方法

1）常用的内衬材料及其配合比

① 水泥砂浆涂衬

其配合比为：水泥∶砂∶水＝1.0∶1.0～1.5∶0.4～0.32。其中，水泥为强度等级不小于42.5级的硅酸盐、普通硅酸盐水泥或矿渣水泥；砂的级配应根据施工工艺、管径、现场施工条件确定，粒径≤1.2mm，无杂物，含泥量不大于2%。水泥砂浆抗压强度应≥30N/mm^2。

防腐层裂缝宽度≤0.8mm，沿管道纵向长度不应大于管道的周长，且≤2.0m。防腐层厚度允许偏差以及麻点、空窝等表面缺陷的深度应符合表5-15规定。缺陷面积≤5cm^2/处。

水泥砂浆涂衬质量标准 **表5-15**

管径（mm）	防腐层厚度（mm）	防腐层厚度允许偏差（mm）	表面缺陷允许深度（mm）
≤1000	5～7	±2	2
1000～1800	7～9	±3	3
＞1800	＞9	+4 −3	4

② 聚合物改性水泥砂浆涂衬

其配合比如下：

a. 强度等级为42.5级普通硅酸盐水泥为100；

b. “D505”聚醋酸乙烯乳剂（含固体约50%）为2%～3%（按固体含量）；

c. “850”水溶性有机硅（含甲基硅烷钠盐固体约30%）为1.2%（按固体含量）；

d. 粒径为0.5～1.0mm的石英砂约50%～100%（砂灰比为0.5～1.0）；

e. 水灰比为0.32～0.38，视现场气温、材料与施工条件调整。

2）涂衬操作要点

① 涂衬前，应清洗管内壁铁垢，锈斑、油污、泥砂与沥青涂层等杂物。

② 防腐层可采用机械喷涂、人工抹压、拖筒或离心预制法施工。

③ 离心预制法施工时，应准确地计算水泥与砂子用量，拌合配制水泥砂浆，将拌合料均匀倒入管内。启动离心涂管机，速度由慢渐快，保证涂层均匀。

④ 人工抹压法施工时，应分层抹压。

⑤ 管道端点或施工中断时，应预留搭茬。

⑥ 防腐层成型后，应立即将管道封堵，终凝后进行湿养护。养护时间视气温决定，一般为7～14d。视气候条件，夏天用草袋覆盖管子洒水养护，冰冻期间须采取防冻措施。

⑦ 当 DN=500～1200mm 时，采用聚合物改性水泥砂浆涂层的厚度约为 3～4mm 为宜，过薄不易达到要求的机械强度，亦不易覆盖未除尽的锈斑。涂层表面尽量保持光洁。

2. 管道防振

(1) 管道抗振能力验算

在地震波的作用下，埋地管道产生沿管轴向及垂直于轴向的波动变形，其过量变形即引起震害。可按施工地区抗震设防烈度选用管材、接口形式及工程地质条件等进行抗振能力的验算。

在地震剪切波作用下，埋地承插式管道的直线管段引起的轴向变位在同一时刻是按正弦波的波形单位，其半个视波长度内管道受拉，相邻半个视波长度内管道受压。可以取半个视波长作为计算单元，即在剪切波作用下，半个视波长管道所产生的拉伸量，应由半个视波长管道各接口承担。半个视波长内管道轴向最大变形 ΔL 为：

$$\Delta L = 66\xi k_n T_g^2 \tag{5-2}$$

式中 k_n——水平方向地震系数，即不同地震烈度下的地面水平方向，最大加速度的统计平均值与重力加速度的比值，采用表 5-16。

k_n 值 **表 5-16**

地震烈度	7 度	8 度	9 度
k_n	0.1	0.2	0.4

ξ——埋地管道变形计算的传递系数，按下式计算：

$$\xi = \frac{1}{1+\dfrac{E\omega D}{2v_s^2}} \tag{5-3}$$

E——管材弹性模量，钢管、铸铁管、钢筋混凝土压力管分别为 2.0×10^6MPa、1.1×10^6MPa、3.8×10^5MPa；

ω——管道横截面积，cm^2；

D——管道平均直径，即管壁中心直径，cm；

v_s——沟槽土内传递的剪切波速度，cm/s，按表 5-17 采用；

T_g——地基土的特征周期，s，详见现行《建筑抗震设计规范》GB 50011—2010。

若 ΔL 值小于全部管道接口允许变形量之和，则表明管道于地震条件下安全。如下式：

$$\Delta L \leqslant \sum_{i=1}^{n} [e]_i \tag{5-4}$$

式中 $[e]_i$——各种形式的单个管道接口 i 在工作压力下，允许的轴向拉伸变形，cm，可按表 5-18 采用；

n——半个视波长内管道接口总数，可下式求定。

$$n = \frac{v_s T_m}{\sqrt{2}l} \tag{5-5}$$

l——每根管子长度，cm。

v_s 值　　表 5-17

土壤种类	允许承载力（MPa）	v_s（m/s）
黏性土	<0.1 0.1～0.2 0.2～0.4	60～80 80～120 120～180
砂性土	<0.1 0.1～0.2 0.2～0.4	80～100 100～140 140～200

$[e]_i$ 值　　表 5-18

管 材	接口形式	$[e]_i$（cm）
铸铁管	石棉水泥或膨胀水泥砂浆接口 青铅接口 胶圈石棉水泥接口	0.004 0.05 0.3～0.5
预应力钢筋混凝土管	橡胶圈接口	1.0

若验算结果尚不能满足要求，亦应增加柔性接口。对于焊接钢管及承插式橡胶圈接口的预（应）力钢筋混凝土管一般不进行抗震计算。

（2）管道与构筑物施工防震措施

1）地下直埋管道力求采用承插式橡胶圈接口的球墨铸铁管或预（自）应力钢筋混凝土管及焊接钢管。

2）过河倒虹管，通过地震断裂带管道，穿越铁路及其他主要交通干线及位于地基土为可液化地段的管道，应采用钢管或安装柔性管道系统设施。

3）过河倒虹管、架空管及沿河、沟、坑边缘铺设承插式管道，往往由于岸边土坡发生向河心滑移而损坏的现象。故应于倒虹管或架空管两侧上端弯管处设置柔性接口。原则上不宜平行，紧靠河岸、路肩等易产生滑坡地段铺筑管道。若沿滑移岸坡边敷设管道，应每隔一定距离设置一个柔性接口，以适应管道变形。

4）架空管道不宜架设在设防标准低于设计烈度的建筑物上。架空管道活动支架上应安装侧向挡板，其支架宜采用钢筋混凝土结构。

5）管道在三通、弯头及减缩管等管件连接处及水池等构筑物进出口处，其受力条件复杂，管道应力集中明显，应在这些部位设置柔性接口。管道穿越构筑物墙与基础时，应安装套管，套管与管道之间的环向间隙宜采用柔性填料。

6）所有地下管道的闸门均应安装闸门井。设计烈度为 7～8 度且地基土为可液化地段及设计烈度为 9 度且场地土为Ⅲ类土时，闸门井的砖砌体用不低于 MU7.5 砖及 M7.5 水泥砂浆砌筑；并应设置环向水平封闭钢筋，每 50cm 高度内不宜少于 $2\phi6$。

7）水池混凝土强度等级不得低于 C20；砖强度等级不低于 MU7.5 级；水泥砂浆强度等级不低于 M7.5 级。

8）预制装配顶盖，在板缝内设置不少于 $1\phi6$ 钢筋；板缝宜采用 M10.0 水泥砂浆灌严，板与梁的连接不应少于三个角焊接。

9）顶盖在池壁上搁置长度不应少于 20cm。当设计烈度为 8 度，顶盖为预制装配时，池壁顶部应设置钢筋混凝土圈梁。

10）设计地震烈度为8度或9度时，采用钢筋混凝土矩形水池，在池壁拐角处的里外层水平方向配筋率不小于0.3%，伸入两侧池壁内长度不少于1m；采用砌体结构矩形水池应于池壁拐角处，每30～50cm高度内，加设不少于3ϕ6水平钢筋，伸入两侧池壁内的长度不应少于1m。

11）若管井设置在可液化地段，井管宜采用钢管，尽量采用潜水泵；水泵出水口采用柔性连接；采用深井泵时，井管内径与泵体外径间空隙不少于5cm。

3. 管道的保温

管道保温的基本原理是在管内外温差一定的条件下，在管道外表面设置隔热层（保温层），利用导热系数小的材料，热转移也必然很小的特点，从而使管内基本上保持原有温度。

（1）保温结构的组成

保温结构一般由下述部分构成。

防锈层：一般采用防锈油漆涂刷而成。防锈油漆应采用防锈能力强的油漆。

保温层：保温结构的主要部分，所用保温材料及保温层厚度应符合设计要求。

防潮层：防止水蒸气或雨水渗入保温材料，以保证材料良好的保温效果和使用寿命。所用材料有沥青及沥青油毡、玻璃丝布、聚乙烯薄膜等。

保护层：保护保温层或防潮层不受机械损伤，增加保温结构的机械强度和防湿能力。一般采用石棉石膏、石棉水泥、麻刀灰、金属薄板及玻璃丝布等材料。

防腐层及识别标志：一般采用油漆直接涂刷于保护层上，以防止或保护保护层不受腐蚀，同时也起作识别管内流动介质的作用。

保温操作程序是：首先在管外壁涂刷两层红丹防腐油漆，然后设置保温层，再施加保护层，最后施加防腐层及识别标志。

（2）保温层施工

管道、设备和容器的保温应在防锈层及水压试验合格后进行。如需先保温或预先做保温层，应将管道连接处和环形焊缝留出，等水压试验合格后，再将连接处保温。保温层的施工方法较多，具体采用什么方法取决于保温材料的形状和特性，常用的保温方法有以下几种形式。

1）涂抹法保温：涂抹法保温是将不定形的散状保温材料按一定比例用水调成胶泥，分层涂抹于需要保温的管道或设备上。它适用于石棉硅藻土、碳酸镁石棉灰、石棉粉等保温材料。这种保温方法施工简单，保温结构整体性好，无接缝，保温层与保温面结合紧密，不受被保温物体形状的限制。由于是手工操作，故工作效率低，结构的机械强度不高，质量不易保证，其结构如图5-17所示。

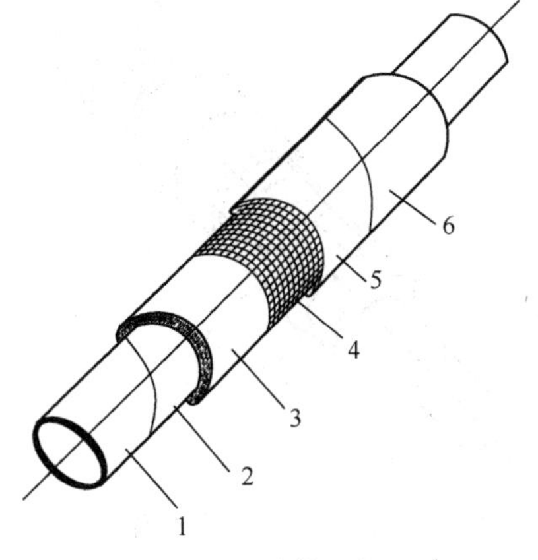

图5-17　涂抹法保温

1—管道；2—防锈漆；3—保温层；4—钢丝网；5—保护层；6—防腐层

2）充填法保温：充填法保温是将不定形的松散状保温材料充填于四周由支承环和镀锌钢丝网等组成的网笼空间内。它适用于矿渣棉、玻璃棉、超细玻璃棉等保温材料。这种保温方法所用散状材料重量轻、导热系数小、保温效果好，支承环和外包钢丝网笼不易开裂。但施工麻烦，消耗金属且增加了额外热损失。

施工时应保证支承环的高度等于保温层厚度，应保证支承环与管道、支承环与钢丝网连接牢固。支承环间距应不大于1m。充填保温材料时应四周同时进行，且应充填密实以防钢丝网变形造成保温层厚度不够。

3）包扎法保温：包扎法保温是将卷状的软质保温材料包扎一层或几层于管道上。它适用于矿渣棉毡、玻璃棉毡、超细玻璃棉毡等保温材料。这种保温方法施工简单，修补方便、耐振动。但棉毡等弹性大，很难做成坚固的保护层，因而易产生裂缝，使棉毡受潮，增大热损失。其结构如图5-18所示。

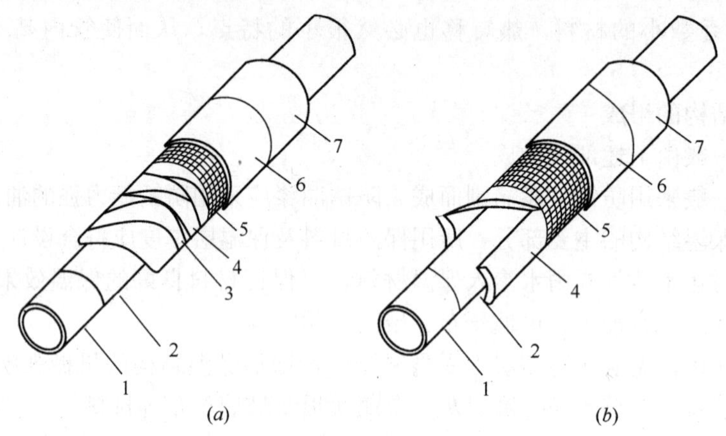

图5-18　包扎法保温

1—管道；2—防锈漆；3—镀锌钢丝；4—保温层；5—钢丝网；6—保护层；7—防腐层

4）预制块保温：预制块保温是将预制成半圆形管壳，弧形瓦，梯形瓦或板块保温材料拼装覆盖于管道或设备上，用钢丝捆扎。它适用于泡沫混凝土、膨胀珍珠岩、矿渣棉、玻璃棉、膨胀蛭石、硬质聚氨酯与聚苯乙烯泡沫塑料等能预制成型的保温材料。由于它是由工厂预制而成，施工方便、保证质量、机械强度好而广泛采用。但因拼装时有纵横接缝、易导致热损失，预制件在搬运和施工过程中易损耗，异形表面的保温施工难度大，其结构如图5-19所示。

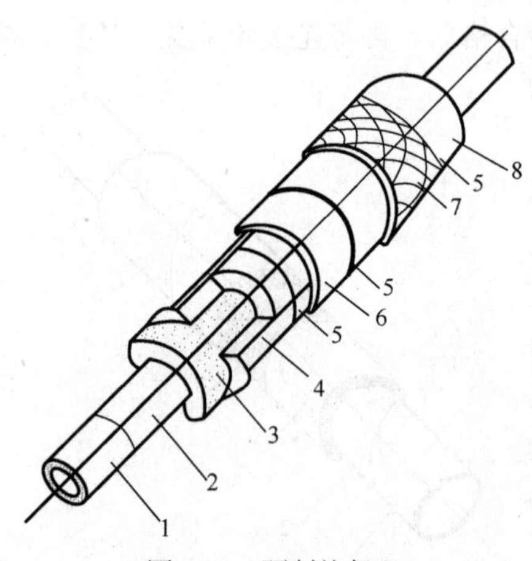

图5-19　预制块保温

1—管道；2—防锈漆；3—胶泥；4—保温材料；5—镀锌钢丝；6—沥青油毡；7—玻璃丝布；8—防腐漆

为了使保温材料与管壁紧密结合，保温材料与保温面之间应涂抹一层3～5mm厚的石棉粉或石棉硅藻土胶泥，然后将保温材料拼装，绑扎在保温面上。对弯头的保温应将保温制品切割成虾米弯进行小块拼装。保温材料拼装时应将接缝错开，对多层拼装时应交错盖缝。接缝间应严密或在接缝处用胶泥填塞，胶泥应用与保温材料性能接近的材料配制。

绑扎保温材料一般采用18～20号钢丝，绑扎间距不应超过300mm，并且每块保温制成品至少应绑扎两处，每处绑扎的钢丝不应少于两道，其接头应放在保温制品的接缝处，以便将接头嵌入接缝内。

除了上述保温方法外还有套筒式保温、缠绕法保温、粘贴法保温、贴钉法保温等。不管采用什么保温，在施工时应符合下述要求：

管道保温材料应粘贴紧密、表面平整、圆弧均匀、无环形断裂，绑扎牢固。保温层厚度应符合设计要求，厚度应均匀，允许偏差为＋5％～－10％。

垂直管道作保温时，应根据保温材料的密度和抗压强度，设置支撑托板。一般按3～5m设置1个，支撑托板应焊在管壁上，其位置应在立管支架的上部200mm。

保温管道的支架处应留膨胀伸缩缝。用保温瓦或保温后呈硬质的材料保温时，在直线段上每隔5～7m应留1条间隙为5mm的膨胀缝，在弯管处管径小于或等于300mm应留1条20～30mm的膨胀缝。膨胀伸缩缝和膨胀缝须用柔性保温材料（石棉绳或玻璃棉）填充。

除寒冷地区的室外架空管道的法兰，阀门等附件应按设计要求保温外。一般法兰、阀门、套管伸缩器等不应保温。在其两侧应留70～80mm间隙不保温，并在保温层端部抹60°～70°的斜坡，以便维护检修。设备和容器上的人孔，手孔或可拆卸部件附近的保温层端部应做成45°斜坡。

（3）保护层施工

保护层常用的材料和形式有沥青油毡和玻璃丝布保护层，玻璃丝布保护层，石棉石膏或石棉水泥保护层，金属薄板保护壳等等。

1）沥青油毡和玻璃丝布保护层：它适用于室外敷设的管道。一般采用包裹或缠包的方法施工，施工时应保证沥青油毡接缝有不小于50mm的搭接宽度，并且接缝处应用沥青或沥青玛𤧛脂（SMA）封口，用镀锌钢丝绑扎牢固。然后用玻璃丝布条带以螺旋状缠包到油毡的外面。缠包时应保证接缝搭接宽度为条带的1/2～1/3，并用镀锌钢丝绑扎牢实。缠包后玻璃丝布应平整无皱纹、气泡，松紧适当。玻璃丝布表面应根据需要涂刷一层耐气候变化的涂料或管道识别标志。

2）玻璃丝布保护层：它适合于室内架空及不易受外界碰撞的明装管道，其施工方法同前。

3）石棉石膏或石棉水泥保护层：一般适用于室外及有防火要求的保温管道。施工方法一般为涂抹法。施工时先将石棉水泥或石棉石膏按一定比例调配成胶泥，直接涂抹在保温层或防潮层上，或抹在包裹保温层或防潮层的钢丝网面上。保护层厚度：对于管道不小于10mm，对于设备、容器不小于15mm。

涂抹保护层时，一般分两次进行。第一次粗抹为设计厚度的1/3左右，待胶泥凝固稍干后，再进行第二次精抹。精抹必须保证保护层厚度符合设计要求，保护层表面平滑平整，不得有明显的裂纹。

4）金属板保护壳：适用于室内容易碰撞的管道及有防火、美观等特殊要求的地方。一般采用0.5mm厚的白铁皮或黑铁皮。采用金属薄板作保护层应根据使用对象的形状和连接方式预制成保护壳，然后拼装到保温层或防潮层表面上。采用黑铁皮时应涂刷防锈漆，安装时应纵缝接口朝下，保护壳的搭接宽度一般为30～40mm。保护壳的固定可采用

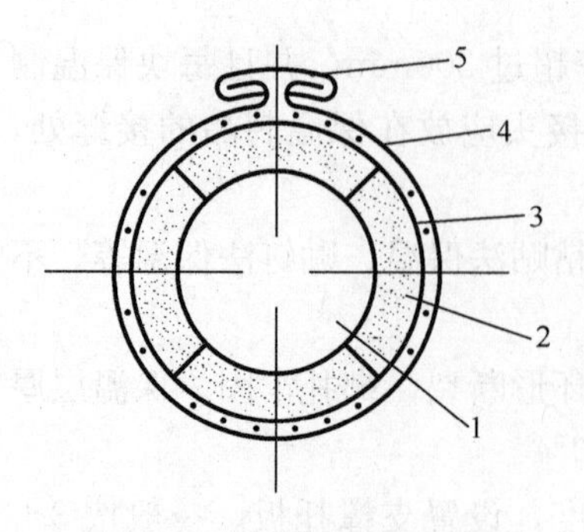

图 5-20 保温壳插销片固定

1—管道；2—保温层；3—防潮层；4—金属保护壳；5—金属插销片

自攻螺栓固定，镀锌铁皮带包扎固定，插销片固定（见图 5-20）等方法。

（4）管件保温结构与施工

1）法兰保温结构：采用预制件与包扎构件。图 5-21 左侧为预制管壳的法兰保温结构；右侧为包扎式法兰保温结构。

2）阀门保温结构：图 5-22 中左为包扎式阀门保温结构；右侧为预制管壳阀门保温结构。

3）弯头保温结构（图 5-23）：采用预制构件时，应考虑弯头处是胀缩变形较大之处，制作时须留一定伸缩余地；采用填充式与包扎式保温结构的施工方法与管道保温结构做法相同。

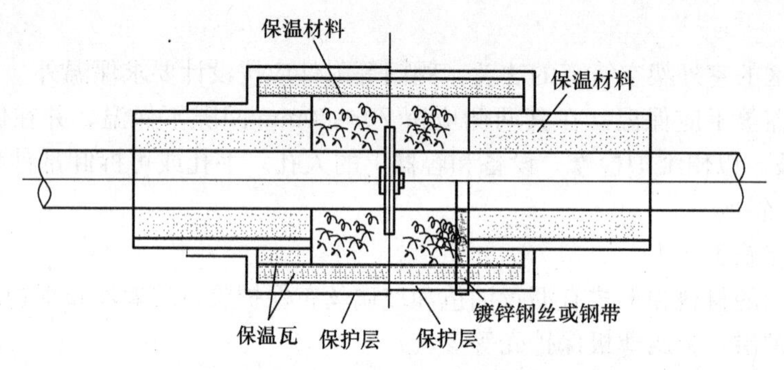

图 5-21 法兰保温结构

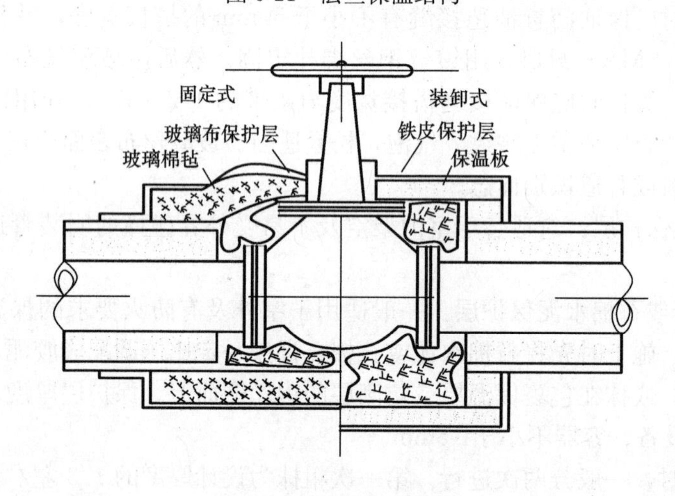

图 5-22 阀门保温结构

4）三通保温结构（见图 5-24）：采用预制构件时，应考虑三通伸缩量不一致，制作时应留有一定余地；采角填充法、包扎式保温结构的施工方法与管道保温结构做法相同。

5.2.5 管道质量检查与验收

1. 给水管道试压

管道试压是管道施工质量检查的重要措施，其目的是衡量施工质量，检查接口质量，暴露管材及管件强度、缺陷、砂眼、裂纹等弊病，以达到设计质量要求，符合验收条例。

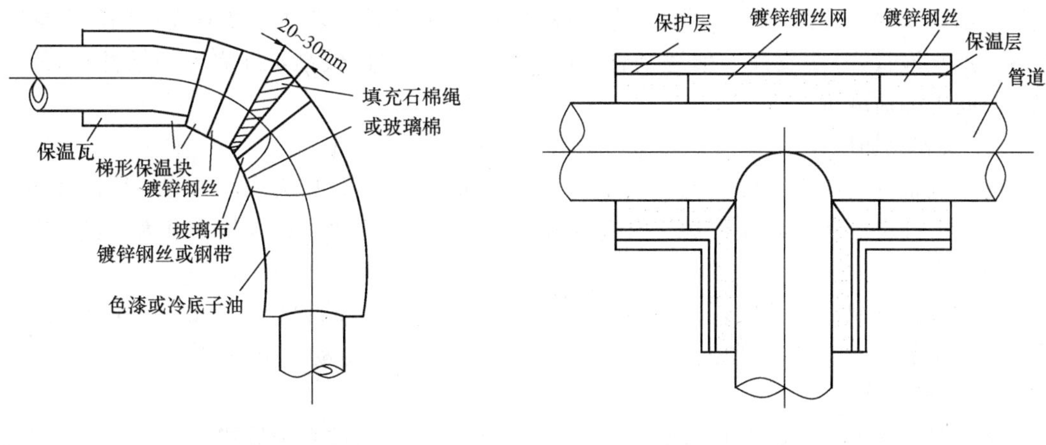

图 5-23　弯头保温结构

图 5-24　三通保温结构

（1）确定试验压力值

试验压力值详见表 5-19。

管道水压试验压力值的确定要求　　　　**表 5-19**

管材类型	工作压力 P（MPa）	水压试验压力值（MPa）
钢管	P	$P+0.5$ 且不应小于 0.9
铸铁及球墨铸铁管	≤0.5	$2P$
	＞0.5	$P+0.5$
预（自）应力钢筋混凝土管	≤0.6	$1.5P$
	＞0.6	$P+0.3$
现浇钢筋混凝土管渠	≥0.1	$1.5P$
塑料管及复合管	P	$1.5P$ 且不应小于 0.6
水下管道	P	$2.0P$ 且不应小于 1.2

（2）试验前的准备工作

1）分段

试压管道不宜过长，否则很难排尽管内空气，影响试压的准确性；管道是在部分回填土条件下试压，管线太长，查漏困难；在地形起伏大的地段铺管，须按各管段实际工作压力分段试压；管线分段试压有利于对管线分段投入运行，可及早产生效益。

试压分段长度一般采用 500～1000m；管线转弯多时可采用 300～500m；对湿陷性黄土地区的分段长度应取 200m；管道通过河流、铁路等障碍物的地段须单独进行试压。

2）排气

试压前必须排气。由于管内空气的存在，受环境温度影响，压力表显示结果不真实；试压管道发生少量漏水时，压力表就难以显示，压力表指针也稳不住，致使下跌。

排气孔通常设置在起伏的顶点处，对长距离水平管道上，须进行多点开孔排气。灌水排气须保证排出水流中无气泡，水流速度不变。

3）泡管

管道灌水应从低处开始，以便于排除管内空气。灌水之后，为使管道内壁与接口填料充分吸水，需要一定的泡管时间。一般要求铸铁类管及钢管泡管1～2昼夜；钢筋混凝土类管（渠）泡管2～4昼夜。但遇到管道施工期间地下水位较高，外界养护条件较好时，泡管时间可酌情减少。

4）仪表及加压设备

为了观察管内压力升降情况，须在试压管段两端分别装设压力表，为此，须在管端的法兰堵板上开设小孔，以便连接。压力表精度不应低于1.5级，最大量程宜为试验压力的1.3～1.5倍。

加压设备可视试压管段管径大小选用。一般，当试压管的管径小于300mm时，采用手摇试压泵加压；当试压管径大于或等于300mm时，采用电动试压泵加压。

5）支设后背

试压时，管道堵板以及转弯处会产生很大的压力，试压前必须设置后背。后背支设的要点是：

后背应设在原状土后背墙或人工后背墙上，后背墙土质松软时，应采取加固措施。后背墙支撑面积可视土质与试验压力值而定，一般原状土质可按承压0.15MPa予以考虑。墙厚一般不得小于5m。与后背接触的后背墙墙面应平整，并应与管道轴线垂直。

后背应紧贴后背墙，并应有足够的传力面积、强度、刚度和稳定性。必要时需计算确定。

采用千斤顶压紧堵板时，管径为400mm管道，可采用1个30t千斤顶；管径为600mm管道，采用1个50t的千斤顶；管径为1000mm的管道，采用1个100t油压千斤顶或3个30t千斤顶。

刚性接口的铸铁管，为了防止千斤顶对接口产生影响，靠近后背1～3个接口应暂时不做，待后背支设好再做。

水压试验应在管件支墩安置妥当且达到要求强度之后进行，对那些尚未作支墩的管件应做临时后背。沿线弯头、三通、减缩管等应力集中处管件的支墩应加固牢靠。

（3）水压试验方法

1）管道强度试验（又称落压试验）

该法的试验原理是，漏水量与压力下降速度及数值成正比。其试验设备布置如图5-25所示。

强度试验操作程序如下：

① 用试压泵向管内灌水分级升压，每升压一级应检查后背、支墩、管身及接口，当无异常时，再继续升压。让压力升高至试验压力值（其数值于压力表上显示）；

② 水压升至试验压力后，保持恒压10min，检查接口、管身无破损及漏水现象时，管道强度试验即为合格；

严禁在试压过程中对试验管段接口及管身进行敲打或修补缺陷、渗漏点。若试验管段有渗漏或缺陷，应及时卸压修补、更换。检修过后，应再对试验管段重复上述试验过程，直到管道强度试验满足规定值为止。

2）管道严密性试验（又称渗水量试验）

该法的试验原理是，在同一管段内，压力降落相同，则其渗水总量也相同。其试验设

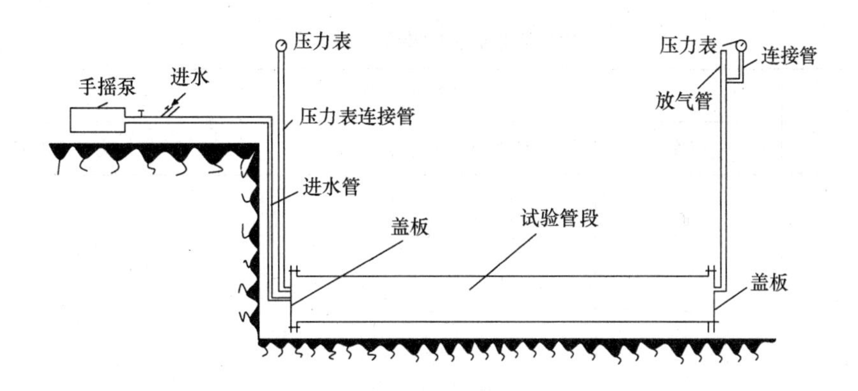

图 5-25　落压试验设备布置示意

备布置如图 5-26 所示。

严密性试验操作程序如下：

① 用试压泵向管内灌水分级升压，当管道加压到试验压力后即停止加压，记录降压 0.1MPa 所需时间 T_1（min）；

② 再将压力重新加至试验压力后，打开放水龙头，将水注入量筒，并记录第二次降压 0.1MPa 所需时间 T_2（min），与此同时，量取量筒内水量 W（L）；

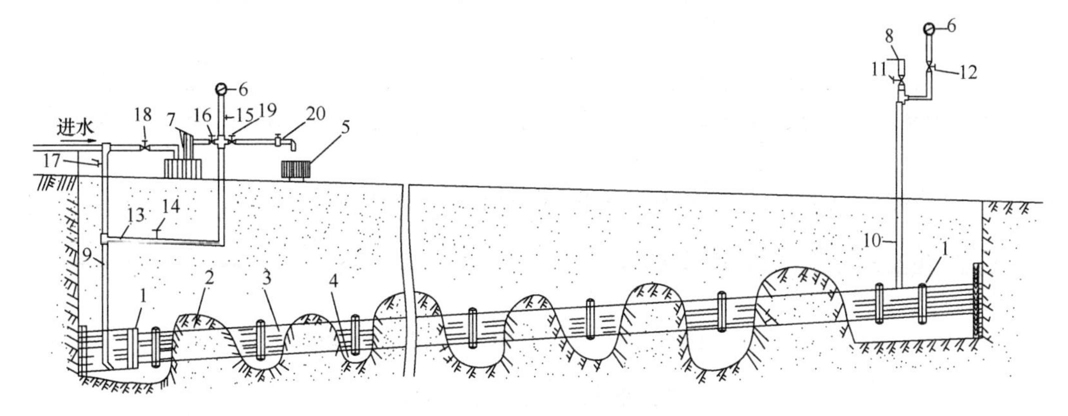

图 5-26　渗水量试验设备布置示意

1—封闭端；2—回填土；3—试验管段；4—工作坑；5—水筒；6—压力表；7—手摇泵；8—放气口；9—水管；10、13—压力表连接管；11、12、14、15、16、17、18、19—闸门；20—龙头

③ 根据试验管长度 L（km），按下列公式计算其实测渗水量 q 值（L/（min・km））：

$$q=\frac{W}{(T_1-T_2)L} \tag{5-6}$$

当求得之 q 值小于表 5-20 的规定值时，即认为试压合格。

④ 当管内径 $D\leqslant400$mm，且长度 $L\leqslant1$km 的管道，在试验压力下，10min 压力降≤0.05MPa 时，可认为严密性试验合格。

⑤ 非隐蔽性管道，在试验压力下，10min 压力降在 0.05MPa，且管道及附件无损坏，然后使试验压力降至工作压力，保持恒压 2h，进行外观检查，无渗水现象认为严密性试验合格。

压力管道水压试验允许漏水量　　表 5-20

管径（mm）	允许渗水量 Q（L/（min·km））		
	钢管	铸铁管、球墨铸铁管	预（自）应力钢筋混凝土管
100	0.28	0.70	1.40
125	0.35	0.90	1.56
150	0.42	1.05	1.72
200	0.56	1.40	1.98
250	0.70	1.55	2.22
300	0.85	1.70	2.42
350	0.90	1.80	2.62
400	1.00	1.95	2.80
450	1.05	2.10	2.96
500	1.10	2.20	3.14
600	1.20	2.40	3.44
700	1.30	2.55	3.70
800	1.35	2.70	3.96
900	1.45	2.90	4.20
1000	1.50	3.00	4.42
1100	1.55	3.10	4.60
1200	1.65	3.30	4.70
1300	1.70	—	4.90
1400	1.75	—	5.00

注：1. 当管径大于表中规定时，钢管：$Q=0.05\sqrt{D}$；铸铁管、球墨铸铁管：$Q=0.1\sqrt{D}$；预（自）应力钢筋混凝土管：（$Q=0.1\sqrt{D}$；D—管道内径（mm））。

2. 现浇钢筋混凝土管渠：$Q=0.014D$；塑料管及复合管可参考钢管的允许渗水量。

（4）管道安装允许偏差与检验方法

1）位置及高程

检验方法：检查测量记录或用经纬仪、水准仪、直尺、拉线和尺量检查允许偏差。

管道坐标、高程的允许偏差　　表 5-21

管材类别	项目	管道内径（mm）	允许偏差（mm）
钢管、铸铁管、球墨铸铁管 塑料类管道、复合管	轴线位置		30
	高程		±20
预应力、自应力钢筋混凝土管	轴线位置		30
	高程	$D=1000$	±20
		$D>1000$	±30
现浇钢筋混凝土管渠	轴线位置		15
	高程		±10
水下铺设管道	轴线位置		50
	高程		0

2）其他尺度

检验方法：用水平尺、直尺、拉线、吊线和尺量检查允许偏差，见表 5-22。

其他尺度安装允许偏差 **表 5-22**

<table>
<tr><th>管材类别</th><th colspan="2">项　目</th><th>允许偏差（mm）</th></tr>
<tr><td>铸铁管、球墨铸铁管</td><td>水平管纵横方向弯曲</td><td>直段（25m 以上）
起点-终点</td><td>40</td></tr>
<tr><td>钢管、塑料类管道、复合管</td><td>水平管纵横方向弯曲</td><td>直段（25m 以上）
起点-终点</td><td>30</td></tr>
<tr><td rowspan="2">钢管</td><td rowspan="2">立管垂直度</td><td>每米</td><td>3</td></tr>
<tr><td>5m 以上</td><td>≤8</td></tr>
<tr><td rowspan="2">塑料类管、复合管</td><td rowspan="4">立管垂直度</td><td>每米</td><td>2</td></tr>
<tr><td>5m 以上</td><td>≤8</td></tr>
<tr><td rowspan="2">铸铁管</td><td>每米</td><td>3</td></tr>
<tr><td>5m 以上</td><td>≤10</td></tr>
<tr><td>成排管段和成排阀门</td><td colspan="2">在同一平面上间距</td><td>3</td></tr>
</table>

(5) 管道冲洗与消毒

1) 冲洗目的与合格要求

① 冲洗管内的污泥、脏水与杂物，使排出水与冲洗水色度和透明度相同，即视为合格。

② 将管内投加的高浓度含氯水冲洗掉，使排出水符合饮用水水质标准即为合格。

2) 冲洗注意事项

① 冲洗管内污泥、脏水及杂物应在施工后进行，冲洗水流速≥1.0m/s；冲洗时应避开用水高峰，一般在夜间作业；若排水口设于管道中间，应自两端冲洗。

② 冲洗含氯水应在管道液氯消毒完成后进行。将管内含氯水放掉，注入冲洗水，水流速度可稍低些，分析与化验冲洗出水之水质。

③ 冲洗时应保证排水管路畅通安全，使冲洗、消毒以及试压等作业的排水有组织进行。

3) 冲洗水来源

① 利用城市管网中自来水，冲洗前先通知用户可能引起压力降或水压不足，其通常用于续建工程。

② 取用水源水冲洗，适用于拟建工程。

4) 管道消毒

生活给水管道消毒应采用含量不低于 20mg/L 氯离子浓度的清洁水浸泡 24h，再次冲洗，直至水质管理部门取样化验合格为止。若采用漂白粉消毒，管道去污冲洗后，将管道放空，再将一定量漂白粉溶解后，取上清液，用手摇泵或电动泵将上清液注入管内，同时打开管网中闸门少许，使漂白粉流经全部需消毒的管道。当这部分水自管网末端流出时，关闭出水闸门，使管内充满含漂粉水，而后关闭所有闸门浸泡。每 100m 管道消毒所需漂白粉数量见表 5-23。

管道消毒所需漂白粉数量 **表 5-23**

管径（mm）	100	150	200	300	400	500	600	700	800	900	1000
漂白粉（kg）	0.13	0.28	0.50	1.13	2.01	3.14	4.52	6.16	8.04	10.18	12.57

漂白粉在使用前应进行检验，漂粉纯度的含氯量以25%为标准，高于或低于25%时，应按实际纯度折合漂粉使用量。当漂粉含氯量过低失效时，不宜使用。当检验出水口中已有漂白粉后，其含氯量不低于40mg/L，才可停止加氯。

2. 排水管道闭水试验

污水、雨污水合流及湿陷土、膨胀土地区的雨水管道，回填土前应采取闭水法进行严密性试验。试验管渠应按井距分隔，长度不宜大于1km，带井试验。试验前，管道两端堵板承载力经核算应大于水压力的合力，应封堵坚固，不得漏水。

管道闭水试验的试验水头应符合下述规定：

当试验段上游设计水头不超过管顶内壁时，试验水头应以试验段上游管顶内壁加2m计。

当试验段上游设计水头超过管顶内壁时，试验水头应以试验段上游设计水头加2m计。

当计算出的试验水头小于10m，但已经超过上游检查井井口时，试验水头应以上游检查井井口高度为准。

管道严密性试验时，应进行外观检查，不得有漏水现象，且符合实测渗水量不大于排水管道闭水试验允许渗水量规定时，试验合格。在水源缺乏地区，当管道内径大于700mm时，可按井段数量抽检1/3。

闭水试验允许渗水量见表5-24。

排水管道闭水试验允许渗水量 **表5-24**

管材	管道内径 D（mm）	允许渗水量 Q（m³/（d·km））	管材	管道内径 D（mm）	允许渗水量 Q（m³/（d·km））
混凝土管、钢筋混凝土管、陶土管及管渠	200	17.60	混凝土管、钢筋混凝土管、陶土管及管渠	1200	43.30
	300	21.62		1300	45.00
	400	25.00		1400	46.70
	500	27.95		1500	48.40
	600	30.60		1600	50.00
	700	33.00		1700	51.50
	800	35.35		1800	53.00
	900	37.50		1900	54.48
	1000	39.52		2000	55.90
	1100	41.45			

注：当管道内径大于2000mm时，允许渗水量应按 $Q=1.25\sqrt{D}$ 计算确定；异形截面管道的允许渗水量可按周长折算为圆形管来计算。

5.3 环境工程施工组织设计

5.3.1 环境工程施工组织设计任务与内容

1. 施工组织设计的任务

环境工程施工过程涉及各专业工种在时间上和空间上的配合，需要合理安排人力、材料、机械、资金和施工方法等生产要素，才能保证施工过程有组织、有秩序、按计划地进行。施工组织设计就是对拟建工程施工过程进行规划和部署，以指导施工全过程的技术经济文件。施工组织设计的任务是：

（1）确定开工前必须完成的各项准备工作，包括资料、现场准备工作、场外准备工作、人工、材料、机械等。

（2）确定在施工过程中，应执行的国家法令、标准、规范、规程以及地方规定等。

（3）从全局出发，确定施工方案，选择施工方法，做好施工部署。

（4）合理安排施工工序，编制施工进度计划，确保工程按期完成。

（5）计算劳动力和各种物资的需要量，为各种供应计划提供依据。

（6）合理布置施工现场平面。

（7）提出切实可行的施工技术组织措施。

2. 施工组织设计内容

施工组织设计可分为施工组织总设计、单位工程施工组织设计和分部工程施工组织设计。

（1）施工组织总设计

施工组织总设计是以整个建设项目群或大型单项工程为对象，对项目进行全面规划和部署的控制性组织设计，其主要内容有：

1）工程概况。

2）施工部署。

3）总进度计划。

4）施工准备工作。

5）劳动力和主要物资需要量计划。

6）施工总平面图。

7）技术经济指标。

（2）单位工程施工组织设计

单位工程施工组织设计是以单位工程为对象对施工组织总设计的具体化，是指导单位工程施工准备和现场施工过程的技术经济文件。它是由施工单位根据施工图和施工组织总设计提供的条件和规定进行编写的，具有可实施性，其主要内容有：

1）工程概况和施工条件：包括工程内容、工程特点、施工工期、其他要求等。

2）施工方案：包括划分施工段，确定施工顺序、施工方法、施工机械，制定劳动组织技术措施等。

3）施工进度计划：计算工程量，确定劳动量和机械台班数量，确定各分部分项工程工作日，并考虑工序搭接，编排进度计划。

4）施工准备计划：包括技术准备、现场准备、劳动力准备、施工机具准备以及各种施工物资准备等。

5）资源需要量计划：主要是劳动力、材料（包括成品、半成品、原料）、机具等需要量计划。

6）施工现场平面图：包括临设布置、物资堆放位置、管线布置等。

7）技术经济指标：包括工期指标、生产率指标、质量与安全指标、机械化程度指标、节能指标等。

8）质量及安全保障措施等相关规定。

5.3.2 环境工程施工方案选择

施工方案的选择是单位工程施工组织设计的核心，一般包括重要分部分项工程的施工方法、施工机械、施工起点流向、施工程序和施工顺序等。

1. 施工方法和施工机械的选择

由于环境工程的多样性、地区性和施工条件的不同，环境工程施工工艺、施工方法是多种多样的。施工方法的选择可根据现场情况、工程量、工期、物资供应条件、场地环境等因素决定。

施工方案比选应在技术先进、经济合理、设备易得、操作方便的基础上进行。施工方案的技术经济比较有定性分析和定量分析两种。其中，定性分析是结合施工经验，考虑施工操作上的难易程度、安全可靠性、对冬雨期施工带来的困难、为后续工程提供有利施工条件的可能性、利用现有机械设备的情况、能否为文明施工创造有利条件等。定量分析是计算出不同施工方案下的技术经济指标（如工期、劳动消耗量、成本、投资额等），根据数据进行分析比较。

2. 确定施工起点流向和施工程序

（1）施工起点流向

施工起点流向是确定单位工程在平面或竖向施工开始的部位，一般应考虑以下几个因素：

1）通常情况下，首先考虑的是车间的生产工艺过程，宜先施工影响其他工段试车投产的工段。

2）其次应考虑建设单位对生产和使用的需求，宜先施工建设单位对生产或使用要求较急的工段或部位。

3）还需考虑单位工程中各部分施工的繁简程度，对技术复杂、工期较长的部位宜先行施工。

（2）施工程序

施工程序是指一个单位工程中较大的施工过程。环境工程施工与土建工程配合施工的施工程序一般有三种情况：

1）一般机械工业厂房，土建工程主体结构完成后，即可进行环境工程施工。但是，对于精密工业厂房（如计算机房，通信机房等），其施工程序则为土建工程主体施工—环境工程施工—装饰工程施工—设备安装施工，即为封闭式施工程序。

2）重型工业厂房（如冶金，高炉，电站等），一般先安装工业设备及其环境工程系统，然后建造厂房，即为敞开式施工程序。

3）当土建工程为设备安装创造了必要的条件，同时采取了防止污染的措施后，土建工程、环境工程、设备安装工程可同时进行，如水泥厂等。

3. 确定施工顺序

施工顺序是指分项工程或工序之间的先后关系。施工顺序的确定既是为了按照客观的施工规律组织施工，也是为了解决工种之间在时间上的搭接问题，达到保证质量、安全施工、充分利用空间、争取时间的目的。

环境工程不同于土建工程，一般难以分成几个有明显区别的施工阶段，但可以与土建工程中相关分项工程进行交叉作业，其施工顺序一般为：

（1）土建工程基础施工时，将相应的管沟垫层、管沟墙体一同施工，并视环境工程的实际情况适时回填。

（2）土建工程主体结构施工时，在相应的位置为环境工程预留管道孔洞，预埋木砖、铁件、楼板混凝土中的接线盒等。

（3）环境工程中暗设工程（如暗装的管道、电气暗管、接线盒、设备等），宜在装饰工程施工前进行。

（4）室外管道等工程的施工可以安排在土建工程之前，也可以与土建工程同时进行。

5.3.3 环境工程施工展开形式

在组织多个同类型环境工程施工对象或将一个环境工程施工对象分成若干施工段落进行施工时，对于同一施工项目，采用不同的作业组织方法，其工程质量、投资成本、工期长短等也将不同。

在建筑安装及环境工程施工中，有顺序施工、平行施工和流水施工三种常用的施工组织方式。

1. 顺序施工

顺序施工，也叫依次施工，是将施工项目的整个建造过程分解成若干施工过程，按照一定的施工顺序，一个接一个依次在各施工段落上工作（进行施工），一个施工段落进行完所有施工过程后，才开始在下一个施工段落上施工。对群体性项目而言，系指前一个工程完成后，才开始后一个工程施工；或者，一个施工过程在所有施工段落上的工作都完成后，下一个施工过程才进入施工现场开始工作。

【例 5-1】 拟建工程为长度 2km 的管道工程，每 0.5km 划分为一个施工段落，四个施工段落分别编号为 1，2，3，4。假设这四个施工段落的基础工程量均相等，都由沟槽开挖、基础制作、管道安装和土方回填等四个施工过程组成，四个施工过程分别编号为Ⅰ，Ⅱ，Ⅲ，Ⅳ，各施工过程的工作时间和施工人数见表 5-25。若按顺序施工组织生产，其施工进度计划如图 5-27 或图 5-28 所示。

基础工程施工过程的工作时间和施工人数　　表 5-25

序号	施工过程	工作时间（d）	施工人数
1	沟槽开挖	4	8
2	基础制作	2	16
3	管道安装	4	10
4	土方回填	2	4

从图 5-27 和图 5-28 可以看出，顺序施工组织方式具有以下特点：

（1）组织较简单，且同时投入的劳动力和物资资源量较少，利于资源供应的组织工作。

（2）临时设施较少，现场管理、协调容易。

（3）各专业工作队不能连续工作产生窝工现象，或工作面闲置，不能充分利用工作面

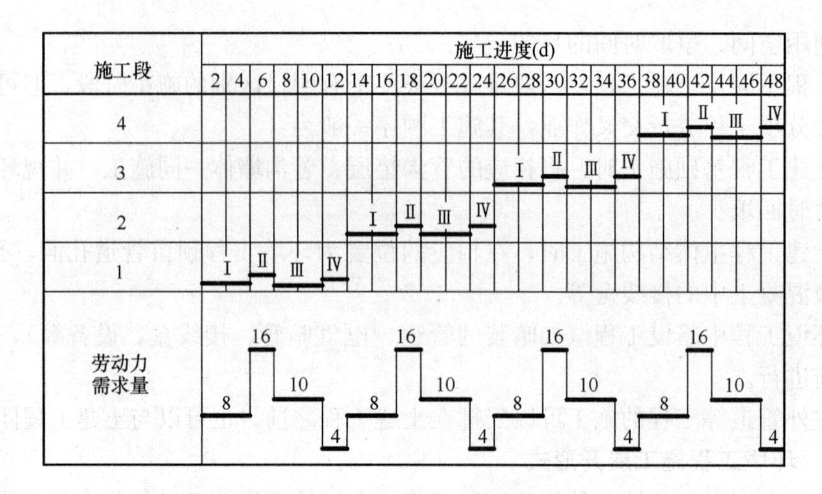

图 5-27　顺序施工进度计划之一

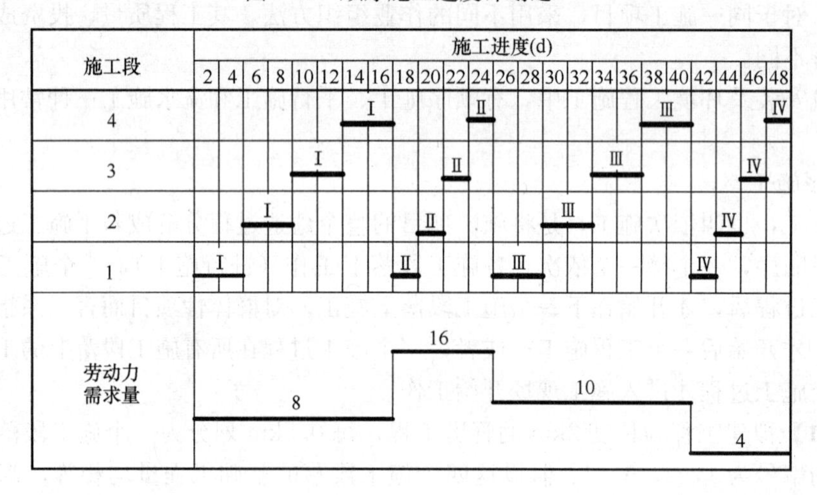

图 5-28　顺序施工进度计划之二

进行施工。

（4）物资资源的消耗有间断性。

（5）施工工期长。

此方法适用于工作面有限、工期要求不紧的小型工程，也常用于组织大包队施工，或农忙季节的轮流施工等。

2. 平行施工

平行施工是在拟建工程任务十分紧迫、工作面允许且资源能保证供应的条件下，组织几个相同的工作队，在同一时间、不同空间上平行施工；或将几幢建筑物同时开工，平行施工。

【例 5-2】 在［例 5-1］中，如果采用平行施工组织方式，其施工进度计划如图 5-29 所示。

从图 5-29 可以看出，平行施工组织方式具有以下特点；

（1）可以充分利用时间和空间，工期最短。

（2）适于综合施工队施工，不利于专业化施工和生产率的提高。

（3）如采用专业化班组施工，班组施工无法连续。

（4）单位时间劳动力资源需求量过于集中，临时设施投入过多。

（5）现场施工管理、协调、调度困难且费用高。

平行施工适用于拟建工程任务十分紧迫、工作面允许以及资源能保证供应的工程项目施工，即赶工期时采用的人海战术。

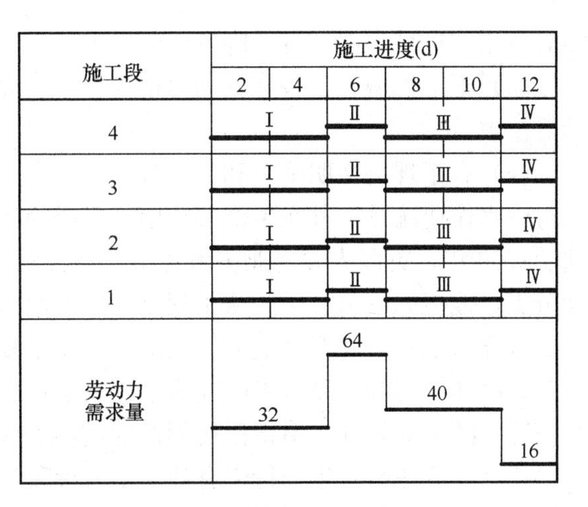

图 5-29　平行施工进度计划

3. 流水施工

流水施工是将拟建工程按工程特点和结构部位划分为若干个施工段，在竖向上划分为若干个施工层，同时将项目的全部建造过程，划分为若干个施工过程，按照施工过程分别建立相应的专业工作队，各专业工作队按照一定的施工顺序进行施工，依次在各施工区段上重复完成相同的工作内容，使施工连续、均衡、有节奏地进行。

【例 5-3】在［例 5-1］中，如果采用流水施工组织方式，其施工进度计划如图 5-30 所示。

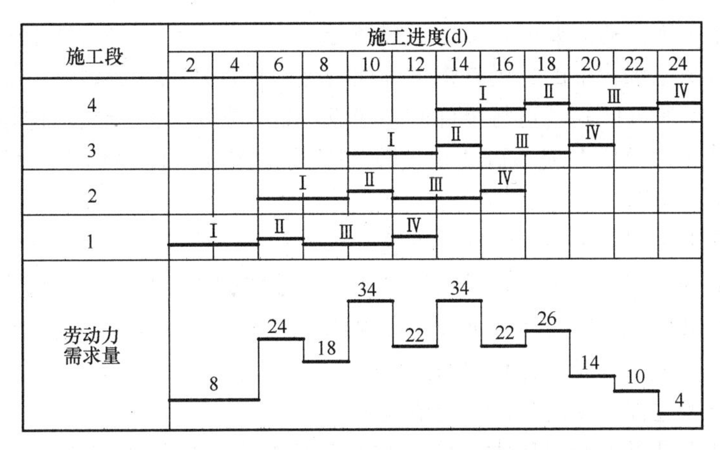

图 5-30　流水施工进度计划

通过上述三种施工组织方式的比较可以看出，流水施工在工艺划分、时间安排和空间布置上都体现出了科学性、先进性和合理性。确保了各施工过程生产的连续性、均衡性和节奏性。从图 5-30 可以看出，流水施工组织方式具有以下特点：

（1）工作队及工人实现了专业化生产，利于提高班组人员对施工机具的操作技能及从事工种的熟练程度，利于提高工程质量和劳动生产率，利于技术革新。

（2）各专业施工班组工作连续，没有窝工现象，有利于提高劳动生产率，加快施工进度。

（3）避免工作面闲置，工期较短。

（4）单位时间劳动力资源需求量较为均衡，有利于资源的供应与充分利用，减少现场临时设施和机械，能够有效降低工程成本。

(5) 施工机械、设备和劳动力得到合理、充分利用，减少浪费，有利于提高施工单位的经济效益。

(6) 利于现场文明施工和科学管理。

流水作业法是一种在生产实践中被广泛使用的组织方式，它诞生于第一次工业革命期间。1769年，英国人乔赛亚·韦奇伍德开办埃特鲁利亚陶瓷工厂，在厂内实行精细的劳动分工，他把原来由一个人从头到尾完成的制陶流程分成几十道专门工序，分别由专人完成。这样一来，原来意义上的"制陶工"就不复存在了，存在的只是挖泥工、运泥工、拌土工、制坯工等等，制陶工匠变成了制陶工厂的工人，他们必须按固定的工作节奏劳动，服从统一的劳动管理。韦奇伍德创造的这种工作方法即为流水作业法的雏形。

流水作业法组织生产行之有效，是一种科学组织方法。生产实践表明，在所有的生产领域中，它是组织产品生产的理想组织方式之一。将流水作业法应用于组织施工工作即为流水施工，它是由固定组织的工人（工作队组）在若干个工作性质相同的施工环境中依次连续地工作的一种施工组织方法。它建立在分工协作和大批量生产的基础上，充分利用工作时间和作业空间，避免工作面闲置，使生产过程得以连续、均衡、有节奏地进行，利于提高工程质量和劳动生产率，利于缩短工期和节约费用，利于现场文明施工和科学管理。

5.3.4 组织流水施工的条件

(1) 划分施工段

根据组织流水施工的需要，将拟建工程划分为劳动量大致相等的若干个施工段（区）。

环境工程组织流水施工的关键是将工程项目这一单件产品变成多件产品，以便成批生产。通过划分施工段（区）就可将单件产品变成"批量"的多件产品，这是能够组织流水施工的前提。没有"批量"就不可能也就没有必要组织任何流水作业。每一个段（区），就是一个假定"产量"。

(2) 每个施工过程组织独立的施工班组

在一个流水分部中，每个施工过程尽可能组织独立的施工班组，其形式可以是专业班组也可以是混合班组，这样可使每个施工班组按施工顺序，依次地、连续地、均衡地从一个施工段进入另一个施工段进行相同的操作。

(3) 主要施工过程必须连续、均衡地施工

主要施工过程是指工作量较大、作业时间较长的主导性施工过程。对于主要施工过程，必须连续、均衡地施工；对其他次要施工过程，可考虑与相邻的施工过程合并。

(4) 不同施工过程尽可能组织平行搭接施工

要充分利用工作时间上有搭接或工作空间上有搭接的不同施工过程之间的关系。在有工作面的条件下，除必要的技术和组织间歇时间外，应尽可能组织平行搭接施工。

5.3.5 流水施工的主要参数

在组织流水施工时，应依据工程类型、工艺流程、平面及空间形式、结构特点、施工条件、时间要求等确定如下流水施工参数。

1. 施工过程数（n）及其确定

在组织流水施工时，用以表达流水施工在工艺上开展层次的有关过程，即将拟建工程的整个建造过程分解为若干个部分，称为施工过程，其数目通常以 n 表示。每一施工过程

所包含的施工范围可大可小，既可以是分项工程，也可以是分部工程或单位工程。

根据组织流水的范围，施工过程的范围可大可小。划分时，应根据工程的类型、进度计划的性质、工程对象的特征来确定。

施工过程数的划分应适当，不宜太多、太细，以免使流水施工组织复杂化，造成主次不分；也不能太粗、太少，以免计划过于笼统，失去指导施工的作用。一般来讲，应以主导施工过程为主，力求简洁；占用时间很少的施工过程可以忽略；工作量较小且由一个专业队组同时或连续施工的几个施工过程可合并为一项，以便于组织流水。施工过程数 n 的确定，与该单项工程的复杂程度、施工方法等有关。从施工过程的性质考虑，在施工中占有主导地位的施工过程，直接占用施工对象的空间，影响工期的长短，在编制流水施工计划时此类施工过程必须列入；不占用施工对象的工作面，不影响工期的施工过程可不列入流水施工计划。

施工过程划分后，应找出主导施工过程（工程量大、对工期影响大或对流水施工起决定性作用的施工过程），以便抓住流水施工的关键环节。此外，还应分析、处理好技术间歇或组织间歇等不连续施工过程，以及有穿插的施工工程的关系。在流水施工组织中进行合理搭接、穿插和安排间歇时间，以达到整体优化的目的。

2. 施工段数（m）及其确定

在组织流水施工时，把拟建工程在平面上或空间上划分为若干个劳动量大致相等的施工段落，即为施工段。段数一般以 m 表示。

在划分施工段时，应遵循以下原则：

（1）主要专业工程在各个施工段上所消耗的劳动量大致相等。相差幅度不宜超过10％～15％。

（2）每个段应满足专业工种对工作面的要求。

（3）施工段数目应根据各工序在施工过程中工艺周期的长短来确定，能满足连续作业、不出现停歇的合理流水施工要求。

（4）施工段分界线应尽可能与工程的自然界线相吻合，如伸缩缝，沉降缝等。对于管道工程可考虑划在检查井或阀门井等处。

（5）当施工有层间关系，分段又分层时，各层房屋的竖向分段一般与结构层一致，并应使各施工过程能连续施工。即各施工过程的工作队作完第一段，能立即转入第二段；做完第一层的最后一段，能立即转入第二层的第一段。因而每层的最少施工段数目 m 应满足：$m \geqslant n$。

当 $m=n$ 时，工作队连续施工，施工段上始终有施工班组，工作面能充分利用，无停歇现象，也不会产生工人窝工现象，比较理想。

当 $m>n$ 时，施工班组是连续施工，虽然有停歇的工作面，但不一定是不利的，有时还是必要的，如利用停歇的时间做养护、备料、弹线等工作。

当 $m<n$ 时，施工班组不能连续施工而造成窝工。此时，对一个建筑物组织流水施工是不适宜的，但是，在建筑群中可与另一些建筑物组织大流水。

（6）施工段的划分还应考虑垂直运输方式和进料的影响。

3. 流水节拍（t_i）

流水节拍是指各个专业工作队在各个施工段完成各自施工过程所需的持续时间，通常

以 t_i表示。

流水节拍决定施工的速度和施工的节奏性。因此，各专业工作队的流水节拍一般应成倍数，以满足均衡施工的要求。

流水节拍的确定，应考虑劳动力、材料和施工机械供应的可能性，以及劳动组织和工作面使用的合理性。确定流水节拍的方法有定额计算法、经验估算法、工期计算法等。

（1）定额计算法：

$$t_i = \frac{Q_i}{S_i R_i N} = \frac{P_i}{R_i N} \tag{5-7}$$

式中 t_i——某施工过程在某施工段上的流水节拍；

Q_i——某施工过程在某施工段上的工程量；

S_i——某专业工种或机械的产量定额；

R_i——某专业工作队人数或机械台数；

N——某专业工作队或机械的工作班次；

P_i——某施工过程在某施工段上的劳动量。

（2）经验估算法

经验估算法是根据以往的施工经验进行估算。为提高其准确程度，往往先估算出该流水节拍的最长、最短和正常（即最可能）三个时间值。然后按下式计算：

$$t = \frac{a + 4c + b}{6} \tag{5-8}$$

式中 t——某施工过程在某施工段上的流水节拍；

a——某施工过程在某施工段上的最短估算时间；

b——某施工过程在某施工段上的最长估算时间；

c——某施工过程在某施工段上的正常估算时间。

经验估算法多适用于采用新工艺、新方法和新材料等没有定额可循的工程。

（3）工期计算法（倒排进度法）

对某些施工任务在规定日期内必须完成的工程项目，往往采用倒排进度法。具体步骤如下：

① 根据工期倒排进度，确定某施工过程的工作延续时间；

② 根据各分部估算出的时间确定各施工过程时间，然后根据定额计算公式求出各施工过程所需的人数或机械台数。

注意：在此情况下，必须检查劳动力和工作面以及机械供应的可能性，否则就需要采用增加工作班次来调整解决。

确定流水节拍应注意以下几点：

① 施工班组人数应符合该施工过程最少劳动组合人数的要求。例如：现浇钢筋混凝土施工过程，包括上料、搅拌、运输、浇捣等施工操作环节，如果人数太少，是无法组织施工的；

② 要考虑工作面的大小或一些特殊条件的限制。施工班组人数也不能太多，每个工人的工作面要符合最小工作面的要求；

③ 要考虑各种机械台班的效率（吊装次数）或机械台班产量的大小；

④ 要考虑各种材料、构件等施工现场堆放量、供应能力及其他有关条件的制约；

⑤ 要考虑施工及技术条件的要求。例如：不能留施工缝必须连续浇筑的钢筋混凝土工程，有时要按三班制工作的条件决定流水节拍；

⑥ 确定一个分部工程施工过程的流水节拍时，首先应考虑主要的、工程量大的施工过程的节拍（他的节拍值最大，对工程起主要作用），其次确定其他施工过程的节拍值；

⑦ 节拍值一般取整数，必要时可保留 0.5d（台班）的小数值。

4. 流水步距（$K_{i,i+1}$）

在流水施工过程中，相邻两施工过程先后进入同一施工段开始施工的间隔时间，称为流水步距，通常以（$K_{i,i+1}$）表示。当施工过程数为 n 时，流水步距共有 $n-1$ 个。

正确的流水步距应与流水节拍保持一定的关系。确定流水步距的原则：

（1）要保证每个专业工作队，在各个施工段上都能连续作业；

（2）要使相邻专业工作队，在开工时间上实现最大限度地、合理地搭接；

（3）要满足均衡生产和安全施工的要求。

5. 间歇时间 S

组织流水施工时，除要考虑相邻专业工作队之间的流水步距外，有时还需根据技术要求或组织安排，留出必要的等待时间，即间歇（图 5-31）。间歇按位置不同，可分为施工过程间歇和层间间歇。在组织流水施工时必须分清工艺间歇或组织间歇是属于施工过程间歇还是属于层间间歇，以便争取组织流水施工。

间歇按其性质不同，可分为工艺间歇和组织间歇。

根据施工过程的工艺特点，在流水施工中，除考虑相邻两个施工过程之间的流水步距外，还需考虑增加一定的工艺间隙时间。如清水池池壁混凝土浇筑后，需要一定的养护时间才能进行后续工序；又如屋面找平层完成后，需等待一定时间，使其彻底干燥，才能进行防水层施工等。

根据组织因素要求，相邻两个施工过程在规定的流水步距以外需增加必要的间歇时间，如质量验收、安全检查等，即组织间歇时间。

6. 搭接时间 C

组织流水施工时，在工作面允许的条件下，某施工过程可以与其紧前施工过程平行搭接施工，两者在同一施工段上同时施工的时间称为搭接时间如图 5-31 所示。

施工过程编号	施工进度(d)												
	1	2	3	4	5	6	7	8	9	10	11	12	13
Ⅰ	①		②		③		④						
Ⅱ		①		②		③		④					
Ⅲ		C		S		①		②		③		④	

图 5-31　有技术间歇和搭接时间的流水施工示例

7. 流水工期 T

流水工期是指从第一个专业队投入流水施工开始，到最后一个专业队完成流水施工为止的整个持续时间。

8. 流水强度

在组织流水施工时，某一施工过程在单位时间内所完成的工程量，称为该施工过程的流水强度，或称为流水能力、生产能力，一般用 V_i 表示。机械操作流水强度按下式计算：

$$V_i=\sum_{i=1}^{x}R_i\cdot S_i \tag{5-9}$$

式中　V_i——某施工过程的机械操作流水强度；

R_i——投入施工过程某种施工机械的台数；

S_i——改种施工机械的产量定额（台班生产率）；

x——用于同一施工过程的主导施工机械种数。

人工操作流水强度按下计算：

$$V_i = R_i \cdot S_i \tag{5-10}$$

式中　R_i——每一施工过程投入的工人人数（R 应小于工作面上允许容纳的最多人数）；

S_i——每一工人每班产量。

9. 工作面

工作面是表明施工对象上可能安置一定工人操作或布置施工机械的空间大小，所以工作面是用来反映施工过程在空间上布置的可能性的。

工作面的大小可以采用不同的单位来计量，如对于道路工程，可以采用沿着道路的长度以“m”为单位；对于浇筑混凝土楼板则可以采用楼板的面积以“m^2”为单位等。

在工作面上，前一施工过程的结束就为后一个（或几个）施工过程提供了工作面。在确定一个施工过程必要的工作面时，不仅要考虑施工过程必需的工作面，还要考虑生产效率，同时应遵守安全技术和施工技术规范的规定。

5.3.6　流水施工分类

流水施工可按其范围、节拍特征、空间特点等划分为不同类别。

(1) 按照流水施工的范围可分为分项工程流水、分部工程流水、单位工程流水、群体工程流水。

分项工程流水又称为细部流水，指一个专业队利用同一生产工具依次连续不断地在各个区段完成同一项施工过程的施工。如模板工作队依次在各施工段上连续完成模板的支设任务，即称为细部流水。

分部工程流水又称为专业流水，即在一个分部工程的内部，各分项工程之间组织的流水施工。该施工方式是各个专业队共同围绕完成一个分部工程的流水，如基础工程流水、主体结构工程流水、装修工程流水等。

单位工程流水指在一个单位工程内部，各分部工程之间组织的流水施工；即为完成单位工程而组织起来的全部专业流水的总和。

群体工程流水又称为大流水施工，是为完成工业企业或民用建筑群而组织起来的全部单位工程流水的总和。

(2) 按组织流水的空间特点不同，可分为流水段法和流水线法。流水段法常用于建筑、桥梁等体形宽大、构造较复杂的工程；流水线法常用于管线、道路等体形狭长的工程，其组织原理与流水段法相同。

(3) 按流水节拍和流水步距的特征分类

在环境工程流水实践中，组织工程项目施工时，根据各施工过程时间参数的不同特点，流水施工可划分为节拍流水（有节奏流水）和分别流水（无节奏流水）。根据各施工过程之间流水节拍是否相等，节拍流水又可以划分为固定节拍流水（等节奏流水）和成倍节拍流水（异节奏流水），成倍节拍流水又分为一般成倍流水和加快成倍节拍流水。

5.3.7 流水施工表达方式

流水施工的指示图表，主要有水平指示图表和垂直指示图表两种。

1. 水平指示图表

水平图表又称横道图，是表达流水施工最常用的方法。其表达方式如图 5-32 所示。其横坐标表示流水施工的持续时间（施工进度）；纵坐标表示开展流水施工的施工过程、专业队的名称、编号和数目；图中的水平段和圆圈中的编号，表示施工段数及各施工段投入施工的先后顺序。

施工过程名称	专业工作队编号	施工进度(d)						
		1	2	3	4	5	6	7
挖土方	Ⅰ	①	②	③	④			
做垫层	Ⅱ		①	②	③	④		
砌基础	Ⅲ			①	②	③	④	
回填土	Ⅳ				①	②	③	④

图 5-32 流水施工水平指示图表示例

2. 垂直指示图表

在流水施工垂直指示图表中，横坐标表示流水施工的持续时间，纵坐标表示施工段的编号；每条斜线段表示一个施工过程或专业队的施工进度，其斜率不同表达了进展速度的差异。图 5-32 的垂直指示图表如图 5-33 所示。

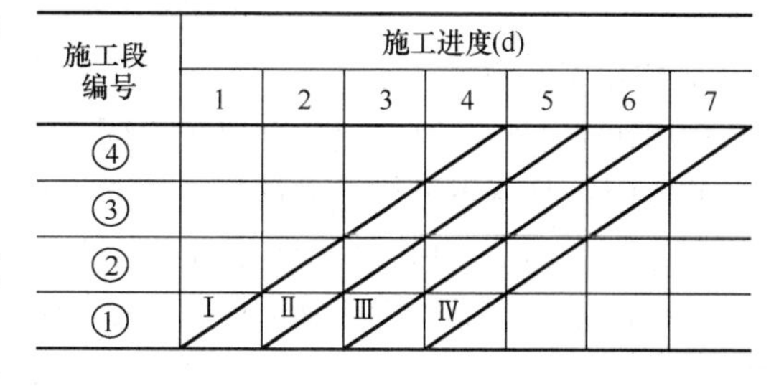

图 5-33 流水施工垂直指示图表示例

5.3.8 流水施工组织形式

1. 固定节拍流水

固定节拍流水是指在所组织的流水范围内各施工过程的流水节拍均彼此相等，并且等于流水步距，即 $t_i = K =$ 常数，如图 5-32 和图 5-33 所示。

流水的工期，一般计算公式是：

$$T = \sum_{i=1}^{n-1} K_{i,i+1} + T_n - \Sigma C + \Sigma S \tag{5-11}$$

式中 $\sum_{i=1}^{n-1} K_{i,i+1}$——流水步距总和；

T_n——最后一个施工过程在各施工段上的持续时间之和；

ΣC——所有搭接时间的总和；

ΣS——所有技术间歇时间的总和。

在固定节拍流水中，由于有上述特点，所以：

$$\sum_{i=1}^{n-1} K_{i,i+1} = (n-1)K \tag{5-12}$$

且 $$T_n = mK = mt_i$$

因此，固定节拍流水施工工期可由下式计算：

$$
\begin{aligned}
T &= (n-1)K + mt_i - \Sigma C + \Sigma S \\
&= (m+n-1)K - \Sigma C + \Sigma S \\
&= (m+n-1)t_i - \Sigma C + \Sigma S
\end{aligned}
\tag{5-13}
$$

【例 5-4】某工程有三个施工过程，分为四个施工段，各施工过程在各施工段上的流水节拍都为 3 天，试计算工期并绘制横道图。

解：据题意可知，该工程各施工过程的流水节拍均彼此相等，符合组织固定节拍专业流水条件，可采用固定节拍专业流水方式组织施工。

施工过程数 $n=3$，施工段数 $m=4$，流水节拍 $t_i=3\text{d}$，流水步距 $K=3\text{d}$。

带入固定节拍专业流水施工工期计算公式：

$$T=(m+n-1)\ K-\Sigma C+\Sigma S=(4+3-1)\times 3=18\text{d}$$

其流水施工水平图表如图 5-34 所示。

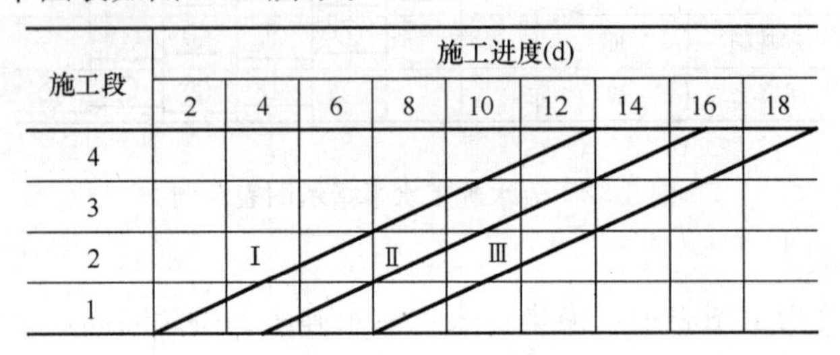

图 5-34　流水施工水平图表

2. 成倍节拍流水

在组织流水施工时，通常会遇到不同施工过程之间，由于劳动量的不等以及技术或组织上的原因，其流水节拍互成倍数，从而形成成倍节拍专业流水。

例如，某环境工程施工项目在平面上划分为四个施工段，有四个施工过程分为，每一施工过程都安排一个工作队来完成，各施工过程的流水节拍分别为 10d、20d、20d、10d。当组织流水施工时，根据工期的不同要求，可以按一般成倍节拍流水和加快成倍节拍流水组织施工。

（1）一般成倍节拍流水

［例 5-4］中，如果工期满足要求，而且各施工过程在工艺上和组织上都是合理的，显然如图 5-35 所示的图表提供了一个可行的进度计划方案。在成倍节拍专业流水中，由于流水节拍的不同，各施工过程的进展速度不同。为了保证它们之间的工艺顺序和连续施工，流水步距也不一样。

一般成倍节拍流水的施工工期仍采用前述流水工期一般公式计算，关键在于求出各施工过程的流水步距；

$$K_{i,i+1}=\begin{cases} t_i & (\text{当 } t_i \leqslant t_{i+1}) \\ mt_i-(m-1)t_{i+1} & (\text{当 } t_i \geqslant t_{i+1}) \end{cases} \tag{5-14}$$

此例中各施工过程之间的流水步距：

$$\because t_1 < t_2 \qquad \therefore K_{1,2}=t_1=10\text{d}$$

$$t_2 = t_3 \qquad K_{2,3}=t_2=20\text{d}$$

$$t_3 > t_4 \qquad K_{3,4}=mt_3-(m-1)t_4=4\times 20-(4-1)\times 10=50\text{d}$$

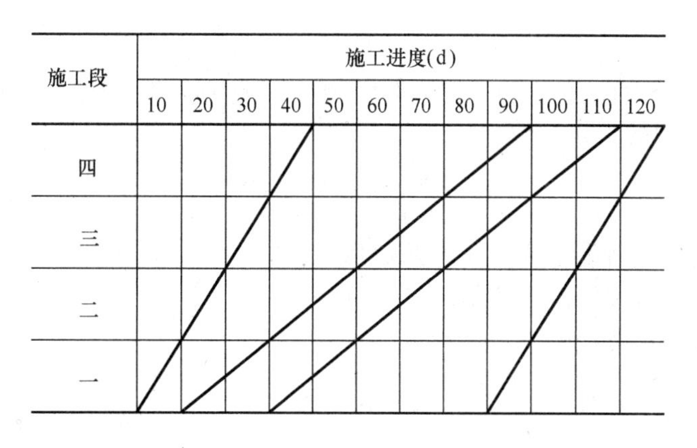

图 5-35　一般成倍节拍流水

从而可求出该工程的流水工期为：

$$T=\sum_{1}^{3}K_{i,i+1}+T_4-\Sigma C+\Sigma S=(10+20+50)+4\times10-0+0=120\text{d}$$

（2）加快成倍节拍流水

分析图 5-35 的施工组织方案可知，如果要缩短这项工程的工期，可以将施工过程Ⅱ、Ⅲ各增加一个工作队，从而使它们的生产能力增加一倍。但必须注意到，两个工作队同时安排在同一工作面上，可能会受场地的限制，互相干扰降低效率，因此，在组织施工时，这些工作队应以交叉的方式安排在不同的施工区域。假设本例将施工过程Ⅱ、Ⅲ各增加一个工作队时工作面是允许的，此时应作这样的组织：

施工过程Ⅱ 甲工作队：一段→三段

施工过程Ⅱ 乙工作队：二段→四段

施工过程Ⅲ A 工作队：一段→三段

施工过程Ⅲ B 工作队：二段→四段

加快后的施工进度计划如图 5-36 所示，可以看见，该专业流水转化成类似于 N 个施工过程的固定节拍专业流水，所不同的仅是安排上有所差异，这里 N 为工作队总数。

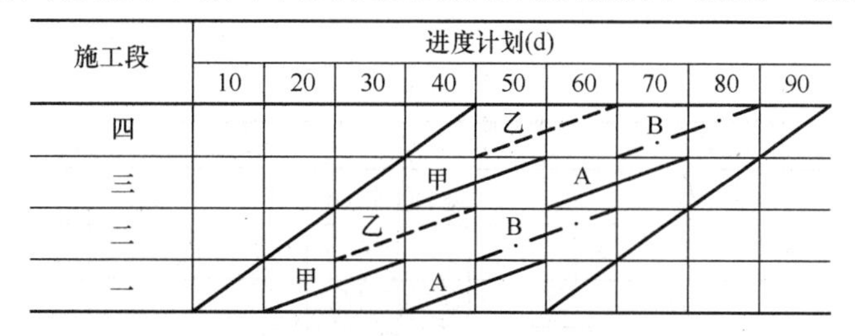

图 5-36　加快成倍节拍流水

因此，加快成倍节拍流水的工期可按下式计算：

$$T=(m+N-1)K_0-\Sigma C+\Sigma S \tag{5-15}$$

式中　N——工作队总数；

K_0——任何两相邻施工过程之间的流水步距，它均等于所有流水节拍的最大公约数，即：$K_0=t_{\min}$。

此例中，完整的加快成倍节拍流水的建立步骤如下：

确定流水步距

$$K_0 = t_{\min} = [t_i](i = 1,2,\cdots,n) = [10,20,20,10] = 10\text{d}$$

确定各施工过程的工作队数

$$n_i = \frac{t_i}{t_{\min}}(i = 1,2,\cdots,n)$$

式中　n_i——某施工过程所需专业工作队数目；

t_i——某施工过程的流水节拍；

$t_{\min}$——所有流水节拍的最大公约数。

本例中，$n_1 = \frac{10}{10} = 1$；$n_2 = \frac{20}{10} = 2$；$n_3 = \frac{20}{10} = 2$；$n_4 = \frac{10}{10} = 1$

求工作队总数 N

$$N = \sum_1^n n_i = 1 + 2 + 2 + 1 = 6$$

确定流水施工工期

$$T = (m + N - 1)K_0 - \Sigma C + \Sigma S = (4 + 6 - 1) \times 10 - 0 - 0 = 90\text{d}$$

（3）分别流水法

当各施工段的工程量不等，各队（组）的生产效率互有差异，并且也不可能组织固定节拍或成倍节拍流水时，则可组织分别流水。它的特点是各施工过程的流水节拍随施工段的不同而改变。不同施工过程之间流水节拍的变化又有很大差异。

【例 5-5】某污水处理厂一座矩形曝气池土建立体结构施工划分为六仓（每仓作为一个施工段），由三个施工过程组成专业流水，即 $m=6$，$n=3$，各施工过程的持续时间见表 5-26，相应的流水作业计划水平图表如图 5-37 所示。

施工过程的持续时间（单位：月）　　　　**表 5-26**

施工段 / 施工过程	一	二	三	四	五	六
Ⅰ（A）	3	3	2	2	2	2
Ⅱ（B）	4	2	3	2	2	3
Ⅲ（C）	2	2	3	3	3	2

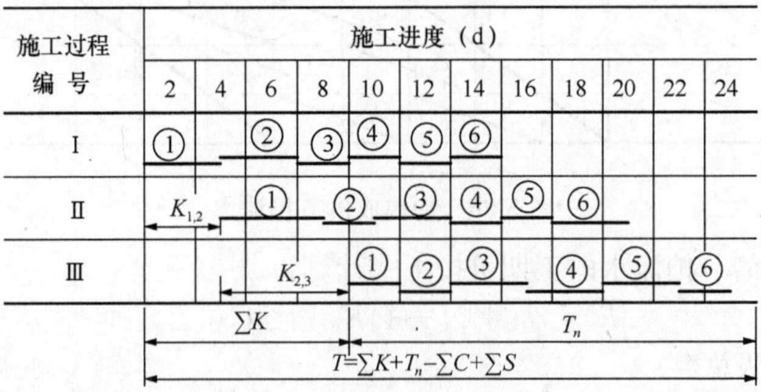

图 5-37　分别流水水平图表

分别流水施工的工期仍由流水施工工期一般计算公式计算，其中 T_n 等于最后一个施工过程在所有施工段上工作时间的和。

因此，分别流水作业的工期计算，主要是确定各施工过程之间的流水步距。最简单的办法是用“相邻队组每段作业时间累加数列错位相减取大差”的办法，即先分别将两相邻工作每段作业时间（流水节拍）逐项累加，得出两个数列，然后将后工作的累加数列向后错一位对齐，逐个相减，最后可得到第三个数列（仅取正值），从中取大值，即为两工作施工队（组）间的流水步距。据此分别确定施工过程 1、2 和 2、3 之间的流水步距为 3d 和 5d：

$K_{1,2}$

	3	6	8	10	12	14	
−		4	6	9	11	13	16
	<u>3</u>	2	2	1	1	1	−16

$K_{2,3}$

	4	6	9	11	13	16	
−		2	4	7	10	13	15
	4	2	<u>5</u>	4	3	3	−15

从图 5-37 也可看出，分别流水法各施工队（组）依次在各施工段上尽可能连续施工，但各施工段并不经常都有工作队在工作，由于分别流水法中，各工序之间不像组织节拍流水那样有一定的时间约束，所以在进度安排上比较灵活，此法实际应用比较广泛。

（4）流水线法

在工程中常会遇到延伸很长的构筑物，如管道、道路工程等，它们的长度往往可达数十米甚至数百公里，这样的工程称为线性工程，对于线性工程，由于其工程数量是沿着长度方向均匀分布的，且结构情况一致，所以在组织流水作业时，只需将线性工程分为若干施工过程，分别组织施工队；然后各施工队按照一定的工艺顺序相继投入施工，各队以固定的速度沿着线性工程的长度方向不断向前移动，每天完成同样长度的工作任务。这样的组织法，称之为流水线法。

流水线法只适用于线性工程，它同流水段法的区别就在于流水线法没有明确的施工段，只有速度进展问题。如将施工段理解为在一个工作班内，在线性工程上完成某一施工过程所进的长度，那么流水线法就和流水段法一样了，因此，流水线法实际上是流水段法的一个特例。

施工过程名称	施工进度（d）							
	1	2	3	4	5	6	7	8
挖沟槽								
铺管道								
回填土								
	$(n-1)K$		L/V					

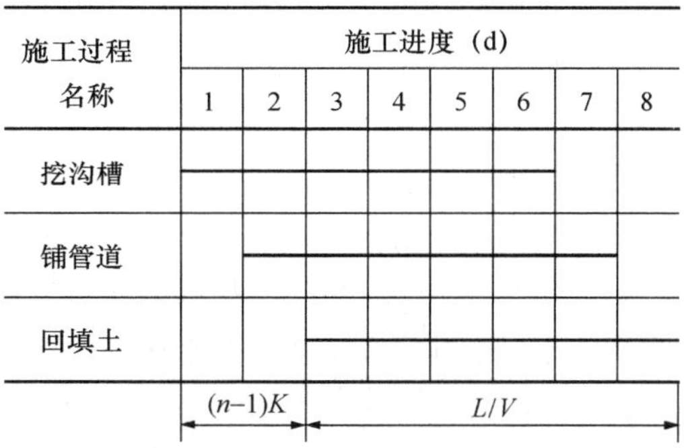

图 5-38　流水线法水平图表

流水线法的总工期，可用下式计算：

$$T=(n-1)K+\frac{L}{V} \qquad (5\text{-}16)$$

式中　T——线性工程的总工期；

L——线性工程的总长度；

V——工作队移动的速度，km/班或 m/班；

K——流水步距；

n——施工过程数或工作队数。

例如图 5-38 所示为某管道铺设工程的流水线法水平图表。

5.4 环境工程施工进度计划

施工进度计划编制的任务是在已确定的施工方案基础上，在时间和施工顺序上做出科学安排，以最少的劳动力、施工机械和物资资源，保证在规定工期内完成质量合格的工程任务。

施工进度计划的主要作用是控制工程的施工进度，确保工程的施工顺序、持续时间、相互衔接及穿插配合关系。另外，施工进度计划也是编制季、月计划的基础，是确定劳动力和物资资源需要量的依据。

施工进度计划一般用图表来表示，通常有水平指示图表（横道图）、垂直指示图表、网络图等几种形式。

5.4.1 环境工程横道图施工进度计划

水平指示图表又称横道图，也叫甘特图（Gantt），是表达流水施工最常用的方法，由左右两大部分组成。横道图的左侧部分是按施工顺序反映各分部分项工程的技术数据（如工程量、施工定额、劳动量、机械台班量、工作班制、劳动力人数、施工持续时间等），右侧部分是用横线表示各个施工项目的持续时间和时间安排，综合反映各分部分项工程的相互关系和时空上的配合关系，反映施工的进度安排。表 5-27 为横道图的编制格式。

××工程横道图施工进度计划 表 5-27

序号	施工项目	工程量		施工定额 H/H_1	劳动量		机械台班量		工作班制	每班人数	工作日	进度日程			
												月			
		单位	数量		工种	工日	名称	台班				1	2	3	4
1															
2															
3															
…															

1. 横道图特点

横道图计划优点：编制简单，各施工过程进度形象、直观，流水情况表达清楚。

横道图计划存在的问题：横道图计划中各工序之间的逻辑关系不易表达清楚，没有通过严谨的进度计划参数计算，不能确定计划的关键工作和关键路线，计划调整通常用手工方式进行，其工作量较大，难以适应较大的进度计划系统。

2. 横道图编制方法

横道图按流水施工的原理进行编制，具体方法有两种：一种是根据已确定的各个施工项目的施工持续时间和施工顺序，凭经验直接画出所有施工项目的进度线；另一种方法是先排主导施工项目的施工进度，将各主导施工项目尽可能地搭接起来，尽量保证主导施工项目连续施工，其他施工项目配合主导施工项目穿插、搭接或平行施工。横道图的编制方法为：

（1）确定工程项目

首先根据施工图和施工顺序列出各个施工过程，并结合施工方法、施工条件、劳动组织等因素进行适当整理，使其成为进度计划中的施工项目。施工项目划分的粗细程度取决于工程需要，控制性计划可粗些，实施性计划可细点，但一般不包括场外的制作与运输工作。

(2) 计算工程量

工程量计算应根据施工图和工程量计算规则进行。当施工定额和项目的划分与施工进度计划一致时，可直接计算工程量。对某些有出入项目，应结合实际情况做必要的调整。

(3) 确定劳动量和机械台班数量

根据工程量、施工方法、施工定额，并参照实际情况，计算分部分项工程所需要的劳动量和机械台班量，计算如下：

$$P = \frac{Q}{S} = Q \cdot H \tag{5-17}$$

式中 Q——工程量，m 或 t；

P——需要的劳动量，工日；

S——人工产量定额，m/工日、t/工日；

H——人工时间定额，工日/m、工日/t。

$$P_1 = \frac{Q}{S_1} = Q \cdot H_1 \tag{5-18}$$

式中 Q——工程量，m 或 t；

P_1——需要的机械台班量，台班；

S_1——机械产量定额，m/台班、t/台班；

H_1——机械时间定额，台班/m 、台班/t。

(4) 确定施工天数和进度安排

1) 根据施工单位计划配备的劳动力和机械数量确定施工天数

$$T = \frac{P}{n \cdot b} \tag{5-19}$$

式中 T——完成某项工程的施工天数，工日；

P——某项工程所需要的劳动量或机械台班量，工日或台班；

n——每班安排在该项工程上的劳动人数或机械台班量；

b——每天工作班数。

2) 根据工期要求倒推进度

编排进度时，必须考虑各分部分项工程的合理施工顺序，力求同一性质的分项工程连续施工，不同性质的分项工程相互搭接施工。

$$n = \frac{P}{T \cdot b} \tag{5-20}$$

(5) 检查与调整施工进度计划

进度计划的初步方案编制完成后，尚需对总工期、人材机需要量的均衡情况以及施工机械的利用率等进行检查，对不合要求的部分进行必要的调整和修改。

表 5-28 为水暖安装工程进度计划横道图示例。其中，施工项目为预留孔洞、预埋套管及支挂件，给水管道及配件安装，室内消火栓、自喷系统安装，给水设备安装，热水管道及配件安装，排水、雨水管道及配件安装，采暖管道及配件安装，采暖辅助设备及散热器安装，锅炉、辅助设备及工艺管道安装，各系统管道水压试验及调试，管道防腐及保温，卫生器具及连接管道安装，干粉灭火器的安放，总体收尾工程，竣工验收等，施工定额采用当地定额，总工期为 214 天。

某水暖安装工程进度计划横道图

表 5-28

序号	施工项目	工程量		施工定额	劳动量		机械台班量		工作班制	每班人数	工作日	进度日程							
												月							
		单位	数量		工种	工日	名称	台班				3月16日	4	5	6	7	8	9	10月15日
1	预留孔洞、预埋套管及支挂件	个	2112	26	壮工、水工	80			1	6	80	16日—	——	——	—3日				
2	给水管道及配件安装	m	1537	28	水工、钳工	55	热熔机	50个	2	4	55		5日	——	——	29日			
3	室内消火栓、自喷系统安装	m	6611	83	钳工、水工	80	套丝机	15个	2	8	80			25日—	——	——	—14日		
4	给水设备安装	个	377	9.4	水工	40	热熔机	10个	1	6	40					25日—	——	—3日	
5	热水管道及配件安装	m	3819	55	水工、钳工	70	热熔机	40个	2	8	70			15日—	——	——	24日		
6	排水、雨水管道及配件安装	m	1513	19	水工、壮工	80			1	6	80		25日—	——	——	—14日			
7	采暖管道及配件安装	m	2278	76	水工、钳工	30	套丝机	30个	2	8	30				25日—	——	24日		
8	采暖辅助设备及散热器安装	组	310	8	水工、钳工	40			2	8	40					4日—	——	—14日	
9	锅炉、辅助设备及工艺管道安装	台	17	0.6	钳工、水工、壮工	30	50t吊车	2个	2	8	30						15日—	—23日	
10	各系统管道水压试验及调试	m	30637	211	水工	145			1	6	145		5日	——	——	——	——	——	29日
11	管道防腐及保温	m	18382	367	壮工	50			1	6	50						15日—	——	—4日
12	卫生器具及连接管道安装	套	725	18	钳工、水工	40			2	4	40						25日—	——	—4日
13	干粉灭火器的安放	个	95	19	壮工	5			1	3	5							30日—	—4日
14	总体收尾工程				水工	9			1	2	9							5日	——12日
15	竣工验收				水工	2			1	2	2								14日、15日—

5.4.2 网络计划技术

1. 网络计划技术的产生与发展

网络计划技术是运用网络图解模型表达一项计划中各项工作之间的相互关系和进度，通过计算时间参数，找出计划中的关键工作和关键线路，并通过不断调整网络计划，寻求最优方案；在计划执行过程中对计划进行有效的控制与监督，保证合理地使用资源，取得可能达到的最好效果的一种有效的、科学的现代化计划管理方法。其基本原理是应用网络图描述一项计划中各个工作（任务、活动、过程、工序）的先后顺序和相互关系，估计每个工作的持续时间和资源需要量，通过计算找出计划中的关键工作和关键线路，再通过不断改变各项工作所依据的数据和参数，选择出最合理的方案并付诸实施，然后在计划执行过程中还要进行有效的控制和监督，保证最合理地使用人力、物力以及财力和时间，顺利完成规定的任务。

这种方法产生于20世纪50年代中后期，主要以关键线路法（Gritical Path Method，简称CPM）和计划评审技术（Program Evaluation and Review Technique，简称PERT）为代表。20世纪60年代中期由华罗庚教授引入我国并加以推广，命名为“统筹法”。

网络计划技术一经产生，就在工业、农业、国防、关系复杂的科研计划和管理中得到应用。由于这种方法所具有的特点，在工程建设中，已广泛用于工程施工计划和组织管理工作。它在缩短建设周期，提高工效，降低造价及提高企业管理水平等方面展现了明显优势，发挥了显著作用。随着应用的不断扩展，网络计划技术日益完善与成熟，已广泛用于工期、资源和成本优化、工程投标、签订合同、拨款业务、工程建设监理等诸多领域。

2. 网络计划技术特点及分类

在环境工程施工组织与管理领域，网络计划技术具有以下一些特点：

能全面而明确地反映出各项工作之间的相互依赖又相互制约的关系。其逻辑关系严谨、明晰的特点利于施工现场组织与调度，从而很好地实现施工过程中的目标控制。

通过计算能确定各项工作的开始时间和结束时间以及其他各种时间参数；同时能够找出可以影响整个项目的关键工作和关键线路，便于在施工中集中力量抓住主要矛盾，避免盲目施工，做好施工进度控制，确保工期。

利用计算得出某些工作的机动时间，更好地调配人力、物力，提高劳动力资源及施工机具的工作效率，达到降低成本的目的。

可以利用计算机对复杂的网络计划进行调整与优化，实现现代化管理。

在计划实施过程中能进行有效的控制和调整，保证以最小的消耗取得最大的经济效益。当一个工作未能按计划进行，出现提前或拖后现象时，能从计划中预见其对其他工作及总工期的影响程度，便于及早采取措施消除不利因素。

网络计划技术分类方法较多，根据绘图表达方式的不同，分为双代号和单代号网络图；根据表达的逻辑关系和时间参数肯定与否，可分为肯定型和非肯定型两大类；根据计划目标的多少，可分为单目标和多目标网络模型；根据内容涉及的范围大小和项目划分程度的粗细，又可分为总体网络、子网络（或局部辅助网络）。此外，还可分为无时间坐标和有时间坐标的网络图等。

3. 网络图基本概念

网络图是以网状图形表示某项计划或工程开展顺序的工作流程图。构成网络图的基本

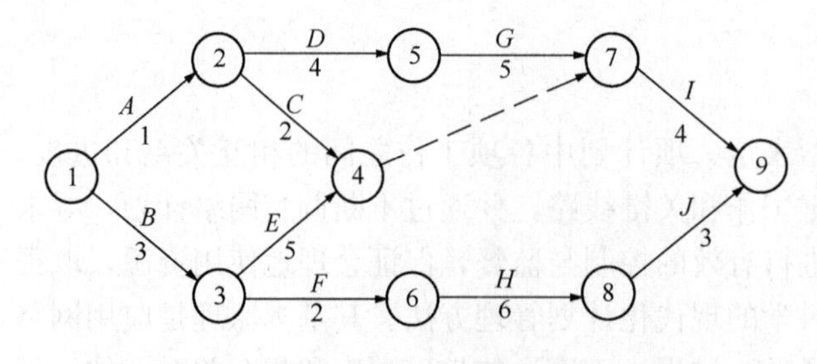

图 5-39　双代号网络图示例

组成部分有：节点、箭线和线路。根据节点和箭线所表示的内容不同，网络图有双代号和单代号两种表示方法，如图 5-39 和图 5-40 所示。现以双代号网络图为例来说明各组成部分的含义：

（1）节点

节点用圆圈或其他封闭图形表示。它表示工作的开始、结束或衔接等关系，因此，节点也称为事件。

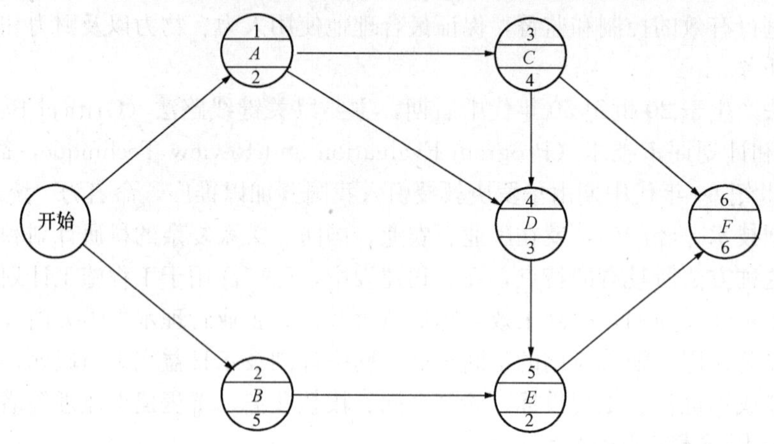

图 5-40　单代号网络图示例

一个网络图中的第一个节点称为起始节点，最后一个节点称为终结节点，分别表示该网络图所代表任务的开始和完成。其他节点叫中间节点。

为了便于检查和计算，要对网络图中所有节点统一编号，用两个节点和一根箭线表示一个工作，若某工作的箭尾和箭头节点分别是 i 和 j，则 i-j 即为表示该工作的代号，节点编号应不重复。某一项工作完整的表示方法如图 5-41 所示。为计算方便和更直观，箭尾节点的编号应小于箭头节点的编号，即 $i<j$。编号方向可以沿水平方向，也可沿垂直方向，由前到后顺序进行，按自然数连续编号。由于网络图需要调整，也可不连续编号，以便增添。

（2）箭线

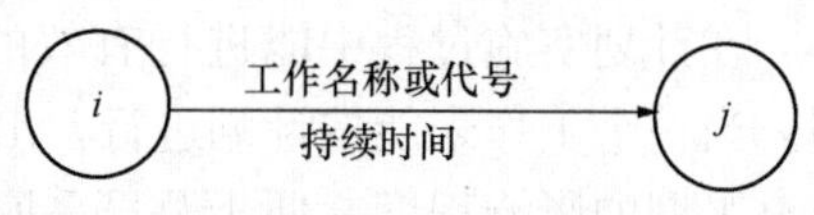

图 5-41　工作的双代号表示方法

在双代号网络图中，箭线用以连接一项工作的开始节点和结束节点。通常将工作的名称或代号写在箭线上方，完成该项工作所需的时间写在箭线下方。箭尾表示工作的开始，箭头表示工作的结束，箭线的长短和曲折对网络图没有影响（时标网络图除外）。

根据计划的编制范围不同，工作可以是分项、分部、单位工程或工程项目；其划分的粗细程度，主要取决于计划的类型、工程性质和规模。控制性计划可分解到单位工程或分部工程，实施性计划应分解到分项工程。

一般来讲，工作需要占用时间和消耗资源，如沟槽开挖、基础制作、管道安装等。有些技术问题，如混凝土的养护、满水试验观测等，也应作为一项工作，不过它只占用时间而不消耗资源。因此，凡是占用时间的过程都应作为一项工作看待。

为了正确表示各项工作之间的逻辑关系，常引入所谓“虚工作”，它既不占用时间，也不消耗资源，仅表示工作之间的逻辑关系，以虚箭线表示。虚箭线由一条虚线段和一个箭头构成，如图 5-39 中的工作 4-7。

（3）线路

从起始节点沿箭线方向顺序通过一系列节点与箭线，最后到达终结节点的若干条“通路”称为线路。显然，网络图中线路有很多条，通过计算可以找到需用时间最长的线路，这样的线路被称为关键线路。一个网络图中最少有一条关键线路，也可有若干条。关键线路上的工作称为关键工作，常以粗线或双线表示。

关键工作完成的快慢直接影响着工程的总工期，这就突出了整个工程的重点，使施工的组织者明确主要矛盾。非关键线路上的工作则有一定的机动时间，称做时差。如果将非关键工作的部分人工、机具转移到关键工作上去，或者在时差范围内对非关键工作进行调整则可达到均衡施工的目的。

关键工作与非关键工作在一定条件下可相互转化，而由它们组成的线路也随之转化。

5.4.3 环境工程双代号网络计划

1. 双代号网络图绘制

（1）正确表达各项工作间的逻辑关系

逻辑关系是指工作之间客观存在的先后顺序关系。这里既包括客观上的先后顺序关系，也包括施工组织要求的相互制约、相互依赖的关系，前者称为工艺逻辑，后者称为组织逻辑。逻辑关系的正确与否是网络图能否反映工程实际情况的关键。

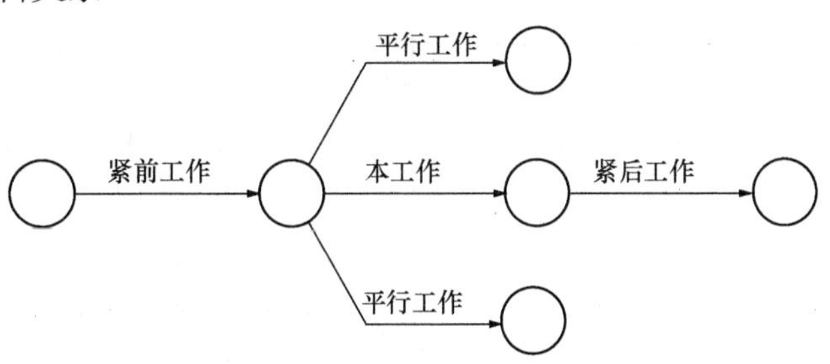

图 5-42 工作的逻辑关系

某项工作和其他工作的相互关系可以分为三类：紧前工作、紧后工作、平行工作，如图 5-42 所示。

表 5-29 中列出了双代号网络图的五种基本逻辑关系及其表达方式。

双代号网络图五种基本逻辑关系表达方式 **表 5-29**

序号	描　述	双代号表达方式
1	*A* 工作完成后，*B* 工作才能开始	A → B
2	*A* 工作完成后，*B*、*C* 工作才能开始	A → B、C

续表

序号	描　述	双代号表达方式
3	A、B 工作完成后，C 工作才能开始	A B C
4	A、B 工作完成后，C、D 工作才能开始	A B C D
5	A、B 工作完成后，C 工作才能开始，且 B 工作完成 D 工作才能开始	A C B D

（2）绘图规则

1）两个节点不能同时表示两个或两个以上的工作。图 5-43（*a*）中的两项工作都用节点 1、节点 2 作为开始和结束节点是错误的，正确的表示方法应如图 5-43（*b*）所示。

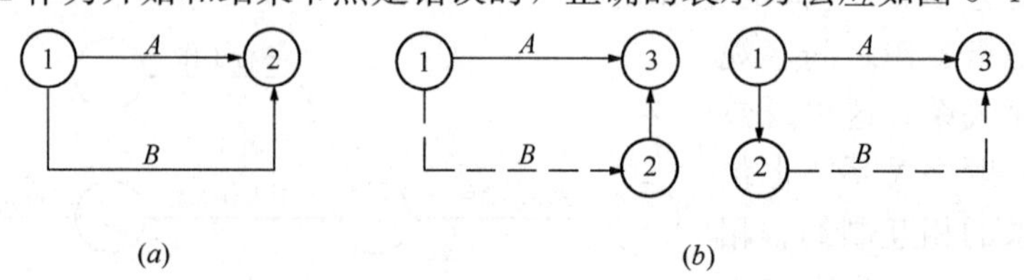

图 5-43　两个节点不能同时表示两个工作

（*a*）错误；（*b*）正确

2）网络图中不允许出现循环线路，如图 5-44 中的 2—4—3—2，组成闭合回路，导致工作之间的逻辑关系混乱。

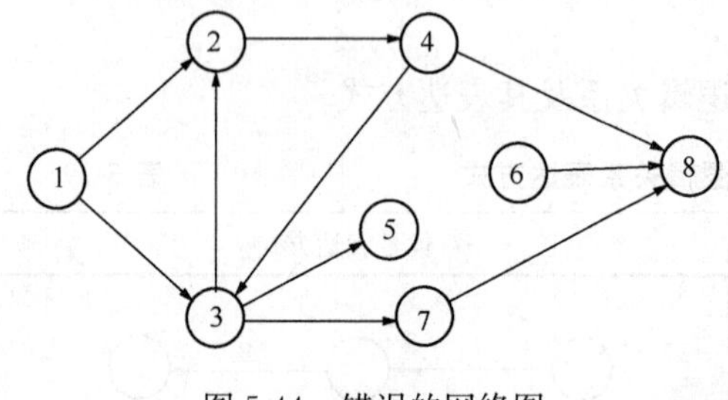

图 5-44　错误的网络图

3）在一个双代号网络图中只能有一个起始节点和一个终结节点（多目标网络图除外）。如有几项工作同时开始或同时结束，通常可分别用图 5-45（*a*）、（*b*）所示形式表示。图 5-44 中出现节点 1 和节点 6 两个起始节点及节点 5 和节点 8 两个终结节点的表述方法都是错误的表示法。

若经检查确定图 4-44 中工作 4-3 绘制时箭头方向标错，箭头应指向节点 4 而非节点 3；图中其他部分所表述的逻辑关系并无错误，仅是绘制时出错，则正确表述应为图 5-46 所示。

4）在网络图中不允许出现有双向箭头或无箭头的箭线。如图 5-47（*a*）所示节点 3—4 间箭线无箭头，节点 2—4 间箭线为双箭头，对应的正确网络图如图 5-47（*b*）所示。

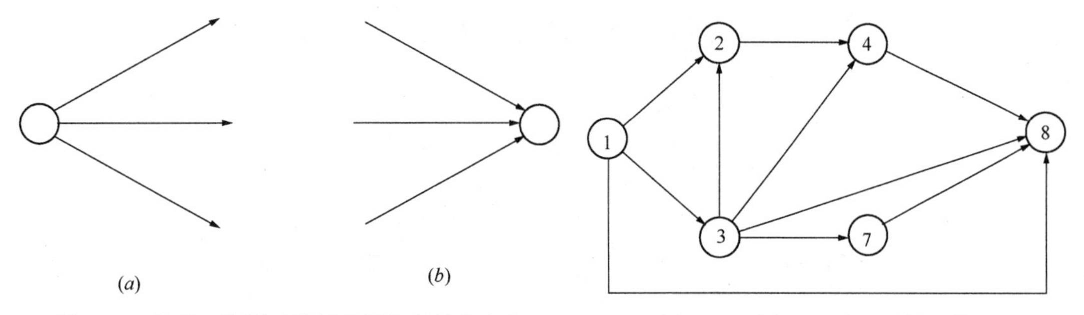

图 5-45　几项工作同时进行的网络起始节点和网络终结节点
（a）网络起始节点；（b）网络终结节点

图 5-46　图 5-44 改正后的网络图

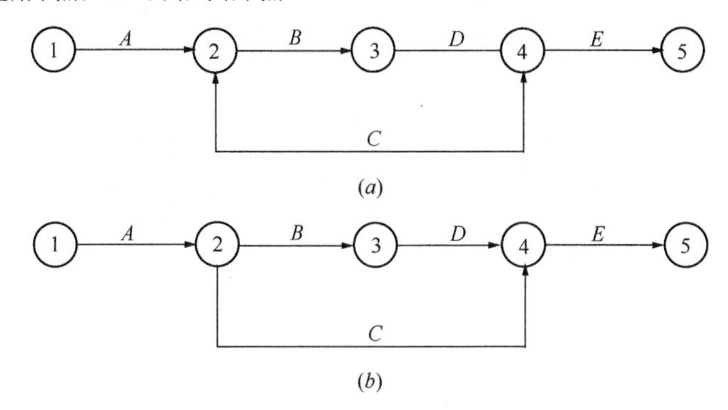

图 5-47　不允许出现有双向箭头或无箭头的箭线
（a）错误；（b）正确

5）不允许出现没有起始节点的工作。如图 5-48（*a*）所示，应将工作 *A* 分为 A_1 与 A_2 两部分，增加一个中间节点将其连接起来，如图 5-48（*b*）所示。

6）同一项工作在一个网络图中不能出现两次或两次以上。如图 5-49 中 *E* 工作出现两次，即为此错误。若该图中所表述的逻辑关系并无错误，仅是绘制时出错，则正确表述应为图 5-50 所示。

7）表示两项工作的箭线发生交叉时，用“过桥法”、“断线法”或“指向法”等处理，如图 5-51 所示。

8）因为反向箭线容易导致出现循环线路的错误，在网络图中，应尽量避免使用反向箭线。在时标网络图中更是绝不允许出现反向箭线，如图 5-52 中的虚箭线。

9）正确使用虚箭线

① 虚箭线在工作的逻辑“连接”方面的应用

在图 5-53（*a*）中工作 *B* 与工作 *E* 没有直接的逻辑关系，现由于情况发生变化，需将工作 *E* 增加为工作 *B* 的紧后工

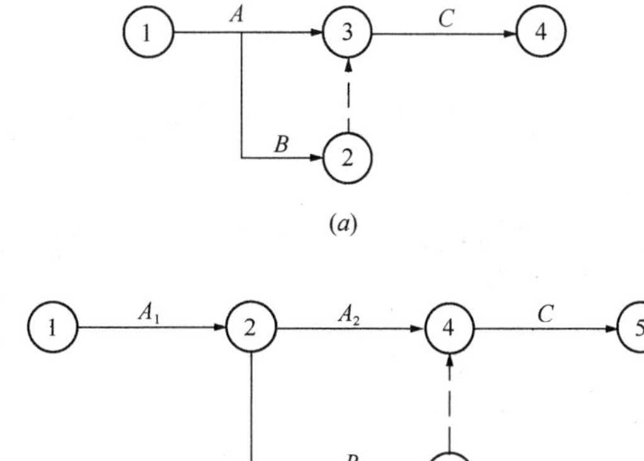

图 5-48　不允许出现没有起始节点的工作
（a）错误；（b）正确

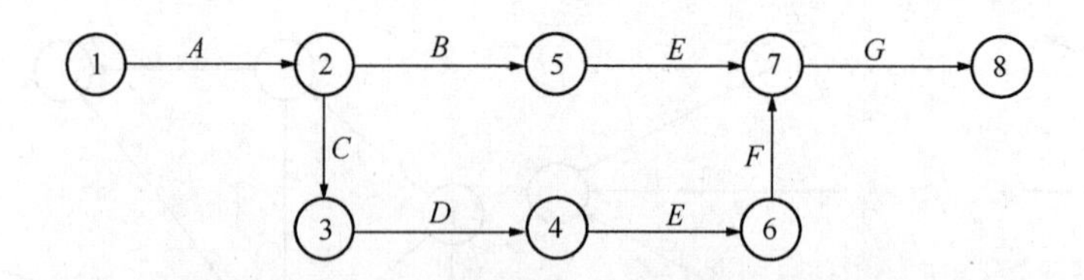

图 5-49　同一项工作在一个网络图中出现两次

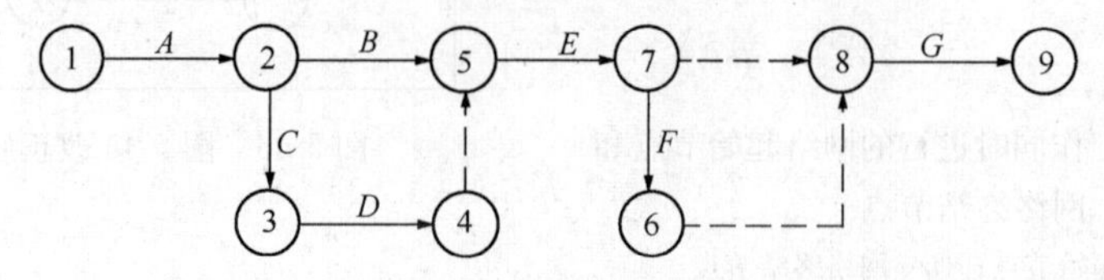

图 5-50　图 5-49 改正后的网络图

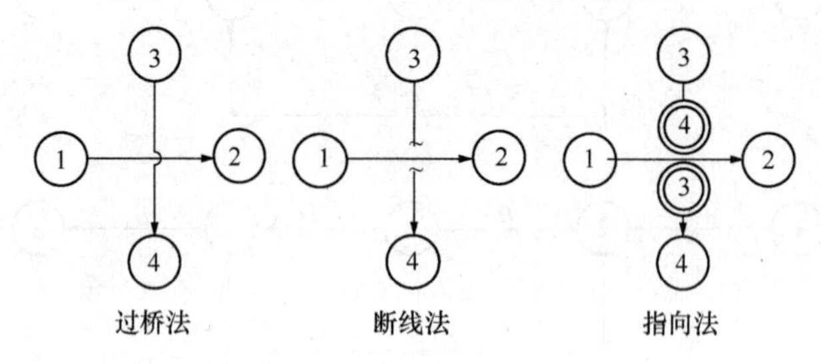

图 5-51　箭线交叉时的处理方法

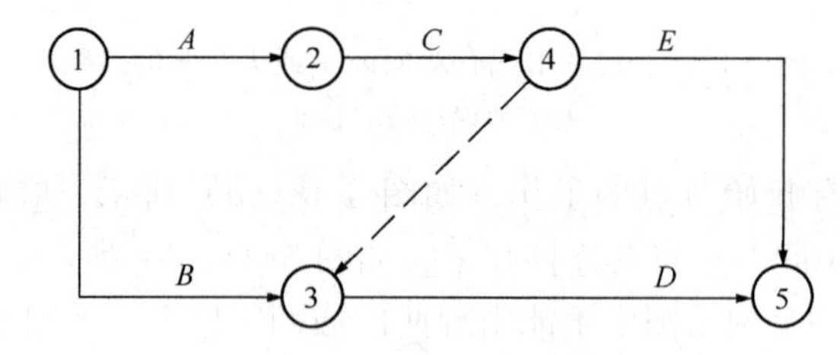

图 5-52　图中虚箭线为反向箭线

作，其他逻辑关系不变，此时就需要应用虚箭线在工作的逻辑“连接”方面的功能，使工作 B 和工作 E 建立起逻辑关系，如图 5-53（b）所示。

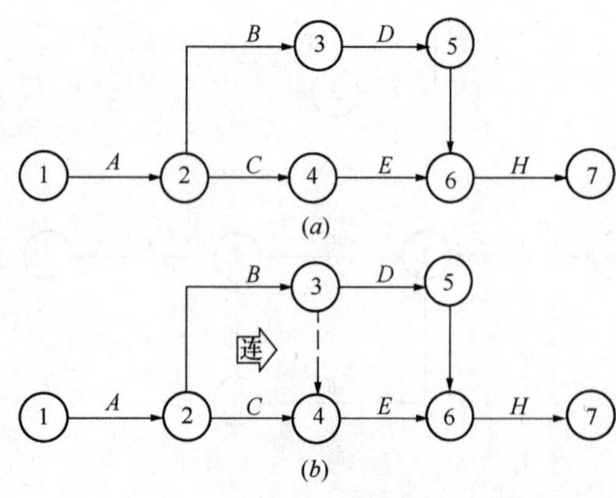

图 5-53　虚箭线在工作的逻辑“连接”方面的应用

② 虚箭线在工作的逻辑“断路”方面的应用

图 5-54 中本来工作 A 是工作 D 的紧前工作，但现在情况发生变化，二者工作逻辑关系消失，此时可应用虚箭线在工作的逻辑“断路”方面的功能加以处理。

这种用虚箭线隔断网络图中无逻辑关系的各项工作的方法称为“断路法”，这种方法在组织分段流水作业的网络图中使用很多，十分重要。但是虚箭线的数量应以必不可少为限度，多余的必须全部删除。

2. 双代号网络计划时间参数计算

网络计划的时间参数是确定关键工作、关键线路和计划工期的基础，也是判定非关键工作机动程度和进行计划优化、调整与动态管理的依据。网络计划的时间参数包括各项工作的最早开始时间、最迟开始时间、最早完成时间、最迟完成时间及工作的时差等。这些时间参数可直接按工作计算，计算过程比较直观，常在手算中使用；在双代号网络计划中，也可先按节点算出节点时间参数，再进行推算，多用于计算机电算中。

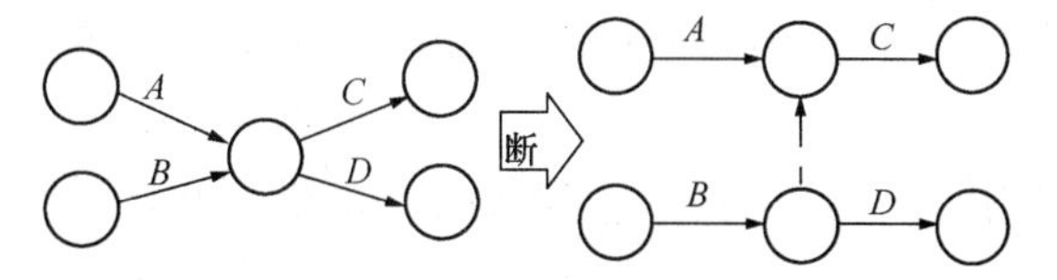

图 5-54　虚箭线在工作的逻辑“断路”方面的应用

本章将结合计算公式简述直接在网络图上的计算方法，称为图上计算法，此外还有表上计算法、矩阵法和电算法等方法，较为简单的网络计划可采用人工绘制与计算，大型复杂的网络计划则采用计算机程序进行绘制与计算，由于原理相同故在此不予重复。

计算时间参数要先确定各项工作的持续时间。这里首先设每项工作已确定了持续时间，此外，还规定无论是工作的开始时间还是工作的完成时间，都一律以时间单位的终了时刻为准，如果工作开始时间为第 4 天，则指第 4 天终了（下班）时有可能开始，而实际上是在次一天，即第 5 天上班时方开始。

双代号网络图的时间参数，分为节点的时间参数和工作的时间参数两类。现结合［例 5-6］说明其计算过程。

【例 5-6】已知某双代号网络图各工作间逻辑关系及持续时间如图 5-55 所示，试计算其工作参数。

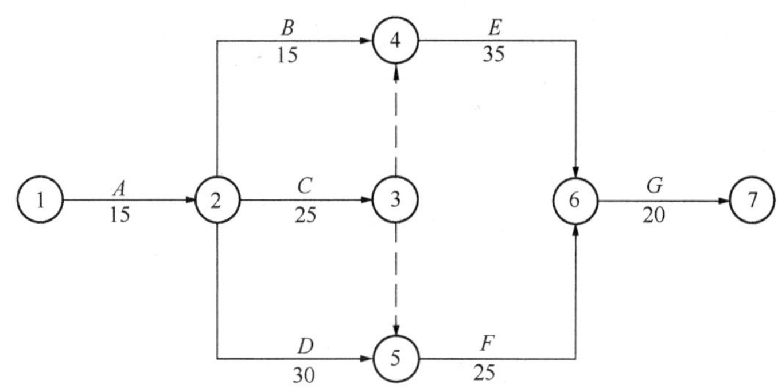

图 5-55　某双代号网络图

（1）节点最早开始时间 ET_i 的计算

一个节点的最早开始时间是以该节点为结束节点的所有工作全部完成的时间，它是以该节点为开始节点的各项工作的最早可能开始时刻。

由节点最早开始时间的概念可知，在一般网络计划中，要求任一工作必须等到紧前工作完成后才能开始。因此，工作最早开始时间必须在各紧前工作都计算后才能计算。这就使整个计算形成一个从网络图的起始节点开始，顺着箭线方向逐项进行，直到终结为止的加法过程。

凡与起始节点相联系的工作都是计划的起始工作。它们的最早开始时间可按规定日历天数确定，一般可定为零。如本例中起点节点的最早可能开始时间 $ET_1=0$。

所有其他节点的最早开始时间的计算方法是：将其所有紧前工作的最早开始时间分别

与该工作的持续时间相加，取和数中的最大值。如下式：

$$ET_j = \max[ET_i + D_{i-j}] \tag{5-21}$$

式中 ET_i，ET_j——节点 i、j 的最早开始时间；

D_{i-j}——工作 $i-j$ 的持续时间。

在［例 5-6］中，各节点最早开始时间分别为：

$$ET_1 = 0\text{d}$$

$$ET_2 = ET_1 + D_{1-2} = 0 + 15 = 15\text{d}$$

$$ET_3 = ET_2 + D_{2-3} = 15 + 25 = 40\text{d}$$

$$ET_4 = \max[ET_3, ET_2 + D_{2-4}] = \max[40, 15 + 15] = 40\text{d}$$

$$ET_5 = \max[ET_3, ET_2 + D_{2-5}] = \max[40, 15 + 30] = 45\text{d}$$

$$ET_6 = \max[ET_4 + D_{4-6}, ET_5 + D_{5-6}] = \max[40 + 35, 45 + 25] = 75\text{d}$$

$$ET_7 = ET_6 + D_{6-7} = 75 + 20 = 95\text{d}$$

（2）节点最迟完成时间 LT_i 的计算

节点最迟完成时间，是指在不影响计划总工期的前提下，以该节点为结束结点的各项工作最迟必须完成的时间。一项网络计划各节点最迟完成时间，应逆着箭线方向，由终结节点向起始节点计算。

1）终结节点的最迟完成时间的计算

① 当规定工期为 T 时：$LT_n = T$

② 当未规定工期时：$LT_n = ET_n$

其中 ET_n、LT_n 为终结节点的最早开始时间和最迟完成时间。

2）其他各节点最迟完成时间的计算

$$LT_i = \min[LT_j - D_{i-j}] \quad (i < j) \tag{5-22}$$

式中 LT_i、LT_j 分别为 i 节点和 j 节点的最迟完成时间。

在［例 5-6］中，各节点最迟完成时间分别为：

$$LT_7 = ET_7 = 95\text{d}$$

$$LT_6 = LT_7 - D_{6-7} = 95 - 20 = 75\text{d}$$

$$LT_5 = LT_6 - D_{5-6} = 75 - 25 = 50\text{d}$$

$$LT_4 = LT_6 - D_{4-6} = 75 - 35 = 40\text{d}$$

$$LT_3 = \min[LT_5 - 0, LT_4 - 0] = \min[50, 40] = 40\text{d}$$

$$LT_2 = \min[LT_5 - D_{2-5}, LT_4 - D_{2-4}, LT_3 - D_{2-3}] = \min[50 - 30, 40 - 15, 40 - 25] = 15\text{d}$$

$$LT_1 = LT_2 - D_{1-2} = 15 - 15 = 0\text{d}$$

（3）工作最早开始时间 ES_{i-j} 和工作的最早完成时间 EF_{i-j} 的计算

工作最早开始时间，是指该工作的各紧前工作全部完成后，它的开始时间，即该工作开始节点的最早开始时间，即 $ES_{i-j} = ET_i$。

工作最早完成时间是工作最早开始条件下有可能完成的最早时刻，用 EF_{i-j} 表示，其值等于该工作最早可能开始时间与工作持续时间之和，即 $EF_{i-j} = ES_{i-j} + D_{i-j}$

在［例 5-6］中，各工作最早开始时间分别为：

$$ES_{1-2} = ET_1 = 0\text{d}$$

$$ES_{2-3} = ET_2 = 15\text{d}$$

$$ES_{2-4} = ET_2 = 15\text{d}$$
$$ES_{2-5} = ET_2 = 15\text{d}$$
$$ES_{4-6} = ET_4 = 40\text{d}$$
$$ES_{5-6} = ET_5 = 45\text{d}$$
$$ES_{6-7} = ET_6 = 75\text{d}$$

（4）工作的最迟完成时间 LF_{i-j} 和工作的最迟开始时间 LS_{i-j} 的计算

工作的最迟完成时间用 LF_{i-j} 表示，其值等于该工作结束节点的最迟时间，即 $LF_{i-j}=LT_j$。

工作的最迟开始时间用 LS_{i-j} 表示，其值等于该工作最迟完成时间与工作持续时间之差，即 $LS_{i-j}=LF_{i-j}-D_{i-j}=LT_j-D_{i-j}$。

在［例 5-6］中，各工作最迟开始时间分别为：

$$LS_{1-2} = LT_2 - D_{1-2} = 15 - 15 = 0\text{d}$$
$$LS_{2-3} = LT_3 - D_{2-3} = 40 - 25 = 15\text{d}$$
$$LS_{2-4} = LT_4 - D_{2-4} = 40 - 15 = 25\text{d}$$
$$LS_{2-5} = LT_5 - D_{2-5} = 50 - 30 = 20\text{d}$$
$$LS_{4-6} = LT_6 - D_{4-6} = 75 - 35 = 40\text{d}$$
$$LS_{5-6} = LT_6 - D_{5-6} = 75 - 25 = 50\text{d}$$
$$LS_{6-7} = LT_7 - D_{6-7} = 95 - 20 = 75\text{d}$$

（5）工作时差的计算

时差是网络计划非常重要的参数，双代号网络计划的时差有总时差和自由时差两种，掌握时差和合理应用时差，对于作业管理和生产调度，保证网络计划的贯彻实施具有十分重要的意义。

工作总时差是在不影响工期的前提下，工作所具有的机动时间。双代号网络计划中用 TF_{i-j} 表示。其值等于工作最早开始时间到最迟完成时间这段极限活动范围内扣除工作本身必须的持续时间所剩余的差值。即：$TF_{i-j} = LT_j - (ET_i + D_{i-j})$

在［例 5-6］中，各工作总时差计算如下：

$$TF_{1-2} = LT_2 - (ET_1 + D_{1-2}) = 15 - (0 + 15) = 0\text{d}$$
$$TF_{2-3} = LT_3 - (ET_2 + D_{2-3}) = 40 - (15 + 25) = 0\text{d}$$
$$TF_{2-4} = LT_4 - (ET_2 + D_{2-4}) = 40 - (15 + 15) = 10\text{d}$$
$$TF_{2-5} = LT_5 - (ET_2 + D_{2-5}) = 50 - (15 + 30) = 5\text{d}$$
$$TF_{4-6} = LT_6 - (ET_4 + D_{4-6}) = 75 - (40 + 35) = 0\text{d}$$
$$TF_{5-6} = LT_6 - (ET_5 + D_{5-6}) = 75 - (45 + 25) = 5\text{d}$$
$$TF_{6-7} = LT_7 - (ET_6 + D_{6-7}) = 95 - (75 + 20) = 0\text{d}$$

总时差具有以下性质：

① 总时差为 0 的工作称关键工作；

② 如果总时差等于 0，其他时差也必等于 0；

③ 某项工作的总时差不但属于本项工作，而且与其前后工作都有关系，它为一条线路所共有。假定图 5-56（a）中工作 B 利用 50 天总时差，即其持续时间由 10 天增加到 60 天，此时图中各工作的最早开始时间相应发生变化同时总时差也发生变化，新的时间参数

如图 5-56（b）所示。这时，工作 B 的总时差变为 0，工作 E 和 H 的总时差也为 0。计算过程如下：

$$D_{8-9}=60\text{d},\text{则 } ET_9=\max(ET_8+D_{8-9})=10+60=70\text{d}$$

$$ET_{12}=\max(ET_9+D_{9-12})=70+20=90\text{d}$$

$$ET_{15}=\max(ET_{12}+D_{12-15})=90+30=120\text{d}$$

$$TF_{8-9}=LT_9-(ET_8+D_{8-9})=70-(10+60)=0\text{d}$$

$$TF_{9-12}=LT_{12}-(ET_9+D_{9-12})=90-(70+20)=0\text{d}$$

$$TF_{12-15}=LT_{15}-(ET_{12}+D_{12-15})=120-(90+30)=0\text{d}$$

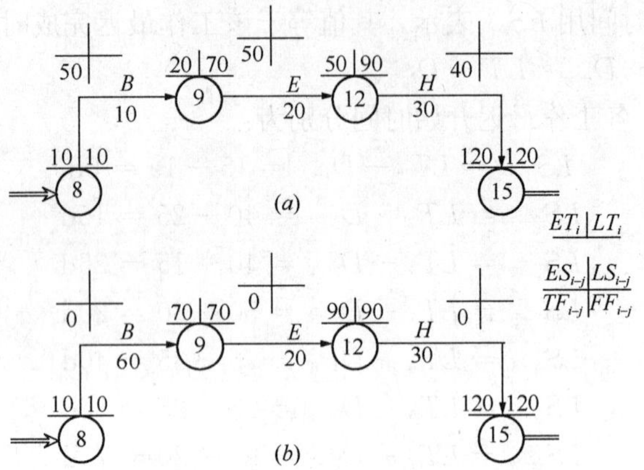

图 5-56　总时差为一条线路所共有

工作的自由时差是在不影响紧后工作最早开始的前提下，工作所具有的机动时间。双代号网络图中用 FF_{i-j} 表示。其值等于工作最早开始时间到紧后工作最早开始时间这段极限活动范围内扣除工作本身必需的持续时间所剩余的差值。即：$FF_{i-j}=ET_j-(ET_i+D_{i-j})$

在［例 5-6］中，各工作自由时差计算如下：

$$FF_{1-2}=ET_2-(ET_1+D_{1-2})=15-(0+15)=0\text{d}$$

$$FF_{2-3}=ET_3-(ET_2+D_{2-3})=40-(15+25)=0\text{d}$$

$$FF_{2-4}=ET_4-(ET_2+D_{2-4})=40-(15+15)=10\text{d}$$

$$FF_{2-5}=ET_5-(ET_2+D_{2-5})=45-(15+30)=0\text{d}$$

$$FF_{4-6}=ET_6-(ET_4+D_{4-6})=75-(40+35)=0\text{d}$$

$$FF_{5-6}=ET_6-(ET_5+D_{5-6})=75-(45+25)=5\text{d}$$

$$FF_{6-7}=ET_7-(ET_6+D_{6-7})=95-(75+20)=0\text{d}$$

自由时差具有以下性质：

① 自由时差值必然等于或小于该工作总时差；

② 以关键线路上的节点为结束点的工作，自由时差与总时差相等；

③ 自由时差属于工作自身而非整条线路，使用自由时差对线路上其他工作没有影响，后续工作仍可按其最早可能开始时间开始。如图 5-57 所示，假如工作 E 的自由时差 10 天被利用，那么 E 的持续时间由 20 天变为 30 天，则这条线路上其他各工作的自由时差不会改变（不受 E 工作自由时差变动影响）。计算过程如下：

D_{9-12} 由 20 变为 30 后，$FF_{9-12}=ET_{12}-(ET_9+D_{9-12})=50-(20+30)=0\text{d}$，$E$ 工

作的自由时差由 10 变为 0（自由时差被使用），而 $FF_{8-9}=ET_9-(ET_8+D_{8-9})=20-(10+10)=0\text{d}$

$FF_{12-15}=ET_{15}-(ET_{12}+D_{12-15})=120-(50+30)=40\text{d}$，可以看出线路上的其他工作 B、H 的自由时差未因工作 E 使用了其自由时差而发生变化。

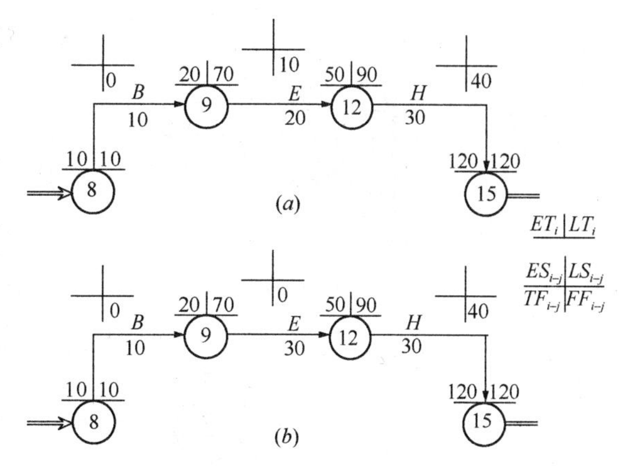

图 5-57 使用自由时差对线路上其他工作没有影响
（a）E 工作使用自由时差前参数情况；（b）E 工作使用 10 天自由时差后参数情况

（6）判别关键工作

凡总时差最小的工作即为关键工作，大多数情况下，计划工期与计算工期相等，这时关键工作的总时差等于零。当计划工期小于计算工期时，某些工作的总时差出现负值，在这种情况下，负时差绝对值最大的工作为关键工作。在网络图中，所有关键工作将形成一条或多条关键线路。

本例中，线路①-②-③-④-⑥-⑧是关键线路，如图 5-58 所示。

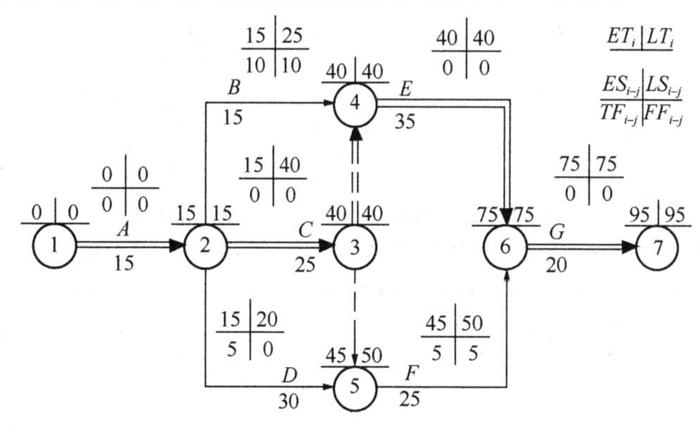

图 5-58 某双代号网络图时间参数示例

5.4.4 环境工程单代号网络计划

单代号网络计划又称节点网络图，是一种网络计划的表示方式。构成单代号网络图的三要素是节点、箭线和线路。与双代号网络图不同，在单代号网络图中，一个节点即代表一个工作，箭线只表示工作间的逻辑关系。把一项计划中所有工作按先后之间的逻辑关系从左至右绘制而成的图形就是单代号网络图，用这种网络图表示的计划称做单代号网络计划。单代号网络图中的节点用一个圆圈或方框表示，把节点编号、工作名称、持续时间都标注在用来表示节点的圆圈或方框内。

1. 单代号网络图的绘制

单代号网络图具有容易画，无虚工作，便于修改等优点。表 5-30 中列出了单代号网络图的五种基本逻辑关系及其表达方式。单代号网络图的绘图规则与双代号网络图的绘图规则基本一致，由于其一个节点就代表一个工作，故可出现多个起始节点或多个终结节点的情况，此时可在网络的两端分别设置一项虚工作，作为该工作的起点节点和终结节点。

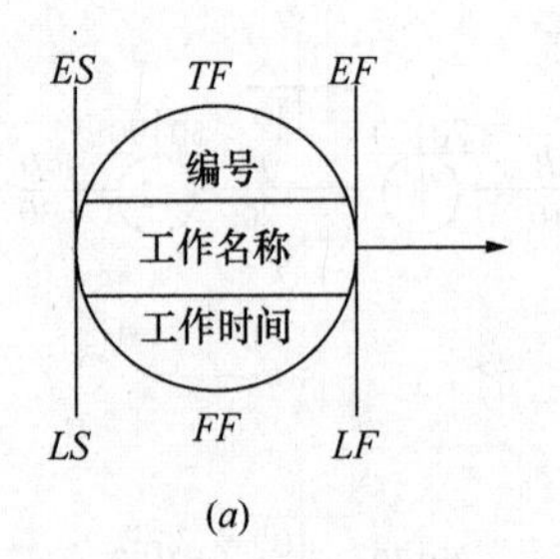

(a)

工作代号	ES_i	EF_i
工作名称	TF_i	FF_i
D_i	LS_i	LF_i

(b)

图 5-59　单代号网络图节点表示方法

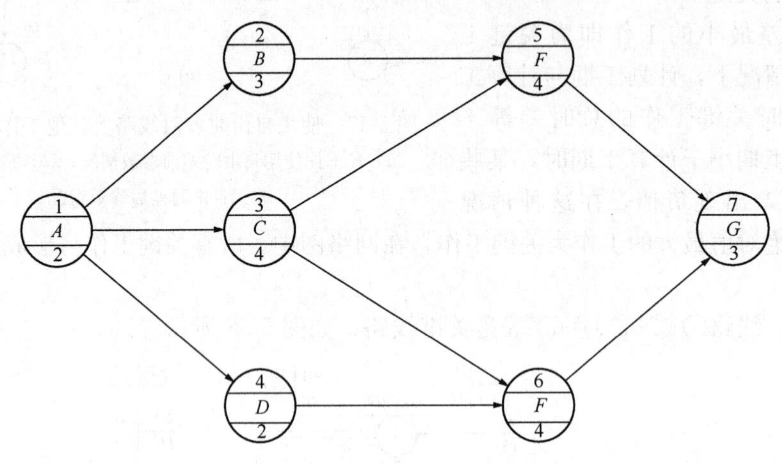

图 5-60　单代号网络图

单代号网络图五种基本逻辑关系表达方式　　**表 5-30**

序号	描　述	单代号表达方式
1	*A* 工作完成后，*B* 工作才能开始	*A* → *B*
2	*A* 工作完成后，*B*、*C* 工作才能开始	*A* → *B*；*A* → *C*
3	*A*、*B* 工作完成后，*C* 工作才能开始	*A* → *C*；*B* → *C*
4	*A*、*B* 工作完成后，*C*、*D* 工作才能开始	*A* → *C*；*A* → *D*；*B* → *C*；*B* → *D*
5	*A*、*B* 工作完成后，*C* 工作才能开始，且 *B* 工作完成 *D* 工作才能开始	*B* → *D*；*B* → *C*；*A* → *C*

2. 单代号网络图时间参数的计算

单代号网络图与双代号网络图只是表现形式和参数符号不同，其可以用于表达完全一样的内容。所以，计算时除时差外，只需将双代号计算式中的符号加以改变即可使用。

（1）工作最早开始时间（ES_i）和最早完成时间（EF_i）

单代号网络计划中各项工作的最早开始时间和最早完成时间的计算是从网络计划的起点节点开始，顺着箭线方向按工作编号从小到大的顺序逐个计算。

单代号网络计划的起点节点的最早开始时间为零，即 $ES_S=0$。

其他节点的最早开始时间 $ES_j=\max[EF_i]$。

工作的最早完成时间等于该工作的最早开始时间加该工作的持续时间，即 $EF_i=ES_i+D_i$。当虚设终结节点时，终结节点所代表工作的最早完成时间等于其各紧前工作的最早完成时间的最大值。

（2）工作最迟完成时间（LF_i）和最迟开始时间（LS_i）

单代号网络计划中各项工作的最迟结束时间和最迟开始时间的计算是从网络计划的终结节点开始，逆着箭线方向按工作编号从大到小的顺序逐个计算。

终结节点的最迟完成时间确定：当规定工期时等于规定工期，即 $LF_n=T$；当未规定工期时等于该节点的最早开始时间，即 $LF_n=ES_n$。

其他工作的最迟完成时间为其紧后工作最迟开始时间的最小值，即 $LF_i=\min(LS_j)$。

工作的最迟开始时间等于该工作的最迟结束时间减去该工作的持续时间，即 $LS_i=LF_i-D_i$。

相邻两项工作间的时间间隔 $LAG_{i-j}=ES_j-EF_i$。

自由时差 $FF_i=\min[ES_j-EF_i]=\min(LAG_{i-j})$

总时差 $TF_i=LS_i-ES_i$。

【例 5-7】已知某单代号网络图各工作间逻辑关系及持续时间如图 5-61 所示，试计算其工作参数。

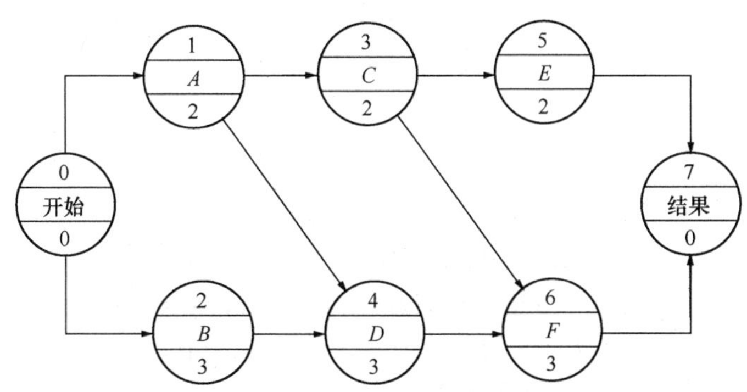

图 5-61　单代号网络图时间参数示例

解：根据题意绘制图例并在所有节点两侧画竖线。

① 从起点节点开始，顺着箭线方向依次计算工作最早开始时间 ES_i 和最早完成时间 EF_i，并标于图上相应位置。

$$ES_0=0\text{d}$$
$$EF_0=ES_0+D_0=0+0=0\text{d}$$
$$ES_1=EF_0=0\text{d}$$

$$EF_1 = ES_1 + D_1 = 0 + 2 = 2\text{d}$$
$$ES_2 = EF_0 = 0\text{d}$$
$$EF_2 = ES_2 + D_2 = 0 + 3 = 3\text{d}$$
$$ES_3 = EF_1 = 2\text{d}$$
$$EF_3 = ES_3 + D_3 = 2 + 2 = 4\text{d}$$
$$ES_4 = \max[EF_1, EF_2] = \max[2,3] = 3\text{d}$$
$$EF_4 = ES_4 + D_4 = 3 + 3 = 6\text{d}$$
$$ES_5 = EF_3 = 4\text{d}$$
$$EF_5 = ES_5 + D_5 = 4 + 2 = 6\text{d}$$
$$ES_6 = \max[EF_3, EF_4] = \max[4,6] = 6\text{d}$$
$$EF_6 = ES_6 + D_6 = 6 + 3 = 9\text{d}$$
$$ES_7 = \max[EF_5, EF_6] = \max[6,9] = 9\text{d}$$
$$EF_7 = ES_7 + D_7 = 9 + 0 = 9\text{d}$$

② 从终结节点开始，逆着箭线方向依次计算工作最迟完成时间 LF_i 和最迟开始时间 LS_i，并标于图上相应位置。

因题中未规定工期，所以 $LF_7 = ES_7 = 9\text{d}$

$$LS_7 = LF_7 - D_7 = 9 - 0 = 9\text{d}$$
$$LF_6 = LS_7 = 9\text{d}$$
$$LS_6 = LF_6 - D_6 = 9 - 3 = 6\text{d}$$
$$LF_5 = LS_7 = 9\text{d}$$
$$LS_5 = LF_5 - D_5 = 9 - 2 = 7\text{d}$$
$$LF_4 = LS_6 = 6\text{d}$$
$$LS_4 = LF_4 - D_4 = 6 - 3 = 3\text{d}$$
$$LF_3 = \min[LS_5, LS_6] = \min[7,6] = 6\text{d}$$
$$LS_3 = LF_3 - D_3 = 6 - 2 = 4\text{d}$$
$$LF_2 = LS_4 = 3\text{d}$$
$$LS_2 = LF_2 - D_2 = 3 - 3 = 0\text{d}$$
$$LF_1 = \min[LS_3, LS_4] = \min[4,3] = 3\text{d}$$
$$LS_1 = LF_1 - D_1 = 3 - 2 = 1\text{d}$$
$$LF_0 = \min[LS_1, LS_2] = \min[1,0] = 0\text{d}$$
$$LS_0 = LF_0 - D_0 = 0 - 0 = 0\text{d}$$

③ 计算总时差，并标于图上相应位置。

$$TF_1 = LS_1 - ES_1 = 1 - 0 = 1\text{d}$$
$$TF_2 = LS_2 - ES_2 = 0 - 0 = 0\text{d}$$
$$TF_3 = LS_3 - ES_3 = 4 - 2 = 2\text{d}$$
$$TF_4 = LS_4 - ES_4 = 3 - 3 = 0\text{d}$$
$$TF_5 = LS_5 - ES_5 = 7 - 4 = 3\text{d}$$
$$TF_6 = LS_6 - ES_6 = 6 - 6 = 0\text{d}$$

④ 计算自由时差，并标于图上相应位置。

$$FF_1 = \min[ES_3 - EF_1, ES_4 - EF_1] = \min[2-2, 3-2] = 0\text{d}$$

$$FF_2 = ES_4 - EF_2 = 3 - 3 = 0\text{d}$$

$$FF_3 = \min[ES_5 - EF_3, ES_6 - EF_3] = \min[4-4, 6-6] = 0\text{d}$$

$$FF_4 = ES_6 - EF_4 = 6 - 6 = 0\text{d}$$

$$FF_5 = ES_7 - EF_5 = 9 - 6 = 3\text{d}$$

$$FF_6 = ES_7 - EF_6 = 9 - 9 = 0\text{d}$$

⑤ 确定关键线路并用双线标于图上。

所有线路中只有线路 0→2→4→6→7 总时差均为 0，故该线路为关键线路。

计算结果如图 5-62 所示。

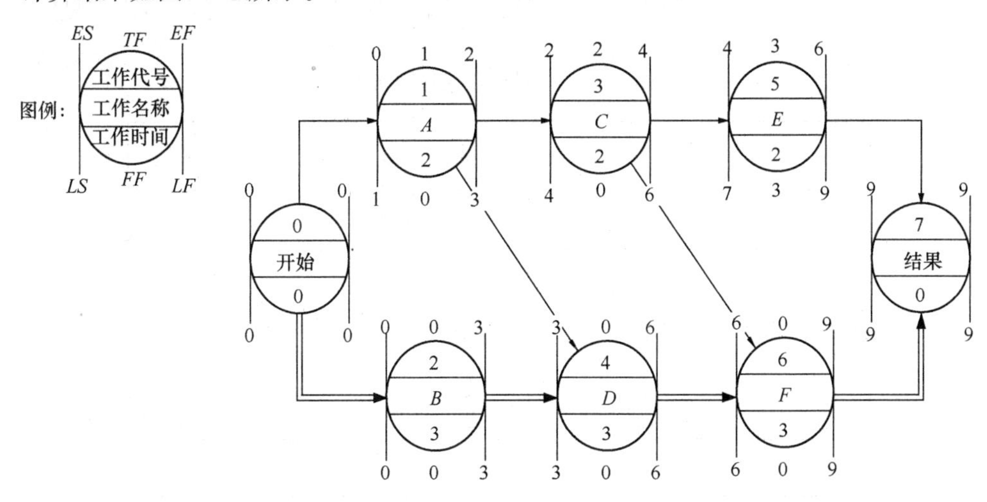

图 5-62　单代号网络图时间参数示例

5.4.5　环境工程时标网络计划

时标网络计划是以时间坐标为尺度表示工作时间的网络计划。它将横道图直观易懂的优点与网络图相结合，使用方便。

双代号时标网络计划可按最早时间也可按最迟时间绘制。绘制方法是先计算无时标网络计划的时间参数，再在时标表上进行绘制，也可不经计算直接绘制。

1. 双代号时标网络图的特点：

(1) 箭杆的长短与时间有关；

(2) 可直接在图上看出时间参数，不需计算；

(3) 不会产生闭合回路；

(4) 可直接在坐标下方绘出资源动态图；

(5) 修改不方便；

(6) 有时出现虚箭线占用时间的情况（如图 5-64 中虚工作 7-8）。

2. 双代号时标网络图的绘制

时标网络图的绘制步骤如下：

(1) 定坐标线；

(2) 将开始节点定位于时标表的起始刻度线；

(3) 按持续时间在时标表上绘制起点节点的外向箭线；

(4) 工作的箭头节点必须在其所有内向箭线绘出后，定位在这些内向箭线的实箭线箭头处，其他内向箭线长度不足以到达该节点时，用波浪线补足（其长度为时差）；

(5) 工艺或组织上有逻辑关系的工作，用虚线表示；

(6) 时差为零的箭线为关键工作；

将图 5-63 所示双代号网络图绘制成时标网络图，如图 5-64 所示。

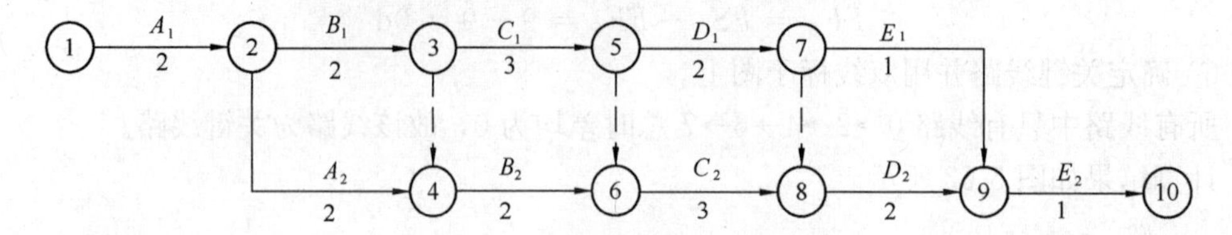

图 5-63　非时标双代号网络图

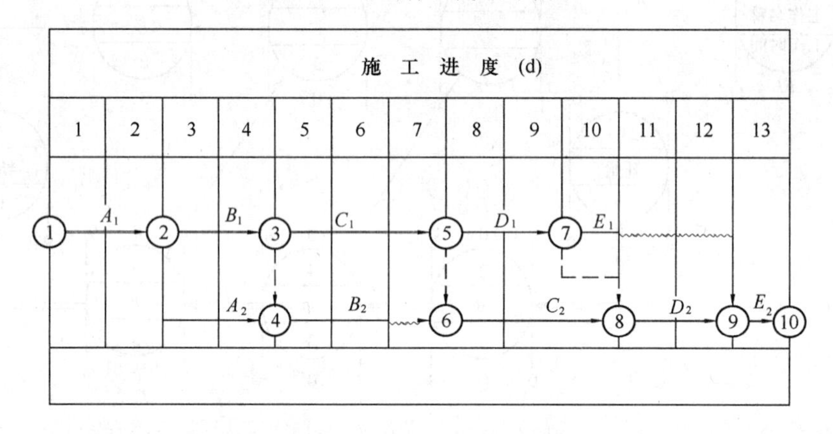

图 5-64　双代号时标网络图

5.4.6　环境工程网络计划优化

网络计划的优化是在满足既定约束条件下，按某一目标，对初始网络计划进行不断检查、调整，寻求最优网络计划方案的过程。通过对初始网络计划的优化，达到缩短工期，保证质量，降低成本的效果。网络计划的优化包括工期优化、费用优化和资源优化。

网络计划的优化是通过利用时差不断改善网络计划的最初方案，在满足既定条件的情况下，按某一衡量指标来寻求最优方案的问题。网络计划的优化目标按计划任务的需要和条件选定。有工期目标、费用目标和资源目标。本节主要介绍资源优化和工期一成本优化。

1. 工期优化

工期优化是在网络计划的计算工期大于要求工期时，通过增加劳动力、机械设备等措施，压缩关键工作的持续时间，满足工期要求的过程。

工期优化的计算步骤：

(1) 找出关键线路，确定关键工作及计算工期。

(2) 按要求工期计算初始网络计划应缩短的时间。

(3) 确定各项关键工作能缩短的工作持续时间。

(4) 按下述条件选择优先压缩的关键工作，压缩其工作持续时间，并重新计算网络计划的工期。压缩条件：

① 缩短工作持续时间对质量影响不大的工作；

② 有充足备用资源的工作；

③ 缩短工作持续时间，所需增加费用最少的工作。

（5）若按上述步骤计算工期达到规定工期要求，则完成优化过程，否则重复以上步骤，直至满足要求。

（6）当所有关键工作的工作持续时间都已达到其能缩短的极限，而工期仍不能满足要求时，应对原计划的施工组织方案进行调整，或对要求工期，重新审定。

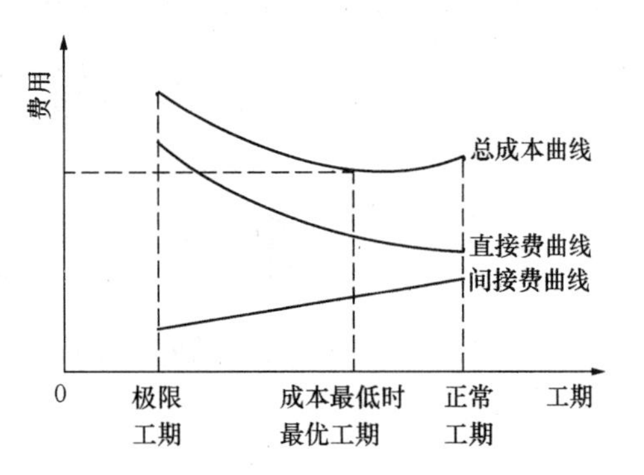

图 5-65　工期-成本曲线

【例 5-8】 某双代号网络图如图 5-66 所示，图中箭线上括号外所标数字为各工作持续时间，括号内数字为该工作最短可能工作时间。现知该网络图合同工期为 146 天。设 3-4 工作有充足资源，缩短时间对质量无太大影响；4-6 工作缩短时间所需的费用最少，且资源充足；1-3 工作缩短工期的有利因素不如 3-4、4-6 工作。试对其进行工期优化。

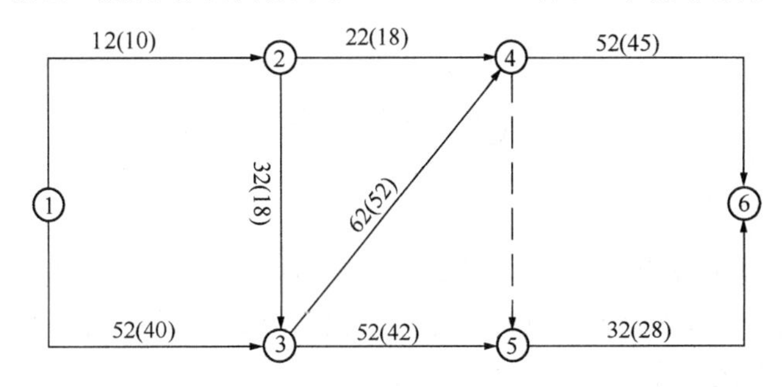

图 5-66　某双代号网络图

解：①根据给出的正常工作时间计算各节点的最早开始时间、最迟完成时间，并找出关键线路，如图 5-67 所示。

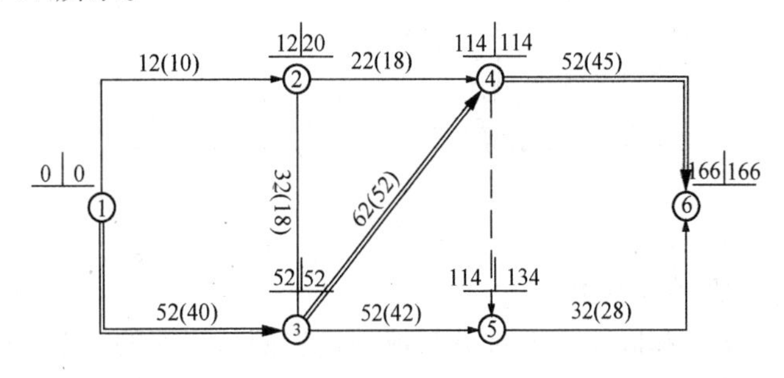

图 5-67

② 按照合同工期共需缩短 166－146＝20d

首先选择缩短时间所需的费用最少，且资源充足的 4-6 工作，使其工作时间达到最短，即其持续时间从 52d 变为 45d，调整后各节点时间参数变化结果如图 5-68 所示。总工期变化为 159d，未达到合同工期，需要继续缩短。

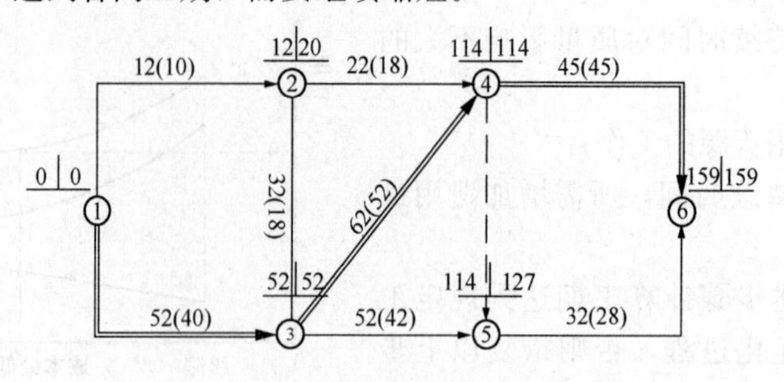

图 5-68

③ 选择有充足资源，缩短时间对质量无太大影响的 3-4 工作，使其工作时间达到最短，即其持续时间从 62d 变为 52d，调整后各节点时间参数变化结果如图 5-69 所示。总工期变化为 149d，还需缩短 3d 方能达到合同工期，需要继续缩短。

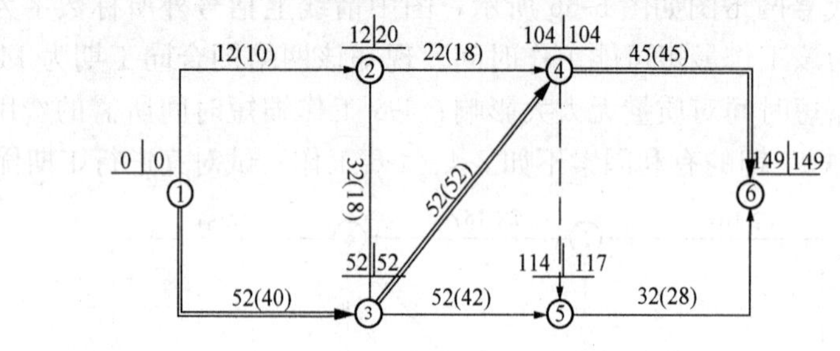

图 5-69

④ 此时关键线路上仅有 1-3 工作可以缩短持续时间，缩短其持续时间 3d，即其持续时间从 52d 变为 49d，调整后各节点时间参数变化结果如图 5-70 所示。调整后总工期达到合同工期要求，工期优化完毕。

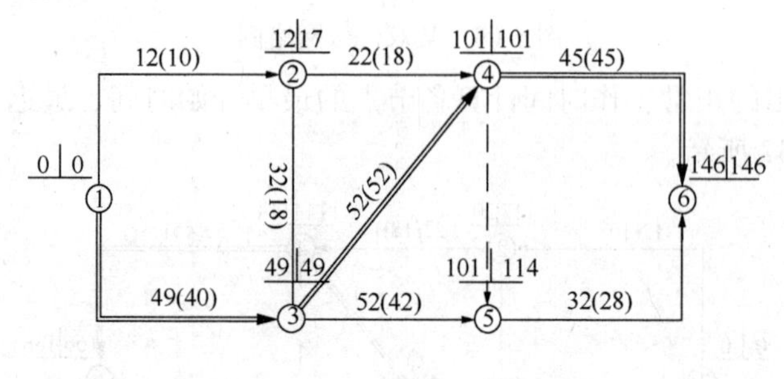

图 5-70

2. 费用优化（工期-成本优化）

工程成本是由直接费和间接费两部分组成的，它们与工期的关系如图 5-65 所示。

直接费用与时间关系如图 5-71 所示，这一曲线反映网络计划中的各项工作占用不同的持续时间时相应的直接费用也不同，为简化起见，常用直线 AB 表示工作持续时间与费用的关系。

当工作 $i-j$ 的直接费用随作业时间的改变而连续变化时，一般用介于正常作业时间与极限作业时间之间的任意单位时间内所需增加的直接费用率（e_{i-j}）表示，其表达式为：

$$e_{i-j}=\frac{m_{i-j}-M_{i-j}}{D_{i-j}-d_{i-j}} \tag{5-23}$$

直接费与时间关系有连续型、非连续型等类型。

（1）连续型变化关系

连续型变化关系指直接费随着时间改变而改变，二者的关系是连续变化的。

如：某施工过程：$M_0=9\text{d}$、$D_{i-j}=400$ 元；

$m_s=5\text{d}$、$d_{i-j}=800$ 元；

那么，费用率 $e_{i-j}=100$（元/d）即每缩短 1 天，费用增加 100 元。

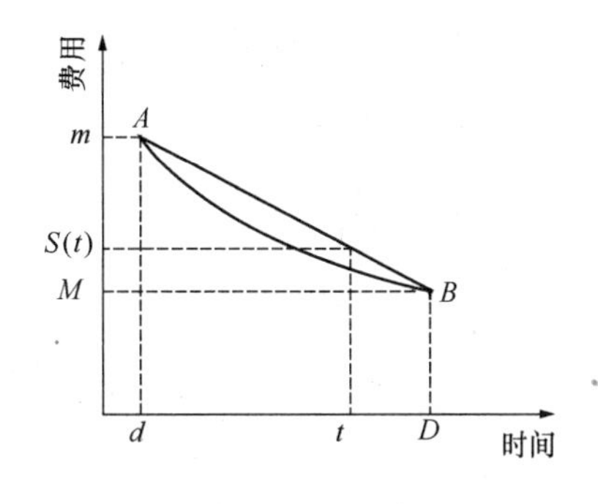

图 5-71　直接费-时间关系曲线

（2）非连续型变化关系

非连续型变化关系指直接费和时间的关系是根据施工方案的不同分别估算的，二者的关系不能线性表示。

直接费和时间的关系　　表 5-31

机械类型	A	B	C
持续时间（d）	4	6	9
费用（元）	3200	2800	1900

进行费用优化主要研究两类问题：一类是寻求指定工期（合同工期）时的最低成本；另一类是寻求工程成本最低时的最优工期。这两类优化问题的基本思路是找出能使计划工期缩短的关键线路，缩短直接费用增加额最少的关键工作的作业时间。

为了使工程总成本减少，缩短作业时间的关键工作必须满足：缩短工作作业时间增加的直接费小于因工期缩短而减少的间接费用。用单位时间的直接费率表示工作的直接费，用单位时间的间接费率表示间接费。因此，只有缩短那些直接费率小于间接费率的关键工作，才能使工程总成本下降。在有多条关键线路的情况下，每条线路都需要缩短相同的时间，才能使工程的工期也相应缩短同样的时间。为此必须找出能同时缩短各条关键线路长度的所有工作组合中直接费率之和最小的工作组合，这种工作组合简称为最小直接费率组合。

费用优化的具体步骤：

1）列出时间和费用的原始数据表，计算各工作的费用率；

2）分别计算各工作在正常和最短时间下计划时间参数确定关键线路；

3）进行工期缩短，从直接费增加额最少的关键工作入手进行多次循环优化；

4）列表计算，将优化后的每一循环的结果汇总列表，并将直接费与间接费叠加，确定工期费用曲线，求出最低费用及相应的最佳工期。

【例 5-9】图 5-72 所示网络图，图中箭线上括号外所标数字为各工作正常时间及正常时间直接费，括号内所列数值为最短时间及最短时间直接费，其中 2-5 工作为非连续变化，假定平均每天的间接费（综合管理费）为 100 元，试进行费用优化。

解：根据题意列出费用表，见表 5-32。

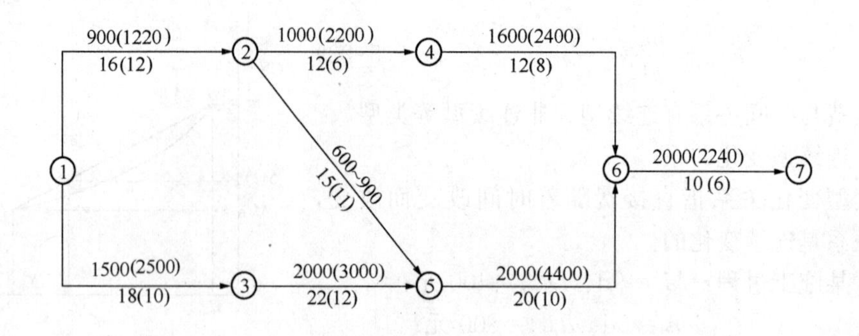

图 5-72

费 用 表 **表 5-32**

工作代号	正常工期		最短时间		相差		费用率	费用与时间
	时间	直接费	时间	直接费	时间	直接费	(元/d)	变化情况
1-2	16	900	12	1220	4	320	80	连续
1-3	18	1500	10	2500	8	1000	125	连续
2-4	12	1000	6	2200	6	1200	200	连续
2-5	15	600	11	900	4	300	75	非连续
3-5	22	2000	12	3000	10	1000	100	连续
4-6	12	1600	8	2400	4	800	200	连续
5-6	20	2000	10	4400	10	2400	240	连续
6-7	10	2000	6	2240	4	240	60	连续
合计		11600		18860				

正常持续时间网络图如图 5-73 所示，最短持续时间网络图如图 5-74 所示。

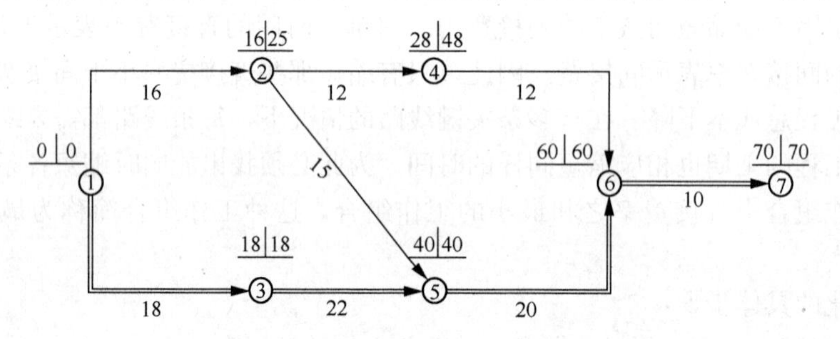

图 5-73 正常持续时间网络图

在图 5-73 中选择关键线路上费用率最低的 6-7 工作进行优化，将其持续时间由 10d 调整为其最短可能持续时间 6d，调整后的网络图如图 5-75 所示。

在图 5-75 中关键线路上还有 1-3，3-5，5-6 三个工作可缩短持续时间，其中 3-5 工作费用率最低，选择压缩该工作持续时间继续对该网络图进行优化。3-5 工作最短可能持续时间为 12d，但考虑到当压缩其持续时间到 13d 时网络图中即会出现（增加）另一条关键线路 1-2-5-6-7，故此轮优化压缩 3-5 工作持续时间到 13d。调整后的网络图如图 5-76 所示。

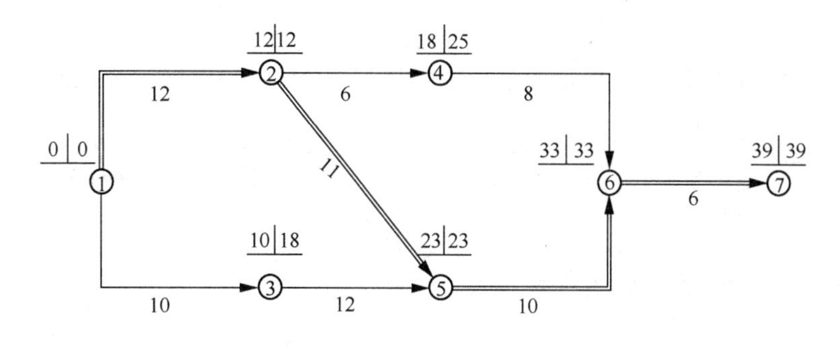

图 5-74　最短持续时间网络图

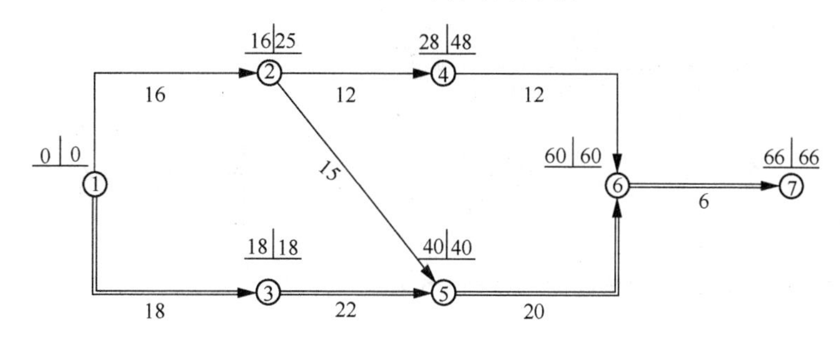

图 5-75

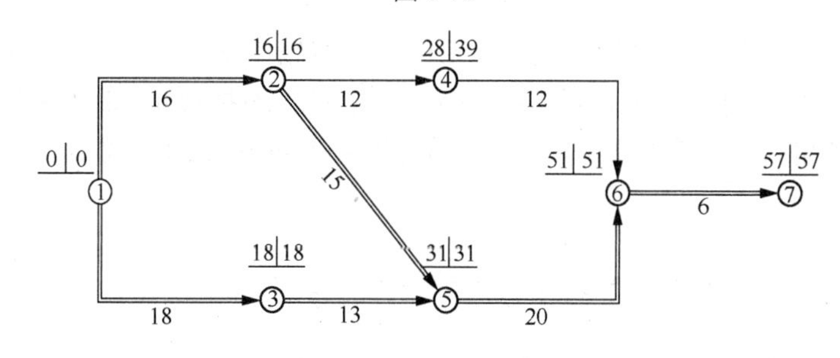

图 5-76

在图 5-76 中有两条关键线路，对其进行费用优化时需对两条关键线路同时压缩同一持续时间才能达到缩短总工期的目的。在关键线路 1-3-5-6-7 还能压缩持续时间的各工作中，费用率最低的是 3-5 工作，故本轮优化将 3-5 工作持续时间由 13d 压缩至其最短可能持续时间 12d，同时另一条关键线路 1-2-5-6-7 也应压缩持续时间 1d。1-2 工作与 2-5 工作进行比较发现虽然 2-5 工作费用率比 1-2 工作低，但因其费用与时间变化呈非连续型（只能压缩 15－11＝4d，而不能压缩其他天数），故选择压缩工作 1-2 持续时间 1d 至 15 天。调整后的网络图如图 5-77 所示。

在图 5-77 中有两条关键线路，在关键线路 1-2-5-6-7 还能压缩持续时间的各工作（1-2 工作，2-5 工作，5-6 工作）中，费用率最低的是 2-5 工作，故本轮压缩 2-5 工作持续时间 4d 至其最短可能持续时间 11d，同时在关键线路 1-3-5-6-7 还能压缩持续时间的各工作（1-3 工作，5-6 工作）中选择缩短费用率较低的 1-3 工作持续时间 4d 至 14d。调整后的网络图如图 5-78 所示。

在图 5-78 中有两条关键线路，在关键线路 1-2-5-6-7 还能压缩持续时间的各工作（1-2

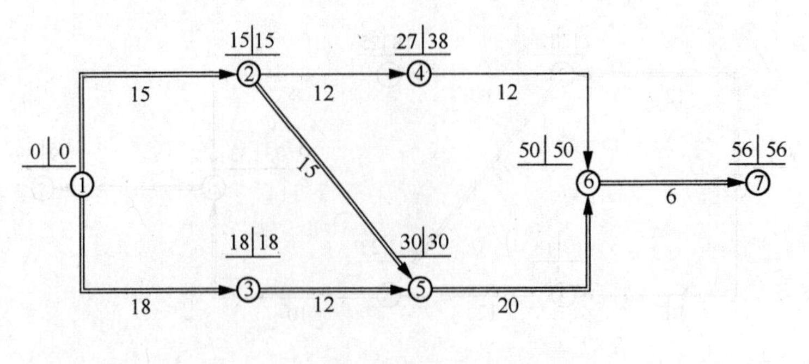

图 5-77

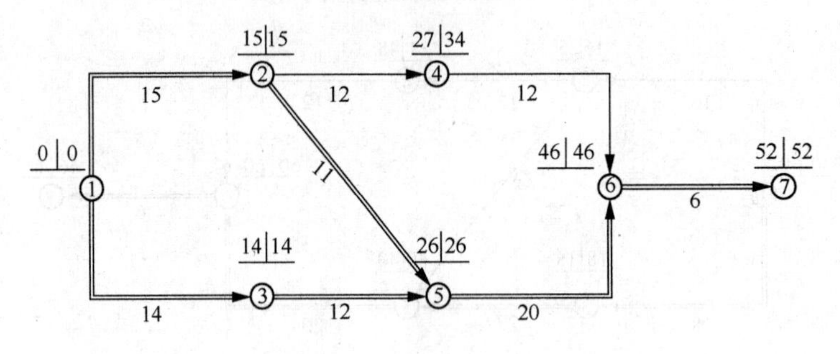

图 5-78

工作，5-6 工作）中，费用率最低的是 1-2 工作，故本轮压缩 1-2 工作持续时间 3d 至其最短可能持续时间 12d，同时在关键线路 1-3-5-6-7 还能压缩持续时间的各工作（1-3 工作，5-6 工作）中选择缩短费用率较低的 1-3 工作持续时间 3d 至 11d。调整后的网络图如图 5-79 所示。

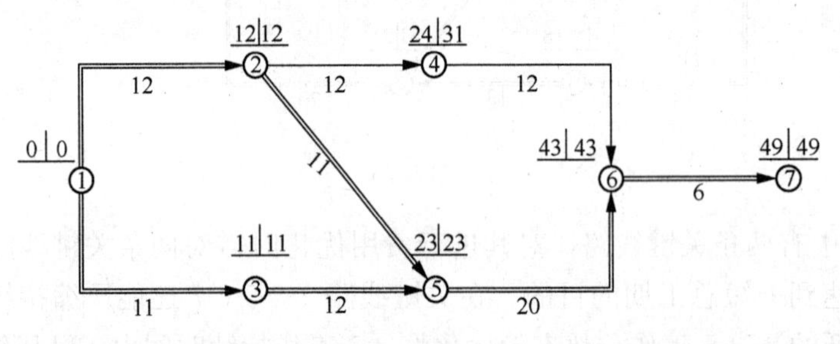

图 5-79

在图 5-79 中有两条关键线路，在关键线路 1-2-5-6-7 还能压缩持续时间的工作仅有 5-6 工作，故本轮选择压缩其持续时间。5-6 工作最短可能持续时间为 10d，但考虑到当压缩其持续时间到 13d 时网络图中即会出现（增加）另一条关键线路 1-2-4-6-7，故此轮优化压缩 5-6 工作持续时间到 13d。调整后的网络图如图 5-80 所示。

在图 5-80 中有三条关键线路，继续缩短 5-6 工作持续时间 3d 至其最短可能持续时间 10d。同时应压缩关键线路 1-2-4-6-7 工期 3d。在关键线路 1-2-4-6-7 中还能压缩持续时间的工作有 2-4 工作和 4-6 工作，两个工作费率相同，选择压缩 4-6 工作持续时间 3d 至 9d。调整后的网络图如图 5-81 所示。

在［例 5-9］中每轮优化循环费用情况见表 5-33。

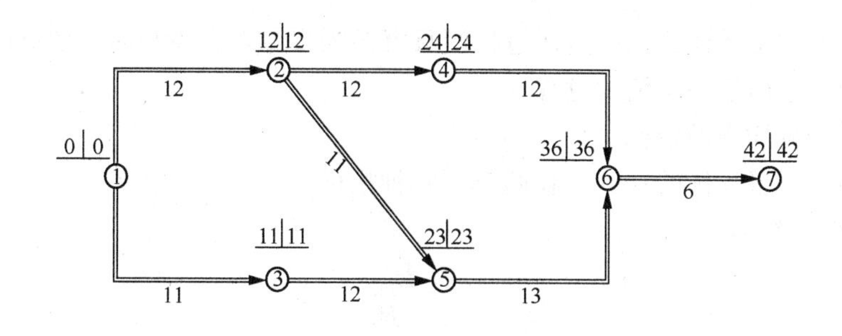

图 5-80

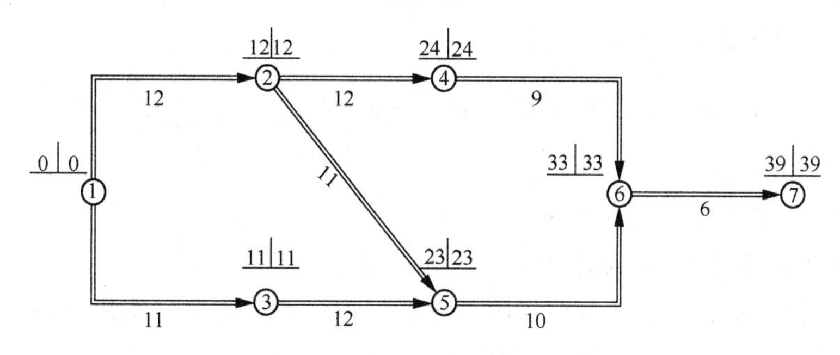

图 5-81

每轮优化循环费用情况 **表 5-33**

循环次数	工期（d）	直接费（元）	间接费（元）	总费用（元）	最低数
(1)	(2)	(3)	(4)	(5)	(6)
原始网络	70	11600	7000	18600	
1	66	11840	6600	18440	
2	57	12740	5700	18440	18440
3	56	12920	5600	18520	
4	52	13720	5200	18920	
5	49	14335	4900	19235	
6	42	16015	4200	20215	
7	39	17335	3900	21235	

由七个循环过程可发现：费用优化后总工期为 39d，共缩短工期 31d（与全面采用最短持续时间总工期相同），直接费共计 17335 元，增加了 5735 元；而全面采用最短持续时间直接费为 18860 元优化方案比较则节约费用 18860－17335＝1525 元。

3. 资源优化

资源是为完成施工任务所需投入的人力、材料、机械设备和资金等的统称。资源优化即通过调整初始网络计划的每日资源需要量达到：资源均衡使用，减少施工现场各种临时设施的规模，便于施工组织管理，以取得良好的经济效益；在日资源受限制时，使日资源需要量不超过日资源限量，并保证工期最短。

资源优化的方法是利用工作的时差，通过改变工作的起始时间，使资源按时间分别符合优化目标。

理想状态下的资源曲线是平行于时间坐标的一条直线，即每天资源需要量保持不变。

工期固定，资源均衡的优化，即是通过控制日资源需要量，减少短时期的高峰或低谷，尽可能使实际曲线近似于平均值的过程。

（1）衡量资源均衡的指标

衡量资源需要量均衡的程度，我们介绍两种指标。

1）不均衡系数 K

$$K=\frac{R_{\max}}{\overline{R}} \tag{5-24}$$

式中 $R_{\max}$——日资源需要量的最大值；

$\overline{R}$——日资源需要量的平均值。

$$\overline{R}=\frac{1}{T}(R_1+R_2+R_3+\cdots+R_{\mathrm{T}})=\frac{1}{T}\sum_{i=1}^{T}R_i \tag{5-25}$$

式中 T——计划工期；

R_i——第 i 天的资源需要量。

不均衡系数越接近 1，资源需要量的均衡性越好。

2）均方差值。均方差值是每日资源需要量与日资源需要量平均值之差的平方和的平均值。均方差越大，资源需要量的均衡性越差。均方差的计算公式为：

$$\sigma^2=1/T\sum_{i=1}^{T}(R_i-\overline{R})^2 \tag{5-26}$$

将上式展开得 $\sigma^2=\frac{1}{T}\sum_{i=1}^{T}(R_i^2-2R_i\overline{R}+\overline{R}^2)$

$$=\frac{1}{T}\sum_{i=1}^{T}R_i^2-2\overline{R}\cdot 1/T\sum_{i=1}^{T}R_i+\overline{R}^2$$

$$=\frac{1}{T}\sum_{i=1}^{T}R_i^2-2\overline{R}\,\overline{R}+\overline{R}^2$$

$$=\frac{1}{T}\sum_{i=1}^{T}R_i^2-\overline{R}^2 \tag{5-27}$$

上式中 T 与 R 为常数，故要使均方差 σ^2 最小，只需使ΣR_i^2 最小。

（2）优化的方法与步骤

工期固定，资源均衡的方法一般采用方差法。其基本思路为利用非关键工作的自由时差，逐日调整非关键工作的开始时间，使调整后计划的资源需要量动态曲线能削峰填谷，达到降低方差的目的。

设有 i-j 工作，第 m 天开始，第 n 天结束，日资源需要量为 $r_{i,j}$。将 i-j 工作向右移一天，则该计划第 m 天的资源需要量 R_m 将减少 $r_{i,j}$，第（n+1）天的资源需要量 R_{n+1} 将增加 $r_{i,j}$。若第（n+1）天新的资源量值小于第 m 天调整前的资源量值，即 $R_{n+1}+r_{i,j}\leqslant R_m$，则调整有效。具体步骤如下：

1）按各项工作的最早时间绘制初始网络计划的时标图及每日资源需要量动态曲线，确定计划的关键线路、非关键工作的总时差和自由时差。

2）确保工期、关键线路不做变动，对非关键工作由终点节点逆箭线逐项进行调整，每次右移 1d，判断其右移的有效性，直至不能右移为止。若右移一天不能满足 $R_{n+1}+r_{i,j}$

$\leqslant R_m$ 时，可在自由时差范围内，一次向右移动 2d 或 3d，直到自由时差用完为止，若多项工作同时结束时，对开始较晚的工作先做调整。

3）所有非关键工作都做了调整后，在新的网络计划中按照上述步骤，进行第二次调整，以使方差进一步缩小，直到所有工作不能再移动为止。

【例 5-10】某网络图的资源供应计划如图 5-82 所示，资源供应量没有限制，最高峰日期每天资源需要量为 $R_{\max}=21$ 个单位，请进行资源优化，即在工期不变的条件下改善网络计划的进度安排，获得资源消耗量均衡的计划方案。

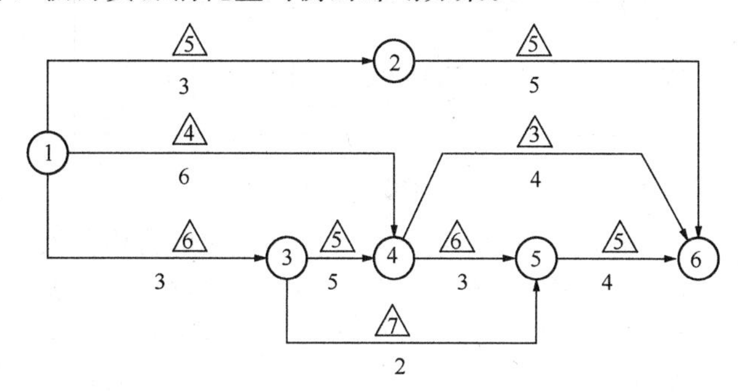

图 5-82

解：第一步：根据题意绘制时间坐标网络图，确定关键工作和关键线路见图 5-83。

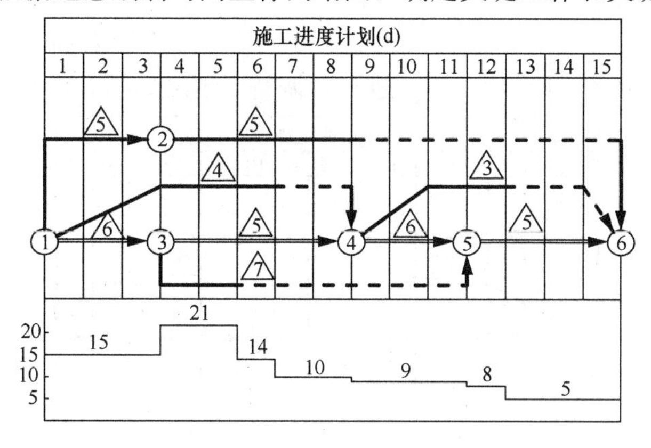

图 5-83

第二步：求每天平均资源需求量 $\overline{R}$。

$$\overline{R}=\frac{15\times3+21\times2+14+10\times2+9\times3+8+5\times3}{15}=11.4$$

资源需求量不均衡系数为：$K=21/11.4\approx1.84$

第三步：第一次调整

① 对以节点 6 为结束点、开工时间最迟的工作 4-6 进行调整：

$R_{13}-(R_9-r_{4-6})=5-(9-3)=-1<0$　　故可右移一天，

$R_{14}-(R_{10}-r_{4-6})=5-(9-3)=-1<0$　　故可右移一天，

$R_{15}-(R_{11}-r_{4-6})=5-(9-3)=-1<0$　　故可右移一天。

可见工作 4-6 可移至时段［12，15］进行，调整后情况如图 5-84 所示。

接着根据工作 4-6 调整后的动态曲线图，再对 2-6 进行调整：

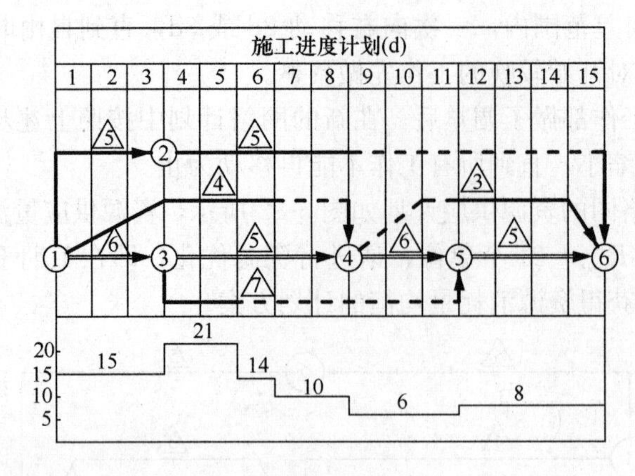

图 5-84

$R_9-(R_4-r_{2-6})=6-(21-5)=-10<0$　　故可右移一天

$R_{10}-(R_5-r_{2-6})=6-(21-5)=-10<0$　　故可右移一天

$R_{11}-(R_6-r_{2-6})=6-(14-5)=-3<0$　　故可右移一天

$R_{12}-(R_7-r_{2-6})=8-(10-5)=3>0$　　故不能右移

$R_{13}-(R_8-r_{2-6})=8-(10-5)=3>0$　　故不能右移

$R_{14}-(R_9-r_{2-6})=8-(11-5)=2>0$　　故不能右移

$R_{15}-(R_{10}-r_{2-6})=8-(11-5)=2>0$　　故不能右移

可见工作 2-6 可移至时段［7，11］进行，调整后情况如图 5-85 所示。

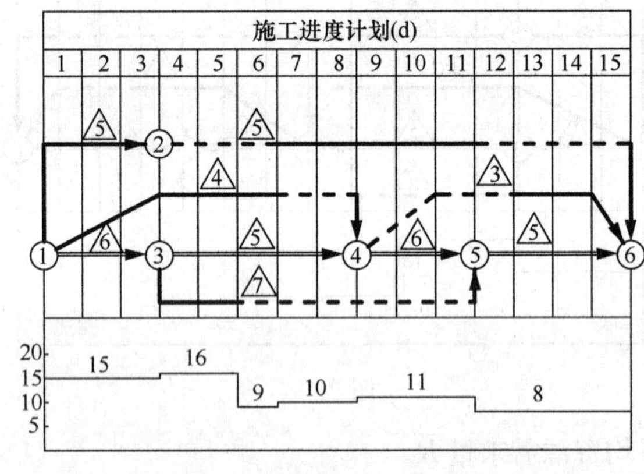

图 5-85

② 根据 2-6 调整后的时标图，对以节点 5 为结束点的工作 3-5 进行调整：

$R_6-(R_4-r_{3-5})=9-(16-7)=0$　　故可右移一天，

$R_7-(R_5-r_{3-5})=10-(16-7)=1$　　故不可右移 1 天，

$R_8-(R_6-r_{3-5})=10-(16-7)=1>0$　　故不可右移 2 天，

$R_9-(R_7-r_{3-5})=11-(17-7)=1>0$　　故不可右移 3 天，

同理，可算得工作 3-5 只能右移 1 天，调整后情况如图 5-86 所示。

③ 对以节点 4 为结束点的关键工作 1-4 进行调整：

$R_7-(R_1-r_{1-4})=10-(15-4)=-1<0$　　故可右移一天，

$R_8-(R_2-r_{1-4})=10-(15-4)=-1<0$　　故可右移一天，

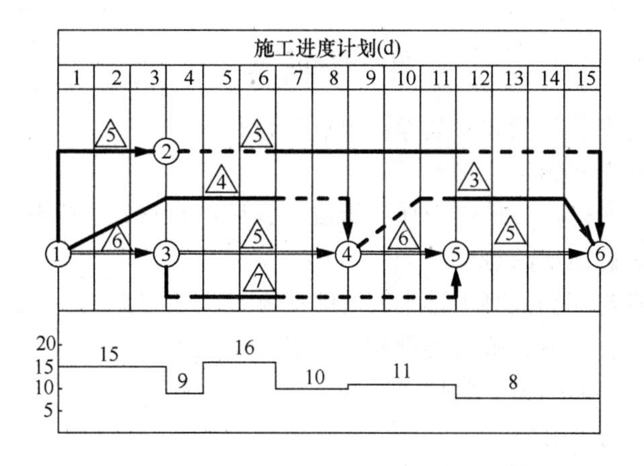

图 5-86

可见工作 1-4 移到［3，8］内，均可使动态曲线方差值减少，调整后情况如图 5-87 所示。

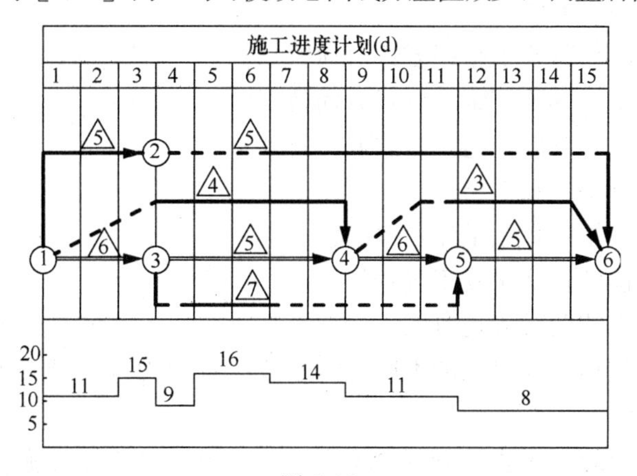

图 5-87

第四步：第二次调整

在第三步调整的基础上，对工作 2-6 继续调整：

$R_{12}-(R_7-r_{2-6})=8-(14-5)=-1<0$　　可右移一天，

$R_{13}-(R_8-r_{2-6})=8-(14-5)=-1<0$　　可右移一天，

故工作 2-6 开始时间可在右移 2 天，调整后情况如图 5-88 所示。

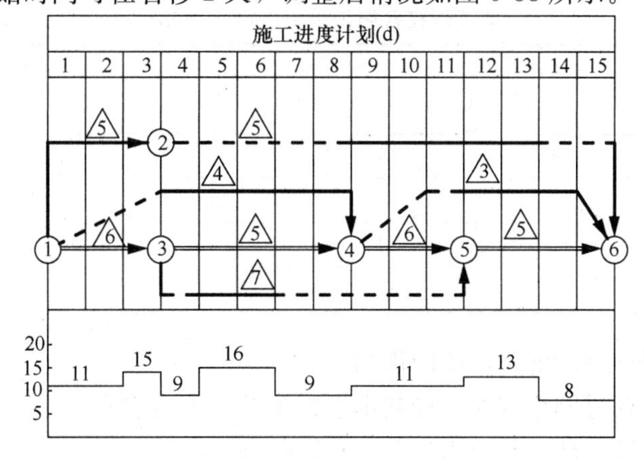

图 5-88

思考题与习题

1. 环境工程设备安装步骤和安装操作要点是什么？

2. 管道施工包括哪些施工项目？

3. 承插式铸铁管刚性接口填料由什么组成？常用填料材料有哪些？

4. 石棉水泥接口有何优缺点？

5. 混凝土排水管与钢筋混凝土排水管有哪些常见的接口形式？

6. 铸铁管材、钢管管材、塑料类管材具有哪些优缺点？

7. 给水管道试压实验前需要做哪些准备工作？

8. 管道冲洗应注意什么？

9. 简述生活管道消毒步骤。

10. 哪些管道需要做防腐处理？为什么要对它们做防腐处理？

11. 简述电化学防腐方法。

12. 何谓顺序施工？其施工组织方式有何特点？

13. 何谓平行施工？其施工组织方式有何特点？

14. 何谓流水施工？其施工组织方式有何特点？

15. 流水施工有哪些参数？

16. 什么是流水节拍？什么是流水步距？

17. 什么是施工段？什么是施工过程？

18. 简述流水施工的两种表达方式。

19. 根据各施工过程时间参数的不同，流水段法可分为哪几种组织方法？它们分别是在何种情况下组织的？

20. 某工程有四个施工过程，分四个施工段，各施工过程在各施工段上的流水节拍都为 2d，试绘制横道图并计算工期。

21. 已知某工程有四个施工过程，各施工过程的流水节拍依次分别为：6d，4d，2d，请分别按一般成倍节拍流水作业和加快成倍节拍流水作业组织该流水施工。

22. 某工程在各施工段上的流水节拍见表 5-34，试组织流水施工（计算工期并绘制流水作业水平图表）。

某工程在各施工段上的流水节拍　　表 5-34

施工过程 \ 施工段	1	2	3	4	5
一	2d	3d	2d	1d	4d
二	3d	4d	3d	4d	3d
三	3d	2d	2d	3d	1d
四	2d	2d	1d	2d	3d

23. 简述双代号网络图的基本绘图规则。

24. 简述单、双代号网络图对五种基本逻辑关系的表达方式。

25. 什么是总时差？什么是自由时差？它们各有何性质？

26. 简述双代号时标网络计划的特点。

27. 简述双代号时标网络计划的绘制步骤。

28. 网络计划的优化包括哪些方面的优化？

29. 根据表 5-35 所示逻辑关系绘制单代号网络图。

某工程各工作逻辑关系　　　　表 5-35

工作名称	A	B	C	D	E	F	G	H
紧前工作	无	A	B	B	B	CD	CE	FG
紧后工作	B	CDE	FG	F	G	H	H	无

30. 根据表 5-36 所示逻辑关系绘制双代号网络图。

某工程各工作逻辑关系　　　　表 5-36

工作名称	A	B	K	L	M
紧前工作	无	无	A	A、B	B
紧后工作	K、L	L、M	无	无	无

31. 根据表 5-37 所示逻辑关系绘制双代号网络图。

某工程各工作逻辑关系　　　　表 5-37

工作名称	A	B	C	D	E	F	G	H	I	J	K
紧前工作	无	无	AB	C	D	A	DF	DEF	H	AB	GIJ
紧后工作	CFJ	CJ	D	EHG	H	GH	K	I	K	K	无

32. 图 5-89 为一双代号网络图。①试用图上计算法计算各时间参数；②标出关键线路。

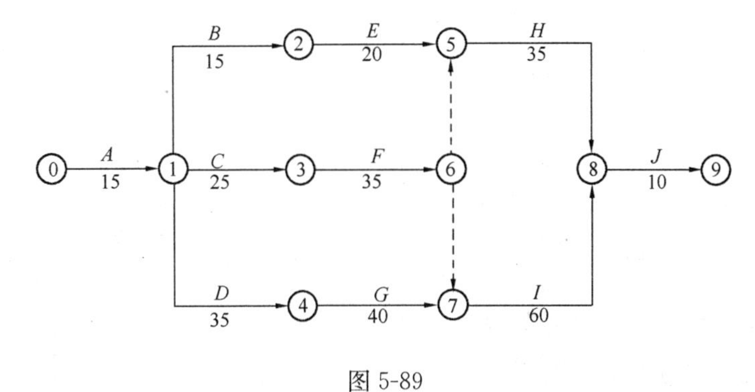

图 5-89

附录

产品综合产污和排污系数

行业	产品名称	污染物	产污系数	排污系数	备注
有色金属产品	铜精矿（每生产1t铜的铜精矿）	废水（t）	961	417.94	
		Cu（kg）	11.78	1.08	
		Pb（kg）	0.09	0.02	
		Zn（kg）	2.91	0.57	
		Cd（kg）	0.08	0.02	
		As（kg）	0.17	0.01	
		废石（t）	212.0	212.0	
		尾渣（t）	114.8	114.8	
	粗铜（1t）	二氧化硫（kg）	1630.18	387.47	
		烟气（Nm^3）	38063.0	21878.0	
		烟尘（kg）	321.79	13.24	
		冶炼渣（t）	2.998	1.24	
		废水（m^3）	105.8	186.89	
		废水中的Cu（kg）	0.617	0.2548	
		废水中的Pb（kg）	0.8294	0.1679	
		废水中的Zn（kg）	1.0348	0.2502	
		废水中的Cd（kg）	0.0539	0.0144	
		废水中的As（kg）	1.3738	0.3538	
	铜锭（1t）	油（kg）	0.76	0.13	
		悬浮物（kg）	4.83	0.822	
		废水（m^3）	94.0	16.0	
	铜板带（1t）	油（kg）	11.65	2.64	
		悬浮物（kg）	30.17	3.022	
		废水（m^3）	58.6	129.0	
	铜管材（1t管棒）	油（kg）	22.21	2.83	
		悬浮物（kg）	34.53	4.682	
		废水（m^3）	672.0	91.0	
	粗铅（1t）	废水（m^3）	56.64	50.53	
		Pb（kg）	3.4595	0.0590	
		Zn（kg）	9.9578	0.2776	
		Cd（kg）	0.9778	0.6204	
		As（kg）	0.2126	0.0156	
		粉尘（kg）	349.60	7.6081	
		二氧化硫（kg）	952.53	199.45	
		冶炼渣（kg）	839.13	393.24	

续表

行业	产品名称	污染物	产污系数	排污系数	备注
有色金属产品	粗锌（1t）	废水（m^3）	45.28	44.97	
		Pb（kg）	12.0668	8.839	
		Zn（kg）	4.3185	1.4020	
		Cd（kg）	0.3345	0.0899	
		As（kg）	0.0781	0.0304	
		粉尘（kg）	253.33	13.2104	
		二氧化硫（kg）	1251.32	277.21	
		冶炼渣（kg）	804.61	682.88	
	氧化铝（1t）	废气（Nm^3）	12063.87	14973.0	
		粉尘（kg）	1650.7	7.08	
		废水（m^3）	28.58	20.83	
		碱（kg）	22.5	22.5	
		悬浮物（kg）	16.50	10.21	
		石油类（kg）	0.044	0.044	
		赤泥（kg）	1430.3	1430.3	
	电解铝（1t）	废水（m^3）	17.15	15.58	
		含氟废气（$10kNm^3$）	23.25	23.25	
		氟化物（kg）	21.02	8.43	
		粉尘（kg）	45.71	17.95	
		沥青烟（kg）	37.02	12.77	
	铝锭（1 t 产品）	废水（m^3）	60.75	6.172	
		油类（kg）	0.153	0.016	
		尘（kg）	0.386	0.257	
	厚板（1t 产品）	废水（m^3）	195.25	115.163	
		油类（kg）	7.302	1.093	
		尘（kg）	0.390	0.316	
	薄板（1t 产品）	废水（m^3）	295.45	115.163	
		油类（kg）	7.335	0.316	
		尘（kg）	0.390	0.316	
	铝箔（1t 产品）	废水（m^3）	828.23	115.163	
		油类（kg）	7.774	0.316	
		尘（kg）	0.390	0.316	
	铸件（1t 产品）	废水（m^3）	810.23	665.528	
		油类（kg）	16.405	0.411	
		尘（kg）	0.485	0.411	
	铝材（1 t 产品）	废水（m^3）	1071.72	333.148	
		油类（kg）	16.05	2.852	
		尘（kg）	32.187	2.852	

续表

行业	产品名称	污染物	产污系数	排污系数	备注
有色金属产品	镍（1t 电镍）	二氧化硫（kg）	4882.7	2926.78	
		烟尘（kg）	1973.68	103.61	
		废渣（t）	16.40	16.4	
		废水（m^3）	13.72	13.71	
		Ni（kg）	2.386	0.022	
		Cu（kg）	0.047	0.003	
		Co（kg）	0.021	0.002	
		Pb（kg）	0.017	0.003	
		As（kg）	0.000	0.000	
		Cd（kg）	0.002	0.001	
轻工行业产品	碱法制浆（1t 浆）	废水（m^3）	289.2	288.1	
		COD（kg）	1152.9	1133.2	
		BOD_5（kg）	299.5	290.5	
		悬浮物（kg）	112.0	106.7	
	纸袋纸、新闻纸、书写纸（1t 浆）	废水（m^3）	124.6	124.6	
		COD（kg）	56.5	15	
		BOD_5（kg）	14.2	6.4	
		悬浮物（kg）	83. 5	18.5	
	酒精（1t 酒精）	废水（m^3）	108.7	94.3	
		COD（kg）	925.0	459.9	
		BOD_5（kg）	485.0	220.7	
		悬浮物（kg）	437.0	114.8	
	制革（1t 原皮）	废水（m^3）	142.5	121.4	
		COD（kg）	265.0	201.0	
		BOD_5（kg）	90.3	71.3	
		悬浮物（kg）	181.6	131.0	
		硫化物（kg）	7.0	5.1	
		总铬（kg）	2.6	1.8	
纺织行业	棉织机	废水（m^3/ hm）	2.8	2.8	注：hm 表示 100m
		COD（kg/ hm）	1.97	0.81	
		BOD_5（kg/ hm）	0.56	0.06	
		pH	10.25	8.22	
		色度（倍）	310.0	80.0	
	棉针机	废水（m^3/ hm）	2.76	2.76	
		COD（kg/ hm）	1.39	0.51	
		BOD_5（kg/ hm）	0.37	0.05	
		pH	9.5～10.0	7.40	
		色度（倍）	200.0	50. 0	
	毛粗纺织产品	废水（m^3/ hm）	37.4	37.4	
		COD（kg/ hm）	12.5	5.24	
		BOD_5（kg/ hm）	4.4	2.24	
		pH	7.4	7.5	
		色度（倍）	200.0	80.0	

续表

行业	产品名称	污染物	产污系数	排污系数	备注
纺织行业	毛精纺织产品	废水（m^3/hm）	24.4	24.4	注：hm 表示 100m
		COD（kg/hm）	5.54	2.44	
		BOD_5（kg/hm）	1.95	0.73	
		pH	6.8	7.5	
		色度（倍）	60.0	50.0	
	绒线产品	废水（m^3/t 产品）	75.2	75.2	
		COD（kg/t 产品）	21.3	9.01	
		BOD_5（kg/t 产品）	7.35	3.00	
		pH	6.7	7.5	
		色度（倍）	190.0	65.0	
	丝织产品	废水（m^3/hm）	3.6	3.6	
		COD（kg/hm）	0.78	0.16	
		BOD_5（kg/hm）	0.3	0.03	
		pH	7.7	7～8	
		色度（倍）	240.0	35.0	
	麻纺产品	废水（m^3/t 麻）	716.0	716.0	
		COD（kg/kg 麻）	1.07	0.15	
		BOD_5（kg/kg 麻）	0.41	0.04	
		pH	9.0	7.5	
电力行业	每生产万 kW·h 电	烟尘（kg）	1537.18	82.10	
		二氧化硫（kg）	111.60	104.05	
		粉煤灰（kg）	1468.21		
		炉渣（kg）	170.80		
		冲灰渣水（t）	28.76（稀浆） 8.20（浓浆）	24.45（稀浆） 6.97（浓浆）	
化工行业	合成氨（1t 氨）	废水（m^3）	644.21	138.53	① 以煤（焦）为原料生产合成氨的污染物； ② 以天然气为原料生产合成氨的污杂物。
		悬浮物（kg）	11.61	10.18	
		氰化物（kg）	0.4	0.18	
		挥发酚（kg）	0.064	0.012	
		油（kg）	0.45	0.30	
		氨氮（kg）	16.09	12.39	
		COD（kg）	21.46	10.36	
		硫化物（kg）	0.74	0.4	
		CO（kg）	212.39	142.27①	
		氨（kg）	23.62	13.61	
		炉渣（kg）	664.33	34.11①	
		炭黑（kg）	20.09	0.04②	
	尿素（1t 尿素）	废水（m^3）	1.65	1.6	
		氨氮（kg）	10.79	2.72	
		尿素（kg）	5.3	1.60	
		COD（kg）	0.77	0.72	
		氨（kg）	3.5	2.06	
		尿素粉尘（kg）	2.38	2.33	

续表

行业	产品名称	污染物	产污系数	排污系数	备注
化工行业	硫酸（1t硫酸）	砷（kg）	140.2	5.9	① 以煤（焦）为原料生产合成氨的污染物；② 以天然气为原料生产合成氨的污杂物。
		氟（kg）	298.8	98.5	
		二氧化硫（kg）	16.69	13.46	
		硫酸雾（kg）	0.377	0.312	
	硝酸（1t）	氮氧化物（kg）	22.26	7.14	
	磷酸（1tP_2O_5）	废气氟（kg）	2.95	29	
		废水氟（kg）	28.9	1.9	
		废水 P_2O_5（kg）	34.5	0.58	
	磷铵（1t）	NH_3（kg）	13.2	1.34	
建材行业	水泥	烟尘（kg）	10～17	2～5	
		钢渣（kg）	100～130	100～130	
		废水（t/吨水泥）	4.57	1.45	
		废气（m^3/吨水泥）	5605.0	5605.0	
		粉尘（kg/吨水泥）	130.86	23.2	
		二氧化硫（kg/每吨熟料）	0.982	0.982	
	平板玻璃（每重量箱）	废水（m^3）	5.0～20.0	0.2～0.6	
		悬浮物（kg）	3.0～5.0	0.01～0.04	
		油类（kg）	0.2～0.7	0.002～0.007	
		废气（m^3）		536.0	
		粉尘（kg）	0.531	0.132	
		二氧化硫（kg）		0.185	
		废水（m^3）	2.91	0.95	
		COD（g）		27.14	
		悬浮物（g）		33.36	
		油（g）		3.04	
钢铁行业	炼焦（1t焦）	硫化氢（kg）	1.4～3.0	0.1～0.6	
		酚（g）	250～700	0.1～20.0	
		氰化物（g）	40～80	1～5	
		氨（g）	250～1000	150～500	
	烧结矿（1t）	烟尘（kg）	25～60	0.1～1.0	
		二氧化硫（kg）	2～15	2～15	
	炼铁（1t铁）	烟尘（kg）	46～60	0.08～0.11	
		悬浮物（kg）	10～20	0.05～3.00	
		高炉渣（kg）	350～700		
	转炉炼钢（1t钢）	烟尘（kg）	35～57	0.1～0.5	
		悬浮物（kg）	20～40	0.02～0.30	
		钢渣（kg）	120～140	120～140	
	平炉炼钢（1t钢）	烟尘（kg）	20～30	2～5	
		钢渣（kg）	150～300	150～300	
	电炉炼钢（1t钢）	烟尘（kg）	10～17	2～5	
		钢渣（kg）	100～130	100～130	
	连铸（1t坯）	废水（m^3）	5.0～20.0	0.2～0.6	
		悬浮物（kg）	3.0～5.0	0.01～0.04	
		油类（kg）	0.2～0.7	0.002～0.007	

参 考 文 献

[1] 金毓峑，李坚，孙治荣编．环境工程设计基础(第二版)．北京：化学工业出版社，2008.

[2] 李法云．环境工程学原理与实践．沈阳：辽宁大学出版社，2003.

[3] 刘培桐．环境学概论(第二版)．北京：高等教育出版社，2001.

[4] 童华．环境工程设计．北京：化学工业出版社，2009.

[5] 陈杰瑢，周琪，蒋文举．环境工程设计基础．北京：高等教育出版社，2007.

[6] 钱易，唐孝炎．环境保护与可持续发展(第二版)．北京：高等教育出版社，2010.

[7] 住房和城乡建设部执业资格注册中心网编．设计前期与场地设计．北京：中国建筑工业出版社，2013.

[8] 全国造价工程师执业资格考试培训教材编审委员会．建设工程计价．北京：中国计划出版社，2013.

[9] 王智伟主编．建筑设备安装工程经济与管理．北京：中国建筑工业出版社，2011.

[10] 张勤，李俊奇主编．水工程施工．北京：中国建筑工业出版社，2005.

[11] 赵平主编．土木工程施工组织．北京：中国建筑工业出版社，2011.

[12] 周建国，张焕主编．建筑施工组织．北京：中国电力出版社，2004.

[13] 蔡雪峰主编．建筑工程施工组织管理．北京：高等教育出版社，2002.

[14] 张华明，杨正凯主编．建筑施工组织(第二版)．北京：中国电力出版社，2013.

[15] 郑少瑛主编．土木工程施工组织．北京：中国电力出版社，2014.

[16] 刘灿生主编．市政管道工程施工手册．北京：中国建筑工业出版社，2010.

[17] 中华人民共和国国家标准．给水排水管道工程施工及验收规范 GB 50268—2008．北京：中国建筑工业出版社，2008.

[18] 中华人民共和国国家标准．建筑给水排水制图标准 GB/T 50106—2010．北京：中国建筑工业出版社，2010.

参 考 文 献

[illegible]